高等院校实验课教材

无机化学实验

朱 湛　傅引霞　主编

北京理工大学出版社
BEIJING INSTITUTE OF TECHNOLOGY PRESS

内容简介

本书密切配合无机化学理论课的教学内容，同时又保持了《无机化学实验》作为一门独立课程的完整性，注重加强基本操作训练和综合实验技能的培养。主要内容包括：无机化学实验的基础知识、无机化学实验的基本操作、无机化学实验的基本原理、基础实验、无机制备及综合实验。结合科研实践，反映了学科前沿知识并融入了现代合成实验技术。

本书可作为理科化学类专业的无机化学实验教材，也可作为工科化工类专业的无机化学实验教材。

版权专有　侵权必究

图书在版编目（CIP）数据

无机化学实验 / 朱湛，傅引霞主编 . —北京：北京理工大学出版社，2007.8（2019.1 重印）
ISBN 978-7-5640-1234-2

Ⅰ. 无… Ⅱ. ①朱… ②傅… Ⅲ. 无机化学-化学实验-高等学校-教材 Ⅳ. O61-33

中国版本图书馆 CIP 数据核字（2007）第 112086 号

出版发行 / 北京理工大学出版社
社　　址 / 北京市海淀区中关村南大街 5 号
邮　　编 / 100081
电　　话 /（010）68914775（办公室）　68944990（批销中心）　68911084（读者服务部）
网　　址 / http：// www.bitpress.com.cn
经　　销 / 全国各地新华书店
印　　刷 / 北京虎彩文化传播有限公司
开　　本 / 787 毫米 × 1092 毫米　1/16
印　　张 / 17
字　　数 / 393 千字
版　　次 / 2007 年 8 月第 1 版　2019 年 1 月第 7 次印刷　　责任校对 / 陈玉梅
定　　价 / 38.00 元　　　　　　　　　　　　　　　　　　　责任印制 / 吴皓云

图书出现印装质量问题，本社负责调换

编者的话

《无机化学实验》是大学化学、化工专业学生的第一门化学实验必修课，是无机化学教学的一个重要环节。通过本实验课教学，可以使学生在获得对物质变化的感性认识的同时，加深对无机化学的基本概念与基本理论的理解，并且可以规范地学习无机化学实验的基本操作技能，掌握无机化学基本常数的测定方法、常见元素及化合物的性质，进而对学生进行全面综合实验技能的训练，初步建立"量"的概念。在实验过程中培养动手能力，学习如何观察、记录和解释实验现象，处理实验数据及准确无误的表达并完成实验报告。培养学生一丝不苟、严谨、求实的科学作风，以及综合运用知识分析和解决问题的能力。

本书在编写过程中的指导思想是：重视基础、打实基础、强化无机合成及综合实验、注重理论联系实际及综合能力的培养。在内容编排上由易到难，既有传统的无机化学实验以加强基本操作、基本技能、基本理论为基础的经典实验，又有综合性较强、有一定难度而且引入现代合成技术的实验，以满足不同层次的教学需求。在编写形式上力求文字流畅，原理深入浅出，便于实验前的预习自学。通过基础实验，在实验技能和实验理论两个方面可以得到循序渐进的提高，最终在无机合成及综合实验中，可以体现出对学生综合能力和综合素质培养教育的"战绩"。本书中的研究型实验为选做实验，目的是为了培养学生查阅文献、独立设计实验及综合运用知识解决问题的能力。可视实验教学时数和实验条件选做。

本书共分6章，含有41个实验，主要内容包括：绪论；无机化学实验的基础知识；无机化学实验的基本操作；无机化学实验中的基本原理；基础实验；无机制备及综合实验等6个方面。应用面较宽，既可以作为理科化学类专业的无机化学实验教材，也可作为工科化工类专业的无机化学实验教材。

参加本书编写的有：朱湛（第1章，第2章一、二、五、六、七、八，第3章一、七、八、九，第4章，第5章实验1、2、3、5、6、7、8、9、10、11、12、13、14、15、16、20、21、23，第6章及附录）；傅引霞（第2章三、四、九，第3章二、三、四、五、六，第5章实验4、17、18、19、22）。在附录中，收录了无机化学实验常用的一些数据，以便实验需要时查阅。全书最后由朱湛统稿，由朱湛、傅引霞、葛成艳校对。

本书是以北京理工大学原化工与材料学院无机化学教研室集多年教学实践经验编写的《无机化学实验》为基础，同时又汲取和借鉴了一些兄弟学校的实验成果和一些中外文期刊上的研究型文献后重新编写出版的。

前辈们在实验教学改革方面积累了丰富的经验，给我们提供了宝贵的资料并给予无私的帮助与指导，在此向老教师们及兄弟院校的同行致以诚挚的感谢与敬意。

由于编者水平有限，成书时间仓促，书中难免有疏漏或不妥之处，恳请读者批评指正，以期在下次修订时改正。

编者

目 录

第1章 绪论 (1)
- 一、无机化学实验课程的地位与学习目的 (1)
- 二、无机化学实验的基本要求与基本学习方法 (1)

第2章 无机化学实验的基础知识 (4)
- 一、实验规则 (4)
- 二、无机化学实验室安全规则与安全知识 (4)
- 三、无机化学实验常规仪器 (9)
- 四、无机化学实验常用光、电仪器 (18)
- 五、化学试剂 (34)
- 六、试纸 (36)
- 七、滤纸 (37)
- 八、实验室用水 (38)
- 九、气体的制备、净化和收集 (40)

第3章 无机化学实验的基本操作 (43)
- 一、玻璃仪器的洗涤、干燥与贮藏 (43)
- 二、加热与冷却 (45)
- 三、简单玻璃加工技术 (52)
- 四、干燥 (54)
- 五、称量 (56)
- 六、溶解、沉淀、蒸发、结晶、重结晶 (58)
- 七、无机化学实验中常用的分离技术 (59)
- 八、溶液的配制 (66)
- 九、试管反应和离子检出 (69)

第4章 无机化学实验中的基本原理 (72)
- 一、物理量和参数的测定 (72)
- 二、测试实验中的误差 (75)
- 三、有效数字 (78)
- 四、实验数据的整理与表达 (80)
- 五、国际单位制与我国的法定计量单位 (82)
- 六、化学反应的观察 (84)
- 七、常见离子的分离和鉴定 (87)
- 八、无机化合物合成方法 (91)
- 九、无机化学实验文献查阅与网络信息查询简介 (98)

第5章 基础实验 (101)

一、基本操作与常用化学常数测定实验 (101)

实验1 常用玻璃仪器的认识和洗涤 (101)
实验2 简单玻璃加工 (101)
实验3 溶液的配制 (103)
实验4 摩尔气体常数的测定 (107)
实验5 化学反应速率与活化能的测定 (110)
实验6 化学反应摩尔焓变的测定 (115)
实验7 弱电解质解离常数的测定 (118)
实验8 溶度积的测定 (123)
实验9 电极电势的测定 (132)
实验10 分光光度法测定磺基水杨酸铜配合物的组成和稳定常数 (136)
实验11 配合物的吸收光谱——分裂能的测定 (141)
实验12 配合物磁化率的测定 (143)

二、基本化学原理实验 (150)

实验13 电解质溶液与酸碱平衡 (150)
实验14 沉淀——溶解平衡 (153)
实验15 氧化还原平衡与电化学 (156)
实验16 配位反应与配位平衡 (161)

三、元素及其化合物性质实验 (165)

实验17 氮、磷、氧、硫实验 (165)
实验18 氟、氯、溴、碘实验 (168)
实验19 铬、锰、铁、钴、镍实验 (172)
实验20 铜、银、锌、镉、汞实验 (177)
实验21 常见阴离子的分离与鉴定 (183)
实验22 常见阳离子的分离与鉴定 (186)
实验23 纸层析法分离与鉴定金属离子 (189)

第6章 无机制备及综合实验 (192)

实验24 离子交换法制备纯碱 (192)
实验25 碘盐的制备与质量检验 (194)
实验26 硝酸镁的制备——从工业废渣中提取 $Mg(NO_3)_2$ (197)
实验27 氧化镁的制备 (200)
实验28 以废铝屑和铝灰为原料制备氢氧化铝 (202)
实验29 无水二氯化锡的制备 (204)
实验30 水热法制备纳米 SnO_2 (207)
实验31 微波合成法制备磷酸钴纳米粒子 (209)
实验32 硫酸亚铁铵的制备及质量检验 (210)
实验33 硫酸铬钾的制备与大晶体的培养 (213)
实验34 多酸化合物的合成及组成测定 (215)

实验35 高锰酸钾的制备——由矿石制备无机化合物 ……………………… (218)
   实验36 三草酸合铁(Ⅲ)酸钾的制备、组成测定及表征 …………………… (219)
   实验37 二氯化一氯五氨合钴(Ⅲ)的制备及组成测定 ……………………… (226)
   实验38 五水硫酸铜的制备 ……………………………………………………… (231)
   实验39 含铬废水的处理 ………………………………………………………… (232)
   实验40 化学实验废液处理回收 ………………………………………………… (235)
   实验41 研究型实验 ……………………………………………………………… (240)

附录 ……………………………………………………………………………………… (243)
   附录一 中华人民共和国法定计量单位 ………………………………………… (243)
   附录二 元素的相对原子质量 …………………………………………………… (245)
   附录三 不同温度下水的饱和蒸汽压 …………………………………………… (246)
   附录四 实验室常用酸、碱溶液的浓度 ………………………………………… (247)
   附录五 弱酸、弱碱的解离常数 ………………………………………………… (247)
   附录六 难溶电解质的溶度积常数 ……………………………………………… (249)
   附录七 标准电极电势(298.15 K) ……………………………………………… (250)
   附录八 配离子的标准稳定常数(298.15 K) …………………………………… (255)
   附录九 常见沉淀物的 pH ……………………………………………………… (257)
   附录十 常见离子和化合物的颜色 ……………………………………………… (258)
   附录十一 磁化率、反磁磁化率和结构改正数 ………………………………… (260)

主要参考文献 ………………………………………………………………………… (262)

第 1 章

绪 论

一、无机化学实验课程的地位与学习目的

化学是一门以实验为基础的学科。许多化学实验的理论和规律都来源于实验。同时，这些理论与规律又为实验所检验，并服务于科技、工、农、牧等各行各业。因此，化学实验在培养未来化学工作者的大学基础教育中，占有非常重要的地位。

无机化学实验是学生进入大学后的第一门实践性课程，也是学好后序各门化学课程的重要基础课。其目的和任务有以下四个方面：

（1）通过实验，学生可以直接获得大量的化学事实，即掌握大量物质变化的第一手感性知识。使学生在学习过程中能从感性认识上升到理性认识，并运用理论知识再指导实验。

（2）通过实验，学生经过严格的训练，能规范地掌握化学实验的基本操作技能、基本技术以及科学研究的基本方法。

（3）通过实验，对学生进行科学研究的基本训练。了解无机化合物的一般制备、提纯、分离的方法。了解确定化合物的组成、含量和结构的一般测试方法。培养学生的独立工作、独立思考能力，使学生学会如何仔细观察、记录实验现象，并能归纳、综合、正确处理实验数据，能用科学的语言表述实验结果。

（4）通过实验，培养实事求是的科学态度。科学来不得半点虚假，不能为取得好成绩而谎报实验数据，这是科学研究的大忌。同时，还要培养良好的科学习惯及科学的思维方式和一丝不苟的敬业精神，为培养科学创新型人才奠定一定的理论与实践基础。

二、无机化学实验的基本要求与基本学习方法

要达到上述四点学习目的，不仅要有正确的学习态度，还要有正确的学习方法，这是实验取得成功的前提。无机化学实验课的学习方法大致有下面三个步骤。

1. 预习

（1）阅读。认真阅读实验教材与教科书中的有关内容，明确本次实验的目的、基本原理及全部内容。

（2）查阅。查阅有关教材、参考资料、附录及相关手册，写出实验所需要的物理化学数据（数据包括查出来的和自己计算出的）、化学反应方程式及实验现象。

（3）书写。在规范的实验记录本（或纸）上写出预习报告，包括：实验题目、实验目

的、实验原理、实验内容、实验中的注意事项等。在实验前交给指导教师检查,并由指导教师签字。

2. 实验

(1) 按照预先拟定的实验方案独立认真操作,细心、仔细观察实验现象,及时详实地记录实验现象及有关数据。

(2) 如遇与预习时不符的现象或其他反常现象,应自己先仔细查找分析原因,立争自己解决问题。必要时,可与指导教师讨论、获得指导。如遇实验失败,检查原因后,经指导教师同意后方可重做实验。

(3) 实验过程中严格遵守安全规则,始终保持实验室肃静、整洁。

(4) 实验结束后,要将试剂、仪器整理好,关闭水、电、天然气,清扫实验室,经指导教师检查后方可离开实验室。

3. 实验后

认真、独立完成实验报告。实验报告内容包括:

(1) 实验目的。

(2) 实验原理。简述实验原理,写出主要计算公式或反应方程式。

(3) 实验内容。尽量采用符号、框图、表格等简明、清晰的形式表达,如实记录现象,不允许弄虚作假。

(4) 结果及数据处理。根据实验现象及记录,做出简明解释,写出反应方程式,做出小结或最后结论。若有数据计算,务必将所依据的公式和主要数据表达清楚,计算时注意物理量的单位及有效数字的要求。

(5) 对实验现象以及出现的一些问题进行讨论,敢于提出自己的见解,对实验提出改进的意见或建议。

无机化学实验大致可分为:性质、测试及制备实验三大类,下面将三类实验的实验报告格式推荐如下,以供参考。

无机化学性质实验报告

实验名称:_____

班级_____ 姓名_____ 同组人_____ 指导教师_____

实验日期_____ 室温_____

一、实验目的

_____

二、实验原理(简述)

_____

三、实验内容

实验内容	实验现象	解释及结论(包括反应式)

四、思考题目及讨论

无机化学测试实验报告

实验名称：_____

班级_____ 姓名_____ 同组人_____ 指导教师_____

实验日期_____

一、实验目的

二、测定原理与方法（简述）

三、数据记录

四、数据处理

五、结果与问题讨论

无机化学制备实验报告

实验名称：_____

班级_____ 姓名_____ 同组人_____ 指导教师_____

实验日期_____ 室温_____

一、实验目的

二、基本原理（简述）

三、简单流程和主要反应条件

四、实验过程主要现象及数据

五、实验结果

产量与得率：

纯度评价：

项　目	方　法	现象及结果

主要性质：

六、问题和讨论

第 2 章 无机化学实验的基础知识

一、实验规则

(1) 学生每次实验应提前 10 min 进入实验室,对未预习者或无故迟到者,实验指导教师有权停止其本次实验。

(2) 学生每次在指定位置进行实验,在实验室不得大声喧哗,不得随意串走,实验中如有问题,可举手向指导教师请教。

(3) 学生应以严谨求实的科学态度进行实验,实验中严格要求自己,认真测定数据,如实记录实验现象及数据。实验结束,及时向指导教师递交实验报告。

(4) 学生应严格遵守实验操作规程,如因违反操作规程而造成实验仪器或设施损坏,将按学校的有关规定对肇事学生进行处理。

(5) 实验结束后,应将公用仪器、工具、试剂等整理后及时归还实验室。废渣、废液不得随意倾倒,要服从实验室的统一处理。

(6) 每次实验后,值日生应打扫实验室,搞好实验室环境卫生,认真检查实验室水、电、气源是否关闭,关好门、窗,经实验指导教师允许方可离开实验室。

二、无机化学实验室安全规则与安全知识

1. 安全规则

进入化学实验室,必然会遇到有毒、易燃或易爆等物品,无论怎样简单的实验,都不能粗心大意。因此,进入化学实验室必须遵守实验室的安全规则,竭尽全力防止事故发生。

(1) 实验室内严禁吸烟,饮食和大声喧哗。

(2) 初次进入实验室,要了解实验室的水、电、气源的位置、使用规则及实验室其他物品的放置情况。如灭火器的位置及操作方法,以及万一发生事故时撤离的通路。

(3) 实验前,必须按照实验要求做好充分预习,对实验的安全要求要做好必要准备。实验事故虽不可预测,但其危险性的大小是可以估计到的。

(4) 使用易燃、易爆、有刺激性气味的气体,或实验中能产生上述物质的实验,应严格按照操作规程并在远离火源、有通风设备的地方进行。

(5) 实验中如用到剧毒试剂或贵金属,应遵循有关管理制度。有毒物质不能接触皮肤和洒落到桌(地)面上,用后废液统一回收处理。

（6）使用浓酸、浓碱和具有强腐蚀性的试剂时，应避免洒在衣服和皮肤上，以免灼伤。

（7）加热试管中液体时，严禁试管口对着自己或其他人，也不要俯视，以免液体溅出造成人身伤害。

（8）实验室的所有试剂及仪器，不得带出实验室，实验结束后放回原处。

（9）不要用湿手、湿物接触电源。

（10）实验结束后，洗净手后再离开实验室。

2. 危险化学品物质的分类

危险化学品物质是指具有着火、爆炸或中毒危险的物质，对这些物质一定要有所了解。根据危险品的性质，常用的化学试剂大致分为易燃、易爆和有毒物质三大类。

1）易燃化学试剂

易燃物是指在空气中能够自燃或遇到其他物质容易燃烧的化学试剂，见表2-1。

表2-1 易燃化学试剂的分类

分类	特点	举例	防护方法	灭火方法
自燃物质	在室温，一接触空气即着火燃烧	白磷。有机金属化合物RnM（R=烷基或烯丙基，M=Li、Na、K等）、硝酸纤维素等	处理毒性大的自燃物质时，要戴防护面具和胶皮手套	此类物质起火时，可用干燥沙土覆盖，用泡沫或CO_2灭火器灭火
遇水燃烧物	与水反应着火，有时还由于产生的气体而发生爆炸的物质	金属钠、钾、锂、铷、铯及其氢化物，碳化物和钠汞齐等	使用这类物质时，要戴胶皮手套或用镊子操作，绝不可用手直接拿取	此类物质起火时，可用干沙土覆盖，严禁用水或潮湿的东西或CCl_4及CO_2灭火器
易燃液体	易挥发，汽化和燃烧，其蒸气一般具有毒性和麻醉性，大多数属于有机溶剂	乙醚、丙酮、汽油、甲醇、乙醇、吡啶、苯、柴油、煤油等	使用易燃液体时，要戴防毒面具，加热时用水浴，避免明火，及时排风。废液集中保管，回收	此类物质起火时，用CO_2灭火器，对其周围的可燃物着火时，最好用大量水灭火
易燃固体	在空气或水中因发生反应放热而自燃外，由于外力撞击而分解，放出氧气与可燃性物质发生剧烈燃烧，有时会发生爆炸	无机物：红磷、镁粉、氯酸盐、过氧化物等；有机物：乙醇钠、二硝基苯、α-萘酚等	应贮存于阴凉干燥处，并通风、隔热和防水的地方。性质相反的试剂（强氧化剂与强还原剂）或能相互引燃的试剂分开存放	一般用水灭火。但碱金属过氧化物燃烧，不能用水。通常要根据燃烧物及周围设施选择灭火方法，避免燃烧物与灭火剂发生反应

2）易爆化学品

爆炸物大致分为两种：一种是可燃性气体与空气混合，达到其爆炸界限浓度时着火而发生燃烧爆炸。另一种是由于加热、撞击、摩擦、曝晒以及与酸、碱、金属及氧化性物质接触时，易于分解的物质，它们能在瞬息之间发生剧烈的化学反应，产生突然气化的分解爆炸。见表2-2。

表2-2 爆炸性物质分类

分类	特点	举例	防护方法	灭火方法
可燃性气体	如泄漏并滞留不散，当达到一定浓度时，即着火爆炸	H_2、乙炔、CO、甲醚、氨、甲胺、氯甲烷、H_2S、二硫化碳、氰化氢	此类气体的高压钢瓶应放在室外，通风良好的地方，避免阳光直射。使用可燃气体，要开窗通风，乙炔会分解爆炸，不可将其加热或撞击。根据需要，戴防护面具或防毒面具	采用通常灭火方法。泄漏气体量大时，尽可能关闭气源，扑灭火焰，开窗，立即离开现场
分解爆炸物	由于加热或撞击引起着火爆炸。接触酸、碱、金属及还原剂物质等，会发生爆炸	硝酸酯、硝酸铵、硝基化合物、叠氮化合物等	不可将此类物质与酸、碱、金属及还原剂随便混合，根据需要准备好或戴上防护面具、耐热防护衣或防毒面具。贮存于阴凉、通风、干燥处	可用CO_2灭火器和泡沫灭火器、干粉灭火器
氧化剂与有机物混合	这类试剂不是由于外力作用引发爆炸，而是由于混入了某些有机物，引发燃烧或爆炸	C_2H_5OH加浓HNO_3、$KMnO_4$加甘油、$HClO_4$加乙醇、过氧化钠加乙酸等	使用HNO_3、$HClO_4$、H_2O_2等时，与有机物分隔存放。贮存于阴凉、通风、干燥处，需要准备好防护面具	可用CO_2灭火器和泡沫灭火器、干粉灭火器

3) 有毒化学药品

有毒化学品是指对人体和其他生物有强烈伤害作用的试剂。少量有毒化学品侵入人体时，人会局部或全身中毒以致死亡。这类试剂有气、液、固三种状态，可以通过人的呼吸器官、消化器官和皮肤进入体内，见表2-3。

表2-3 有毒物质的分类

分类	特点	举例	防护方法
毒气	具有窒息性或刺激性。容许浓度在200 mg/m³（空气）以下的气体	光气、氰化氢、HF、HCl、HBr、SO_2、H_2S、PH_3、CO、Cl_2、Br_2、F_2等	使用毒气时，必经严格遵守操作规程要有良好的防护装置、通风设备。备有防毒面具和解毒药品

续表

分类	特点	举例	防护方法
强酸、强碱	刺激皮肤,有腐蚀作用,造成化学烧伤	NaOH、KOH、Ca(OH)$_2$、HCl、H$_2$SO$_4$、HNO$_3$、CCl$_3$COOH 等	备乳胶手套。腐蚀性试剂对人体、金属、纤维、塑料以及毛发等具有不同程度腐蚀作用,腐蚀过程中产生大量热,因而要与氧化剂、易燃、易爆物隔离,并存放于阴凉、干燥、通风处
剧毒固体	毒性很强、中毒快、严重者致死,如 KCN 的致死量为 0.05 g	无机氰化物、As$_2$O$_3$,可溶性 Hg 盐、可溶性钡盐、金属 Hg、铊盐等	贴好标签,单独贮存,专人管理,备有防毒面具,乳胶手套,良好通风,备解毒药品。实验完毕,认真洗手
有毒有机物	有机毒物遇火易燃烧	苯、甲醇、CS$_2$ 等有机溶剂、苯胺及其衍生物,芳香硝基化合物等	贴好标签,单独贮存,专人管理,备有防毒面具,乳胶手套,良好通风,备解毒药品。实验完毕,认真洗手
已知的致癌物	—	Cr(Ⅵ)化合物,石棉粉尘、联苯胺、吡啶、苯并〔α〕芘、α-萘胺等芳胺及其衍生物	贴好标签,专人管理,备有乳胶手套、良好通风。实验完毕,认真洗手
积累性有毒物	—	苯、铅化合物、汞、Hg^{2+}盐、液态、有机汞化合物等	贴好标签,专人管理,备有乳胶手套、良好通风。实验完毕,认真洗手

3. 实验事故的应急处理方法

在实验过程中若不幸发生事故,在紧急情况下,必须先在实验室立即进行应急处理。处理方法见表 2-4。

表 2-4 实验室事故急救措施

种类		一般急救措施
灼伤	烫伤	切勿用水冲洗,应在受伤处涂抹烫伤药,如獾油。还可用 3%~5% 的 KMnO$_4$ 溶液或 5% 新制丹宁溶液,用消毒纱布浸湿毛孔
	酸灼	先用大量水冲洗,然后用饱和 NaHCO$_3$ 溶液或稀氨水洗或肥皂液洗,最后再用水冲洗,随即去医院治疗
		氢氟酸灼伤,立即用上法洗至伤处呈苍白色,并涂以甘油与氧化镁糊(2:1)。严防氢氟酸侵入皮下和骨骼中
	碱灼	先用大量水冲洗,然后用 2% 硼酸或 2% 醋酸冲洗,最后再用水冲洗,严重者应去医院治疗

续表

种类		一般急救措施
中毒	有毒气体	立即将中毒者移至新鲜空气流通的地方,必要时进行人工呼吸。吸入氯、氯化氢等气体时,可吸入少量酒精和乙醚的混合蒸气解毒。吸入硫化氢气体感到不适时,立即到室外呼吸新鲜空气
	毒物入口	把 5~10 mL 的稀硫酸铜溶液加入一杯温水中,内服后,用手指伸入咽喉部促使呕吐,然后立即送医院
创伤		伤口内若有玻璃碎片,需先挑出,然后抹红药水并包扎。若没有玻璃碎片,出血不多,伤口处抹红药水,撒上消炎粉后包扎或贴创可贴
触电		首先切断电源,必要时进行人工呼吸,事故严重时,急救后立即送医院治疗
起火		立即灭火,采取措施,防止火势蔓延,切断电源,移走易燃、易爆等物品。根据起火原因选择灭火方法。一般小火,用湿布、石棉布或沙子覆盖燃烧物 油类、有机溶剂起火,可用 CO_2 灭火器、干粉灭火器或 1211 灭火器 电器设备起火,便用 CCl_4 或 CO_2 灭火器灭火,不能用泡沫灭火器,以免触电 碱金属起火,要用 CO_2 灭火器或干沙子灭火,不宜用水灭火 实验室人员衣服着火,立即脱衣,或用石棉布覆盖着火处,或就地卧倒打滚,起到灭火作用

4. 实验室废弃物的处理

废弃物中包含的种类繁多,从实验室排出的废弃物虽然在数量上少于工业废弃物,但长期排放仍然会造成环境污染。同时,对废弃物中所含的某些贵重的有用物质没有回收,也是一种资源浪费。学生应加深、提高对环境保护的认识,根据废弃物的性质,自觉采取有效措施,以免危害自身和危及他人。废弃物处理方法见表 2-5。

表 2-5 废弃物处理方法

种类	处理方法		可净化的废弃物
废气	溶液吸收法。用适当的液体吸收剂处理气体混合物,除去其中有害气体	常用吸收剂:水、碱性或酸性溶液、氧化剂溶液	可净化:SO_2、NO_x、HF、SiF_4、HCl、Cl_2、NH_3、汞蒸气、酸雾等废气
	固体吸收法。废气与固体吸收剂接触,废气中的污染物吸附在固体表面而被分离	吸收剂:活性炭	可净化:H_2S、Cl_2、CO_x、SO_2、NO_x、CCl_4 等
		吸收剂:活性氧化铝	可净化:H_2O、H_2S、SO_2、HF
		吸收剂:分子筛	可净化:NO_x、H_2O、CO_2、SO_2、H_2S、NH_3 等
		吸收剂:硅胶	可净化:H_2O、NO_x、SO_2 等

续表

种类	处理方法	可净化的废弃物
废液	中和法。对于酸质量分数小于5%的酸性废液或碱质量分数小于3%的碱性废液,可采用中和法	酸性或碱性废液中若不含其他有害物质时,中和稀释后,即可排放
	萃取法。选用能溶解污染物,但不溶于水的萃取剂,使其与废液混合,提取污染物,可净化废液	例:从含卤素的 CCl_4 废液中回收 CCl_4
	沉淀法。在废液中加入某化学试剂,使之与废液中的污染物反应,生成沉淀,进行分离	适用于除去废液中的重金属离子,碱土金属离子及某些非金属(如:砷、氟、硫、硼等)
	氧化还原法。废液中溶解的有害无机物,可通过氧化还原反应,转化为无害的新物质	常用氧化剂:漂白粉,处理含氮、含硫等废液 常用还原剂: $FeSO_4$、Na_2SO_3、锌粒等,如处理废液中的 Cr(Ⅵ)
	还有:活性炭吸附法、离子交换法、电化学方法等	
废渣	掩埋法。有毒废渣先经化学处理后,于远离居民区的指定地点深埋。无毒废渣直接掩埋,有毒与无毒废渣的掩埋地点都要有专人记录	

三、无机化学实验常规仪器

1. 常规仪器介绍(见表2-6)

表2-6 常规仪器

仪器	材质与规格	使用说明
烧杯	玻璃质或塑料质。玻璃质分硬质和软质,有一般型和高型,有刻度和无刻度等几种。一般以容积表示规格,有50 mL、100 mL、250 mL、500 mL、1 000 mL、2 000 mL等几种	玻璃烧杯常用于大量物质的反应容器,可以加热。用于配制溶液、溶解试样。也可代替水浴锅用作水浴。加热时烧杯底部要垫石棉网,所盛反应液体一般不能超过烧杯容积的2/3。也可用于配制溶液。 塑料质(聚四氟乙烯)烧杯常用作有强碱性溶剂或氢氟酸分解样品的反应容器。加热温度一般不能超过200℃
锥形瓶 碘量瓶	玻璃质,分硬质和软质、有塞(磨口)和无塞、广口和细口等几种。一般以容积表示规格,有50 mL、100 mL、250 mL、500 mL等几种	用作反应容器、接收容器、滴定容器(便于振荡)和液体干燥器等。加热时应垫石棉网或用水浴,以防破裂。 有塞的锥形瓶又称碘量瓶,在间接碘量法中使用

续表

仪　器	材质与规格	使用说明
试管　离心试管	玻璃质，分硬质试管和软质试管、普通试管和离心试管等几种。一般以容积表示规格，有 5 mL、10 mL、15 mL、20 mL、25 mL 等几种。无刻度试管按外径（mm）×管长（mm）分类，有 8×70、10×75、10×100、12×100、12×120 等规格	试管常用作常温或加热条件下少量试剂的反应容器，便于操作和观察，也可用来收集少量的气体。硬质试管可以加热至高温，但加热后不能骤冷 离心试管主要用于沉淀分离。离心试管加热时可采用水浴，反应液不应超过容积的 1/2
试管架	一般为木质、塑料或铝质，有不同形状和大小，用于放置试管和离心试管	使用过的试管和离心试管应及时洗涤，以免放置时间过久而难于洗涤
量筒	玻璃质，一般以容积表示规格，有 5 mL、10 mL、25 mL、50 mL、100 mL、500 mL、1 000 mL 等几种	量出容器。用于量取一定体积的液体。使用时不可加热；不可量取热的液体或溶液；不可作实验容器，以防影响容器的准确性 读取数据时，应将凹液面的最低点与视线置于同一水平上并读取与弯月面相切的数据。一般精确度不高
移液管　吸量管	玻璃质，分单刻度大肚型和刻度管型两种，一般以容积表示规格，常量的有 1 mL、2 mL、5 mL、10 mL、25 mL、50 mL 等规格；微量的有 0.1 mL、0.25 mL、0.5 mL 等几种	量出容器。精确量取一定体积的液体，不能移取热的液体。使用时注意保护下端尖嘴部位 移液管和吸量管不能加热

续表

仪　器	材质与规格	使用说明
容量瓶	玻璃质，一般以容积表示规格，有 10 mL、25 mL、50 mL、100 mL、500 mL、1 000 mL、2 000 mL等几种	量入容器。用于配制准确浓度的溶液。注意事项：① 不能加热，不能代替试剂瓶用来贮存溶液，以避免影响容量瓶容积的准确度；② 为配制准确，溶质应先在烧杯内溶解后再移入容量瓶；③ 不用时应在塞子和旋塞处垫上纸片
酸式滴定管　碱式滴定管	玻璃质，有酸式和碱式两种，一般以容积表示规格，常见的有 10 mL、25 mL、50 mL、100 mL 等几种 按玻璃的颜色区分，有无色和棕色两种	用于滴定分析或量取较准确体积的液体。酸式滴定管还可用作柱色谱分析中的色谱柱
分液漏斗　滴液漏斗	玻璃质，分球形、梨形、筒形和锥形等几种。一般以容积表示规格，有 50 mL、100 mL、250 mL、500 mL 等几种	分液漏斗用于分离互不相溶的液体，也可用于向某容器加入试剂。若需滴加，则需用滴液漏斗。 注意事项：① 不能加热；② 防止塞子和旋塞损坏；③ 不用时应在塞子和旋塞处垫上纸片，以防其不能取出。特别是分离或滴加碱性溶液后，更应注意
安全漏斗	玻璃质，分为直形、环形和球形	用于加液体和装配气体发生器、使用时应将漏斗颈插入液面以下

续表

仪　器	材质与规格	使用说明
长颈漏斗　短颈漏斗	玻璃质、搪瓷质或塑料质，分为长颈和短颈两种。一般以漏斗颈表示规格有 30 mm、40 mm、60 mm、100 mm、120 mm 等几种	用于过滤沉淀或倾注液体，长颈漏斗也可用于装配气体发生器。不能加热（若需加热，可用铜漏斗过滤），但可过滤热的液体
布氏漏斗	瓷质，常以直径表示其大小	用于减压过滤，常与抽滤瓶配套使用。不能加热，滤纸应稍小于其内径
漏斗式（玻璃漏斗）　坩埚式（砂芯漏斗）	是一类由颗粒状玻璃、石英、陶瓷或金属等经高温烧结，并具有微孔结构的过滤器。常用的是砂芯漏斗，它的底部是玻璃砂在 873 K 左右烧结的多孔片。根据烧结玻璃孔径的大小分为六种型号	用于过滤沉淀，常和抽滤瓶配套使用。不宜过滤浓碱溶液、氢氟酸溶液或热的浓磷酸溶液
抽滤瓶	玻璃质，一般以容积表示规格，有 50 mL、100 mL、250 mL、500 mL 等几种	用于减压过滤，上口接布氏漏斗或玻璃漏斗，侧嘴接真空泵。不能加热
漏斗架	木制或铁制	过滤时用于承接漏斗，漏斗的高度可由漏斗架调节

续表

仪　器	材质与规格	使用说明
表面皿	玻璃质，一般以直径单位表示规格，有 45 mm、65 mm、75 mm、90 mm 等几种	多用于盖在烧杯或蒸发皿上，防止杯内液体迸溅或落入灰尘污染。使用时不能直接加热
平底烧瓶　圆底烧瓶　蒸馏烧瓶	通常为玻璃质，分硬质和软质，有平底、圆底、长颈、短颈、细口、厚口和蒸馏烧瓶等几种。一般以容积表示规格，有 50 mL、100 mL、250 mL、500 mL 等几种	用于化学反应的容器或液体的蒸馏。使用时液体的盛放量不能超过烧瓶容量的2/3，一般固定在铁架台上使用
滴瓶	通常为玻璃质，分无色和棕色（避光）两种。滴瓶上乳胶滴头另配。一般以容积表示规格，有 15 mL、30 mL、60 mL、125 mL 等几种	用于盛放少量液体试剂或溶液，便于取用。滴管为专用，不得弄脏弄乱，以防玷污试剂。滴管不能吸得太满或倒置，以防试剂腐蚀乳胶滴头
细口瓶	通常为玻璃质，有磨口和不磨口、无色和有色（避光）之分。一般以容积表示规格，有 100 mL、125 mL、250 mL、500 mL、1 000 mL 等几种	磨口瓶用于盛放液体试剂或溶液。注意事项：① 不能直接加热；② 磨口瓶不能放置碱性物质，因碱性物质会把磨口瓶颈和塞粘住。如盛放碱液时，要换橡皮塞。作气体燃烧实验时应在瓶底放薄层的水或沙子，以防破裂；③ 磨口瓶不用时应用纸条垫在瓶塞与瓶颈间，以防打不开；④ 磨口瓶与塞均配套，防止弄乱

续表

仪 器	材质与规格	使用说明
广口瓶	一般为玻璃质,有无色和棕色(避光),有磨口和光口之分。一般以容积表示规格,有30 mL、60 mL、125 mL、250 mL、500 mL等几种	磨口瓶用于贮存固体试剂,广口瓶通常作集气瓶使用。注意事项同细口瓶
药匙	由塑料或牛角制成	用于取用固体试剂,用后应立即洗净、晾干。药匙两端各有一个匙,一大一小,根据取用试剂量多少选用。不能用以取灼热的试剂
称量瓶	玻璃质,分高型和扁平型两种	用于准确称取一定量固体试剂。扁平称量瓶主要用于测定样品中的水分。盖子为配套的磨口塞,不能弄乱或丢失。不能加热。不用时应洗净,在磨口处垫上纸条
酒精灯	玻璃质,灯芯套管为瓷质,盖子有塑料质或玻璃质之分	用于一般加热
石棉网	由铁丝网上涂石棉制成	用于使容器均匀受热。不能与水接触,石棉脱落时不能使用(石棉是电的不良导体)。不可卷折
泥三角	由铁丝扭成,并套有瓷管	灼烧坩埚时放置坩埚用。使用前应检查铁丝是否断裂,断裂的不能用。注意不能摔落

续表

仪　器	材质与规格	使用说明
三角架	铁制品，有大小和高低之分	用于放置较大或较重的加热容器。放置加热容器应先放石棉网（水浴锅除外）
水浴锅	铜或铝制，现在多用恒温水槽代替	用于间接加热。使用时应经常加水，防止烧干
蒸发皿	通常为瓷质，也有玻璃、石英、铂制品，有平底和圆底之分。一般以容积表示规格，有75 mL、200 mL、400 mL、等几种	用于蒸发和浓缩液体。一般放在石棉网上加热使其受热均匀。也可直接火加热。使用时应根据液体性质选用不同材质的蒸发皿。蒸发皿能耐高温，但不宜骤冷
坩埚	材质有普通瓷、铁、石英、镍和铂等，一般以容积表示规格，有10 mL、15 mL、25 mL、50 mL等几种	用于灼烧固体。使用时应根据灼烧温度及试样性质选用不同类型的坩埚，以防损坏坩埚。可直接用火灼烧至高温。灼热的坩埚不能直接放在桌上（可放在石棉网上）。不宜骤冷
试管夹	有木制、竹制、钢制等，形状各不相同	用于夹持试管
坩埚钳	铁或铜制，有大小和长短之分	用于夹持坩埚或热的蒸发皿。应先将坩埚钳的尖端预热，放置时尖端向上，以保持钳的尖端干净

续表

仪器	材质与规格	使用说明
毛刷	常以大小或用途分类，有试管刷、烧瓶刷、滴定管刷等多种	用于洗刷仪器。毛刷顶部无毛的刷子不能使用。 小心刷子顶端的铁丝撞破玻璃
洗瓶	一般为塑料质	用于盛放去离子水
铁架台、铁圈和铁夹	铁制品，铁夹有铝制的和铜制的	铁夹用于固定蒸馏烧瓶、冷凝管、试管等仪器。铁圈可放置分液漏斗或放置反应容器。 铁夹夹持仪器时，不能过紧或过松，以仪器不能转动为宜
温度计	玻璃质，常用的有汞温度计和酒精温度计	用于测量系统的温度。若不慎将汞温度计损坏，洒出的汞（汞有毒）需按要求处理
点滴板	瓷质。有白色和黑色之分，常以穴的多少表示规格，有9穴、12穴等几种	用于性质实验的点滴反应。有白色沉淀时用黑色点滴板

续表

仪　器	材质与规格	使用说明
燃烧匙	铜质	用于检验某些固体的可燃性。用后应立即洗净并干燥，以防腐蚀
研钵	材质有瓷、玻璃和玛瑙等。一般以口径（单位 mm）大小表示规格	用于研碎固体，或固—固、固—液的研磨。按固体的性质和硬度选用不同的研钵。注意事项：① 使用时不能敲击，只能研磨，以防击碎研钵或研杵，避免固体飞溅；② 易爆物只能轻轻压碎，不能研磨，以防爆炸。 不能用火直接加热
自由夹和螺旋夹	铁制品	用于打开和关闭流体的通道
干燥器	玻璃质，按玻璃颜色分为无色和棕色两种，以内径表示规格，有 100 mm、150 mm、180 mm、200 mm 等规格	分上下两层，下层放干燥剂，上层放需保持干燥的物品，如易吸收水分、已经烘干或灼烧后的物质。红热的物品待稍冷后才能放入。未完全冷却前，要每隔一定时间开一开盖子，以调节干燥器内的气压
启普发生器	玻璃质	用于产生气体
干燥管	玻璃质，形状多种	用于干燥气体。用时两端应用棉花或玻璃纤维填塞，中间装干燥剂。大头进气，小头出气

仪　　器	材质与规格	使用说明
干燥塔	玻璃质，形状有多种。一般以容量表示规格，有125 mL、250 mL、500 mL等几种	用于净化气体，进气口插入液体中，不能接错。若反接，则可作缓冲瓶使用。洗涤液约为容器高度的1/3，不得超过1/2

2. 玻璃仪器使用规则

使用各种玻璃仪器时，应遵循下列规则：

（1）玻璃仪器应存放于干燥无尘的地方，使用完后应及时洗涤干净。

（2）用于受热的仪器用前要作质量检查，特别要注意受热部位不能有气泡、水印等。加热时，在受热部位与热源之间垫以石棉网，并慢慢升温，尽量避免骤冷骤热。

（3）计量仪器严禁加热和受热，也不能贮存浓碱或浓酸。

（4）热浓液或热水不能倒入厚壁仪器中。

（5）磨口仪器不能贮存碱液。塞子与磨口之间或活塞中均需衬垫纸条或拆散，并做好标号配套，各自独立存放。不能将塞子塞住磨口后再加热烘干。

四、无机化学实验常用光、电仪器

1. 电子天平

1）电子天平的结构

最新一代的天平是电子天平，它利用电子装置完成电磁力补偿的调节，使物体在重力场中实现力的平衡；或通过电磁力矩的调节，使物体在重力场中实现力矩的平衡。常见电子天平的结构都是机电结合式的，由载荷接受与传递装置、测量与补偿装置等部件组成。可分成顶部承载式和底部承载式两类，目前最常见的大多数是顶部承载式的上皿天平。从天平的校准方法来分，则有内校式和外校式两种。前者是标准砝码预装在天平内，启动校准键后，可自动加码进行校准。后者则需人工取标准砝码放到秤盘上进行校准。图2-1为BP221S电子天平外形图，它属于内校式的上皿天平。

2）BP221S电子天平的使用方法

（1）检查水平：查看水平仪，检查天平是否处于水平位置，否则通过水平调节脚调节，天平必须处于水平位置才能正确称量。

（2）预热：为了达到理想的称量效果，精密电子天平在初次接通电源或者在长时间断电之后，

图2-1　BP221S电子天平外形图
1—键盘（控制板）；2—显示器；3—盘托；
4—秤盘；5—水平仪；6—水平调节脚

应开机通电预热 30 min 后，再开始称量。

(3) 开机：按开关键 [1/⏻]，接通显示器，仪器自动运行自检程序，当显示器显示"0.0000 g 时"，自检过程结束。

在显示器右上部显示"○"时，表示仪器关闭。

在显示器左下部显示"○"时，表示仪器处于待机状态。通过开关键打开显示器可立即工作，不必预热。

显示器只显示"◇"表示仪器内部微处理器正在工作，此时不能执行其他操作。

(4) 清零：按除皮键"TARE"清零，只有当仪器经过清零之后，才能准确称量。

(5) 自校：精密电子天平在首次使用，工作环境（特别是温度）变化，仪器被移动后都要进行校正。校正在预热过程执行完毕后进行，本机使用内置校正砝码进行自校，该校正砝码由电动机驱动加载，并在结束校正过程之后被自动卸载。

当显示器显示"0.000 0"时，按 CAL 键激活校正功能，待自校程序执行完毕后再进行其他操作。注意在仪器执行自校程序时，不允许在秤盘上加载。

(6) 称量：在秤盘上小心放好待称物品，关好天平门，待显示器读数稳定后读数，称量过程中使用除皮键"TARE"去除皮重。称量操作完毕后关好天平门，按开关键 [1/⏻] 使天平处于待机状态。

(7) 关机：全部称量操作完成后，关闭天平电源。

3) 使用 BP221S 电子天平的注意事项

(1) 使用电子天平时，严格遵守操作规程。

(2) 操作要小心，在秤盘上加载物品时要轻拿轻放，特别注意不要将试剂（尤其是液体试剂）撒入天平内部。

(3) 本电子天平最大称量（包括皮重）为 220 g，不得超载，以免损坏天平。

(4) 称量液体的容器必须加盖！

(5) 先用 0.1 g 或 0.01 g 天平粗称量，调整称量物品在所需范围之内。再到天平室用 0.000 1 g 天平称量，精确读取数据。

(6) 加减试剂（固、液），应在天平玻璃罩外面进行。

(7) 每次称量结束后，认真检查天平是否休止，关好天平门，罩上布罩，切断电源。登记使用情况，请指导教师检查后，才能离开天平室。

(8) 如果发现天平有不正常情况或在称量过程中发生了故障，应及时报告指导教师。

2. 电光天平

1) 半自动电光天平的基本构造

半自动电光天平的基本构造如图 2-2 所示。主要部件如下：

(1) 天平横梁。这是天平的主要部件（见图 2-3）。梁上有三个玛瑙刀口，中间的刀口向下，用来支承天平梁；左右两边的刀口向上，用来悬挂吊耳。横梁上的三个玛瑙刀口应该互相平行并且位于同一水平面上。横梁由立柱上的翼翅板托住，翼翅板可以通过升降旋钮上下起落。横梁上的玛瑙刀口是天平最重要的部件，刀口的尖锐程度决定天平称量的精度，使用中要尽可能保护刀口。

图 2-2 半自动电光天平

1—横梁；2—平衡调节螺钉；3—吊耳；4—指针；5—支点刀；6—框罩；7—环码；8—指数盘；
9—支柱；10—托叶；11—空气阻尼器；12—投影屏；13—秤盘；14—盘托；15—螺旋脚；
16—垫脚；17—升降旋钮；18—微动调零杆；19—变压器

（2）吊耳。在横梁两端玛瑙刀口上各悬有一个吊耳（或称为蹬），如图 2-4 所示。用以承挂秤盘。

图 2-3 天平横梁

1—力点刀口；2—支点刀口；3—指针

图 2-4 吊耳

1—十字架支脚螺钉；2—十字架；3—吊耳钩

(3) 指针和标尺。指针固定在天平横梁中央，当天平横梁摆动时，指针随着摆动。指针下端有标尺，标尺位置可通过投影屏直接读出，从而确定天平横梁的平衡位置。

(4) 升降旋钮。为了保护玛瑙刀口，在不使用天平或加减砝码时，用旋钮控制升降旋钮将天平横梁托起，使刀刃架空（也称休止状态），避免磨损刀口。使用时轻轻旋转旋钮（顺时针旋转），使天平横梁落下，天平即处于工作状态。

(5) 空气阻尼器。为使工作状态的天平尽快地静止，提高称量速度，在秤盘上方装有两只筒式空气阻尼器，当横梁摆动时，由于空气阻力关系，使横梁较快地停止摆动而达到平衡。

(6) 秤盘（或天平盘）。秤盘是放置被称物体和砝码的，挂在吊耳的上层挂钩上。注意，天平的吊耳、阻尼器盒及秤盘一般都有左"1"右"2"或左"."，右".."的标记。

(7) 盘托。天平休止时，盘托托住秤盘以减轻横梁的负载。

(8) 感量调节螺钉。在指针或横梁中部适当位置上安装有感量调节螺钉。它用来调节天平重心与横梁支点间的距离，以调整天平的灵敏度。

(9) 平衡调节螺钉。在横梁两端各有一个平衡调节螺钉用于调节天平空载时的零点。

(10) 光学读数装置。图2-5为光学读数装置示意图。利用后面电灯发出的光线，先通过聚光管6射至透明刻度标尺5上，再通过物镜筒4使刻度放大10～20倍，光射到3、2两反射镜上，经两次反射，在投影屏1上即可读出透明刻度标尺上的读数。

图2-5 光学读数装置示意图

1—投影屏；2、3—反射镜；4—物镜筒；5—透明刻度标尺；6—聚光管；7—照明筒；8—灯头座

透明刻度标尺偏转一大格，相当于1 mg；偏转一小格，相当于0.1 mg。由于采用了光学方法放大读数，提高了读数的准确度，可读准至0.1 mg。因此，这种天平也称为"万分之一"的分析天平。

(11) 微动调零杆。安装在投影屏下方，用于调节天平的零点。

(12) 天平足和水平仪。天平有三个足，下面有垫脚，前二足带有螺钉，可以调天平到水平位置。立柱后面装有气泡式水平仪，用以指示天平是否水平。

(13) 机械加码装置（加环码旋钮）。1 g以下、10 mg以上的砝码称为环码。环码一般有8个，其质量分别为10 mg、10 mg、20 mg、50 mg、100 mg、100 mg、200 mg和500 mg。各个环码分别挂在固定的环码钩上，使用时利用圈码指数盘（见图2-6）将环码加在右边吊耳上的窄片上。圈码指数盘外圈的数字

图2-6 圈码指数盘

对应着几百毫克,内圈对应着几十毫克。加在窄片上环码的总质量可由圈码指数盘的刻度直接读出,图 2-6 所示质量为 230 mg。

(14)砝码。砝码是天平的一个重要组成部分,物体质量是根据砝码的质量确定的。砝码的组成系统为 5、2、2、1 制,即砝码是 100 g、50 g、20 g、20 g、10 g、5 g、2 g、2 g、1 g 共 9 个。质量相同的砝码,一般都附有不同记号,以便互相区别。称量时,应该使用相同的砝码,以减少由砝码而引起的称量误差。

2)电光分析天平的使用方法

(1)检查天平是否处于良好状态。天平横梁是否恰好套在各支力销上;左右两个吊耳是否在各自的支柱上;秤盘上是否有其他物品;环码是否跳落,指数盘是否在零的位置。接通电源,轻轻转动升降旋钮启动天平,检查灯泡是否亮,投影屏上显示刻度是否清晰。

(2)零点的测定。当天平空载时,启动天平,此时光幕上可以看到标尺的投影在移动,当投影稳定后,若刻度线和标尺上的零恰好重合,天平的零点等于零。零点即天平不载重时的平衡点。若空载时天平的平衡点不在零,可以记下读数,此读数则是天平的零点。一般要求零点在"0"或在"0"附近。如果偏差不大可移动调零杆进行零点微调;偏离太大时,应用平衡螺钉调节。

图 2-7 取 1 g 以上的砝码

(3)称量。零点调好后,放下升降旋钮,关闭天平。将欲称物体(可先在托盘天平上粗称一下,以便估计加放合适的砝码)从左侧门放在左盘中心,关上侧门。把砝码用镊子夹起(见图 2-7)放在右盘中心,从大到小加放合适砝码。随后轻轻转动升降旋钮,观察指针,若指针偏向一边,表示称量物和砝码相差较多,应随即关闭天平,托起天平横梁。指针偏向哪一边,哪边就轻,据此增减砝码。当加减砝码到 1 g 以下时,关紧天平侧门,用同样放法加减环码(1 g 以下砝码以 mg 为单位)。只有当启动天平后,指针似乎不偏转时,才能从标尺上观察,此时若刻度牌的零点偏向标线右方,则表示砝码重,应关闭天平,减少环码;反之,若刻度牌的零点偏向标线左方,则表示砝码轻,应关闭天平,增加环码。只有不再增减环码时,才能将天平升降旋钮完全升起,观察平衡后标尺上的刻度,此点称为天平载重时的平衡点,也称停点,记下。放下升降旋钮,关闭天平,然后再记下秤盘中的砝码,指数盘指示的环码。依大小取出砝码和转动指数盘让环码回到环码钩上,同时对记录校对一次。最后,按使用规则将天平整理好。

(4)数据记录和计算:

零点用 e_0 表示,测两次①_____、②_____,平均 e_0 = _____。

停点用 e_1 表示,测两次①_____、②_____,平均 e_1 = _____。

称物质量 = 砝码质量 + 环码质量 + ($e_1 - e_0$)

3)电光天平的使用规则

(1)每个同学必须爱护指定给自己使用的天平,并负责保持其清洁。

(2)未休止的天平严禁加减砝码、环码、称物,也不允许开关天平门或作引起天平振动的其他动作。

(3)启动升降旋钮时,应缓慢而小心。使用机械加码旋钮时,一定要轻轻地逐格扭动。

(4)决不可使天平载重超过限度(一般是 100 g)。

(5)砝码一定要用镊子取放。较大砝码和被称物体,应尽可能地放在秤盘的中央。

（6）不要在天平上称量过热或过冷的物体，化学药品不能直接放在秤盘上，一般装在称量瓶中。

（7）取放砝码或称物只用两边侧门，称量时应将侧门关闭。

（8）称量结果必须记录在记录本上。

3. 数字式气压表（APM–2C/2D 型）

该仪器可取代汞 U 形管气压计。可用于所有与大气压力有关的实验中对大气压力的测量，无汞污染，安全可靠。仪器电路采用全集成设计方案，全部为进口集成电路芯片，具有质量小、体积小、耗电省、稳定性好等特点。采用 3、4 位半数字显示，数据直观，使用方便。仪器选用精密差压传感器，将压力信号转换为电信号。此微弱电信号经过低漂移、高精度的集成运算放大器放大后，再由 14 B 的 A/D 转换器转换成数字信号。本仪器的核心为 ATMEL89C51 单片机芯片，同时可与 PC 接口。仪器的数字显示采用高亮度 LED，字形美、亮度高（见图 2–8 和图 2–9）。

图 2–8　仪器前面板图

图 2–9　仪器后面板图

1）主要技术指标

电源电压：200～240 V，50 Hz

环境温度：–20～+40℃

显示：3 位半（APM–2C），4 位半（APM–2D）

量程：（101.3±20.0）kPa（APM–2C）

　　　（101.30±20.00）kPa（APM–2D）

分辨率：0.1 kPa（APM–2C），0.01 kPa（APM–2D）

2）使用方法

（1）将仪器放置在空气流动较小的不易受到干扰的地方。

(2) 打开电源开关，预热 15 min。

(3) 面板显示值大气压，单位为 kPa。

3）注意事项

(1) 不要将仪器放置在有强电磁场干扰的区域内。

(2) 不要将仪器放置在通风的环境中，尽量保持仪器附近的气流稳定。

(3) 压力传感器输入口不能进水或其他杂物。仪器上面请勿堆放其他物品。

(4) 避免系统中气压有急剧变化（否则会缩短传感器的使用寿命）。

(5) 请勿带电打开仪器盖板。

(6) 非专业人员请勿开机调试或维修。

4. 电导率仪（DDSJ – 308 型）

1）测量原理

电解质溶液在电势场作用下能导电，其导电能力的大小常以电导或电阻表示。测量溶液电导的方法通常是用两个电极插入溶液中，测出两极的电阻。根据欧姆定律，在温度一定时，两电极间的电阻与两电极间的距离 L（cm）成正比，与电极的截面积 A（cm^2）成反比。即

$$R = \rho \frac{L}{A}$$

对于一个电极而言，电极面积 A 与间距都是固定不变的，称 L/A 为电极常数，以 Q 表示。电导是电阻的倒数，所以

$$G = \frac{1}{R} = \frac{1}{\rho Q} = \frac{K}{Q}$$

其中 $K = 1/\rho = QG = Q/R$，称为电导率，是两个电极间距为 1 cm，截面积为 1 cm^2 时溶液的电导。K 的单位为 S/cm，由于 S/cm 的单位太大，常用 mS/cm 或 μS/cm 表示，它们之间的换算关系为 1 mS/cm = 10^3 μS/cm。

2）DDSJ – 308 型电导率仪的测量范围

电导率测量范围：0 ~ 2×10^5 μS/cm，共分成五挡量程，五挡量程间能自动切换。

具体如下：当选用常数为 0.01 的电极时，测量范围为：0 ~ 200 μS/cm；

当选用常数为 0.10 的电极时，测量范围为：0 ~ 2 000 μS/cm；

当选用常数为 1.00 的电极时，测量范围为：0 ~ 20 000 μS/cm；

当选用常数为 10.00 的电极时，测量范围为：0 ~ 200 000 μS/cm。

注意：当电导率≥20 000 μS/cm 时，一定要用常数为 10 的电极。

温度测量范围：0 ~ 50.0℃。

3）结构与安装

(1) 仪器外形、电极安装如图 2 – 10 所示。

(2) 如图 2 – 11 为仪器后面板，从左至右安装有电源插座、测量电极插座、温度传感器插座、接地接线柱和 PP40 型打印机插头。

注：若将温度探头拔出，仪器则认为温度为 25.0℃，此时仪器所显示的电导率值是未经温度补偿的绝对电导率值。

图 2-10　仪器外形及电极安装

图 2-11　仪器后面板

(3) 仪器面板右方有 10 个功能键，分别为：设置键、确认键、∧ 键、∨ 键、贮存键、标定键、打印键、取消键、删除键和帮助键。

① 设置键：可用于设置电导率 K，温度补偿系数 α；设置打印机以打印所储存的测量数据。
② 确认键：用于确认当前的操作状态，以及操作数据。
③ ∧ 键，∨ 键：称上行键、下行键，主要用于调节参数或功能之间的翻转。
④ 贮存键：用于储存当前的测量数据及对应的测量数据。
⑤ 标定键：用于标定电极常数。
⑥ 打印键：用于打印当前的测量数据或所储存的测量数据。
⑦ 取消键：主要用于从设置状态返回到测量状态。
⑧ 删除键：用于删除所储存的测量数据。
⑨ 帮助键：利用此键，可借助打印机，得到有关当前操作的提示。

4) 仪器的使用方法

(1) 根据电导率的范围，须选用合适的电极。电导率范围及对应电极常数见 2-7 表。

表 2-7　电导率范围及对应电极常数表

电导率范围/($\mu S \cdot cm^{-1}$)	电极常数/cm^{-1}
0.05 ~ 20	0.01
1 ~ 200	0.10
10 ~ 10 000	1.00
100 ~ 200 000	10.00

(2) 将电导电极和温度电极分别插进各自插座上，并让它们浸入被测溶液里。

(3) 将所配的电源接到后面板 ±12 V 插座上。此时仪器首先显示本仪器型号，片刻后，直接进入测量状态。此时，用户如果不需改变参数，则无须进行任何操作，即可直接进行测量（仪器出厂时，初始值定为 $K = 1.00$，$\alpha = 0.020$）；如果需要设置新的参数，操作步骤为：设置键→确认键→确认键→∧键或∨键→取消键→测量读值。

（4）测量结束，将电极冲洗干净放回到电极夹上。

5. 分光光度计

分光光度计是利用物质对单色光的选择性吸收来测定物质含量的仪器。实验室常用的国产分光光度计有 72 型、721 型和 722 型等。这些仪器的型号和结构虽然不同，但工作原理基本相同。以下主要介绍 721 型分光光度计和 722 型分光光度计。

1）测量原理

当一束波长一定的单色光通过有色溶液时，一部分光被溶液吸收，另一部分光则透过溶液，溶液对光的吸收程度越大，透过溶液的光就越少。如果入射光的强度为 I_0，透过光的强度为 I_t，则 I_t/I_0 称为透光率，以 T 表示，即

$$T = I_t/I_0$$

有色溶液对光的吸收程度还可用吸光度 A 表示

$$A = \lg(I_0/I_t)$$

吸光度 A 与透光率 T 的关系为

$$A = -\lg T$$

实验证明，当一束单色光通过一定浓度范围的有色溶液时，溶液对光的吸收程度与溶液的浓度 c（mol/dm^3）和液层厚度 b（cm）的乘积成正比

$$A = \varepsilon bc$$

这就是朗伯 – 比耳（Lambert-Beer）定律的数学表达式。式中，比例常数 ε 称为摩尔吸光系数，其单位为 $L/(mol \cdot cm)$。它与入射光的波长以及溶液的性质、温度等因素有关。当入射光波长一定时，ε 即为溶液中有色物质的一个特征常数。

由朗伯 – 比耳定律可知，当液层的厚度 b 一定时，吸光度 A 只与溶液的浓度 c 成正比，这就是分光光度法测定物质含量的理论基础。

2）721 型分光光度计

721 型分光光度计是 72 型分光光度计的改进型。其特点是用体积小的晶体管稳压电源代替了笨重的磁饱和稳压器，用光电管代替了硒光电池作为光电转换元件，光电管配合放大电路，将微弱光电流放大后推动指针式微安表，以代替易损坏的灵敏光点检流计。由于电子系统进行了很大的改进，因而 721 型分光光度计可以将所有的部件组装成一个整体，装置紧凑、操作方便。仪器结构示意图和外形结构，如图 2 – 12 和图 2 – 13 所示。

图 2 – 12　721 型分光光度计结构示意图

图 2-13 721 型分光光度计的外形图

1—电源指示灯；2—电源开关；3—灵敏度选择旋钮；4—比色皿定位拉杆；5—"100%"调节旋钮；
6—"0"调节旋钮；7—波长调节旋钮；8—波长读数盘；9—读数电表；10—比色皿暗箱盖

721 型分光光度计的操作和使用方法如下：

（1）仪器电源接通之前，应检查"0"和"100%"调节旋钮是否处在起始位置。如不是，则应分别按逆时针方向轻轻旋转旋钮至不能再动为止。电表指针是否指"0"，如不指"0"可调节电表上的调整螺钉使指针指"0"。灵敏度选择旋钮处于"1"挡（最低挡）。

（2）开启电源开关 2，打开比色皿暗箱盖 10（光闸关闭），使电表指针位于"0"位。仪器预热 20 min。旋动波长调节旋钮 7，选择需要的单色光波长，其波长数可由波长读数盘 8 显示。调节"0"调节旋钮 6，使电表指针重新处于"0"位。

（3）将盛有参比溶液和待测溶液的比色皿置于暗箱中的比色皿架上，盛放参比溶液的比色皿放在第一格内，待测溶液放在其他格内。

（4）将比色皿暗箱盖盖上，此时与盖子联动的光闸被推开，占据第一格的参比溶液恰好对准光路，使光电管受到透射光的照射，旋转"100%"调节旋钮 5，使指针在透光率为"100"处。

（5）如果旋动"100%"调节旋钮，电表的指针不能指在"100%"处，可把灵敏度选择旋钮 3 旋至"2"挡或"3"挡，重新调"0"和"100"。灵敏度挡选择的原则是保证能调到"100%"的情况下，尽可能采用灵敏度较低挡，使仪器有更高的稳定性。

（6）反复几次调"0"和"100"，即打开比色皿暗箱盖，调整"0"调节旋钮，使电表的指针指"0"；盖上暗箱盖，旋动"100%"调节旋钮，使电表指针指"100"，仪器稳定后即可测量。

（7）拉出比色皿定位拉杆 4，使待测溶液进入光路，从读数电表 9 上读出溶液的吸光度值。

（8）测量完毕，将各调节旋钮恢复至初始位置，关闭电源，取出比色皿，洗净后倒置晾干。

3）使用注意事项

（1）为了避免光电管（或光电池）长时间受光照射引起的疲劳现象，应尽可能减少光电管受光照射的时间,不测定时应打开暗箱盖,特别应避免光电管(或光电池)受强光照射。

(2) 使用前若发现仪器上所附硅胶管已变红应及时更换硅胶。

(3) 用比色皿盛取溶液时只需装至比色皿的 2/3 即可,不要过满,避免在测定的拉动过程中溅出,使仪器受湿、被腐蚀。

(4) 比色皿的光学面一定要注意保护,不得用手拿光学面,在擦干光学面上的水分时,只能用绸布或擦镜纸按一个方向轻轻擦拭,不得用力来回摩擦。

(5) 仪器上各旋钮应细心操作,不要用劲拧动,以免损坏机件。若发现仪器工作有异常,应及时报告指导教师,不得自行处理。

(6) 仪器调"0"及调"100%"可反复多次进行,特别是外电压不稳时更应如此。

(7) 若大幅度调整波长,应稍等一段时间再测定,让光电管有一定的适应时间。

(8) 每改变一个波长,就得重新调"0"和"100%"。

4) 722 型光栅分光光度计

722 型光栅分光光度计的外形结构如图 2-14(a)和图 2-14(b)所示。

图 2-14(a)   722 型光栅分光光度计外形图

1—数字显示器;2—吸光度调零旋钮;3—选择开关;4—吸光度调斜率电位器;5—浓度旋钮;
6—光源室;7—电源开关;8—波长手轮;9—波长刻度窗;10—试样架拉手;11—100%T 旋钮;
12—0%T 旋钮;13—灵敏度调节旋钮;14—干燥器

2-14(b)   722 型光栅分光光度计后视图

1—1.5 A 熔丝;2—电源插头;3—外接插头

722 型分光光度计的操作和使用方法如下:

(1) 使用仪器前,应先了解本仪器的结构和工作原理,以及各个操作旋钮的功能。在未接通电源前,应该对仪器的安全性进行检查,电源线接线应牢固,通地要良好,各个调节旋钮的起始位置应该正确,然后再接通电源开关。

(2) 将灵敏度调节旋钮调至"1"挡(即放大倍率最小)。

(3) 开启电源,指示灯亮,选择开关置于"T",波长调至测试用波长。预热 20 min。

(4) 打开试样室盖(此时光门自动关闭),调节"0"旋钮,使数字显示为"0.00",盖上试样室盖,将比色皿架处于去离子水校正位置,使光电管受光,调节透过率"100%"旋钮,使数字显示为"100.0"。

(5) 如果显示不到"100.0",则可适当增加微电流放大器的倍率挡数,但尽可能将倍率置于低挡使用,这样仪器才有较高的稳定性。但改变倍率后必须按步骤(4)重新校正"0"和"100%"。

(6) 吸光度 A 的测量:按步骤(4)调整仪器的"0"和"100%",将选择开关置于"A",调节吸光度调零旋钮,使得数字显示为"0.00",然后将被测样品移入光路,显示值即为被测样品的吸光度值。

(7) 浓度 c 的测量:选择开关由"A"旋至"C",将已标定浓度的样品放入光路,调节浓度旋钮,使得数字显示为标定值,然后再将被测样品移入光路,显示值即为被测样品的浓度值。

(8) 如果大幅度改变测试波长时,在调整仪器的"0"和"100%"后应稍等片刻(因为光能量变化急剧,光电管受光后响应缓慢,需一段光响应平衡时间),当光电管稳定后,重新调整仪器的"0"和"100%"即可工作。

(9) 每台仪器所配套的比色皿不能与其他仪器上的比色皿单个调换。

(10) 本仪器数字表后盖,有信号输出 0~1 000 mV,插座 1 脚为正,2 脚为负,接地线。

(11) 测量完毕,打开试样室盖,使"0"和"100%"调节旋钮恢复至初始位置,灵敏度旋钮调至"1"挡,关闭电源,取出比色皿,洗干净后倒置晾干,关好试样室盖。

6. 酸度计(pHS-3C 型)

酸度计(也称 pH 计)是用来测定溶液 pH 的仪器。实验室常用的酸度计有雷磁 25 型、pHS-2 型和 pHS-3 型等。各种型号结构虽有不同,但基本原理相同。

1) 基本原理

酸度计测 pH 的方法是电位测定法,除用于测量溶液的酸度外,还可以测量电池电动势。酸度计主要由参比电极(饱和甘汞电极)、测量电极(玻璃电极)和精密电位计三部分组成。

饱和甘汞电极(见图 2-15)由金属汞、氯化亚汞和饱和氯化钾溶液组成,它的电极反应是

$$Hg_2Cl_2 + 2e^- \rightleftharpoons 2Hg + 2Cl^-$$

饱和甘汞电极的电极电势不随溶液的 pH 变化而变化,在一定温度和浓度下是一定值,在 25℃时为 0.24 V。

玻璃电极(见图 2-16)的下端是一极薄玻璃球泡,由特殊的敏感玻璃膜构成。薄玻璃对氢离子有敏感作用,当它浸入被测溶液内,被测溶液的氢离子与电极玻璃球泡表面水化层进行离子交换,玻璃泡内层同样产生电极电势。由于内层氢离子浓度不变,而外层氢离子浓度在变化,因此,内外层的电势差也在变化,所以该电极的电势随待测溶液的 pH 不同而改变。

$$E_{玻} = (E_{玻}^{\ominus} + 0.0591)\lg c(H^+) = (E_{玻}^{\ominus} - 0.0591)\text{pH}$$

图 2-15 饱和甘汞电极
1—导线；2—铂丝；3—汞；4—甘汞；5—多孔物质；6—导线；
7—绝缘体；8—橡皮帽；9—KCl 饱和溶液；
10—多孔物质；11—胶帽

图 2-16 玻璃电极
1—导线；2—绝缘体；3—Ag-AgCl 电极
4—缓冲溶液；5—玻璃膜电极

将玻璃电极和饱和甘汞电极一起插入被测溶液组成原电池，连接精密电位计，即可测得电池的电动势。在 25℃ 时

$$E = E_{正} - E_{负} = E_{甘汞} - E_{玻}^{\ominus}$$
$$= (0.24 - E_{玻}^{\ominus}) + 0.0591\,\text{pH}$$

所以

$$\text{pH} = \frac{E + E_{玻}^{\ominus} - 0.24}{0.0591}$$

式中，$E_{玻}^{\ominus}$ 可以由测定一个已知 pH 的缓冲溶液的电动势求得。

为了省去计算手续，酸度计把测得的电池电动势直接用 pH 刻度值表示出来，因而从酸度计上可以直接读出溶液的 pH。

2) pHS-3C 型 pH 计示意图

pHS-3C 型 pH 计是一台精密数字显示 pH 计。它有 3 位半十进制 LED 数字显示。该酸度计适用于测定水溶液的 pH 和电极电势（mV）。此外，还可配上适当的离子选择性电极，测出该电极的电极电势。测量范围：pH 在 0~14.00 pH 之间，电极电势在 0~±1999 mV 之间（自动极性显示），最小显示单位：0.01 pH，1 mV。温度补偿范围：0~60℃。

(1) 仪器正面如图 2-17 (a) 所示。

(2) 仪器后面板如图 2-17 (b) 所示。

3) 操作步骤

(1) 开机：

① 电源线插入电源插座 13；

② 按下电源开关 12，电源接通后，预热 30 min。

第 2 章 无机化学实验的基础知识   31

图 2-17 pHS-3C 型 pH 计算示意图
(a) 仪器正面；(b) 仪器后面板
1—前面板；2—显示屏；3—电极梗插座；4—温度补偿调节旋钮；5—斜率补偿调节旋钮；
6—定位调节旋钮；7—选择旋钮（pH 或 mV）；8—测量电极插座；9—参比电极插座；
10—铭牌；11—熔丝；12—电源开关；13—电源插座

③ 将电极梗插入电极梗插座 3，电极夹夹在电极梗上。拉下复合电极前端的电极套，将电极夹在电极夹上。

（2）标定：

仪器使用前，先要标定。一般说来，仪器在连续使用时，每 24 h 要标定一次。

① 在测量电极插座 8 处拔下短路插头。

② 在测量电极插座 8 处插上复合电极。

③ 如不用复合电极，则在测量电极插座 8 处插上电极转换器的插头；玻璃电极插头插入电极转换器插座处；参比电极插头插入参比电极插座 9 处。

④ 把选择旋钮 7 调到 pH 挡。

⑤ 调节温度补偿调节旋钮 4 使旋钮白线对准溶液温度值。

⑥ 把斜率补偿调节旋钮 5 顺时针旋到底（即调到"100%"位置）。

⑦ 把清洗过的电极插入 pH=6.86 的缓冲溶液中。

⑧ 调节定位调节旋钮 6，使仪器显示读数与该缓冲溶液的 pH 相一致（如 pH=6.86）。

⑨ 用去离子水清洗电极，再用 pH=4.00（或 pH=9.18）的标准缓冲溶液调节斜率补偿调节旋钮到 4.00 pH（或 9.18 pH）；重复⑥~⑧动作。

直至不用再调节定位或斜率两调节旋钮为止。

注意：经标定的仪器定位调节旋钮及斜率补偿调节旋钮不应再有变动。

标定的缓冲溶液第一次应用 pH=6.86 的溶液，第二次应接近被测溶液的值，如被测溶液为酸性时，缓冲溶液应选 pH=4.00；如被测溶液为碱性时，则选 pH=9.18 的缓冲溶液。

一般情况下，在 24 h 内仪器不需再标定。

（3）测量 pH：

经标定过的仪器，即可用来测量被测溶液，被测溶液与标定溶液温度相同与否，测量步骤也有所不同。

① 被测溶液与定位溶液温度相同时，测量步骤如下：

● 定位调节旋钮不变；

● 用去离子水清洗电极头部，用滤纸吸干；

● 把电极浸入被测溶液中，用玻璃棒搅拌溶液，使溶液均匀，在显示屏上读出溶液的 pH。

② 被测溶液和定位溶液温度不同时，测量步骤如下：
- 定位调节旋钮不变；
- 用去离子水清洗电极头部，用滤纸吸干；
- 用温度计测出被测溶液的温度值；
- 调节温度补偿调节旋钮 4，使白线对准被测溶液的温度值；
- 把电极插入被测溶液内，用玻璃棒搅拌溶液，使溶液均匀后，读出该溶液的 pH。

(4) 测量电极电势（mV）：
① 把适当的离子选择电极或金属电极和甘汞电极夹在电极架上；
② 用去离子水清洗电极头部，用滤纸吸干；
③ 把电极转换器的插头插入仪器后部的测量电极插座内；把离子电极的插头插入转换器的插座内；
④ 把甘汞电极的插头插入仪器后部的参比电极插座内；
⑤ 把两种电极插在被测溶液内，将溶液搅拌均匀后，即可在显示屏上读出该离子选择电极的电极电势（mV），还可自动显示正负极性。

(5) 如果被测信号超出仪器的测量范围或测量端开路时，显示屏会发出闪光，作超载报警。

4) 仪器的维护

仪器的品质一半在于制造，一半在于维护，特别像酸度计一类的仪器，由于在使用中经常接触化学药品，所以更需合理维护。

(1) 仪器的输入端（测量电极的插座）必须保持干燥清洁。仪器不用时，将短路插头插入插座，防止灰尘及水汽浸入。在环境湿度较高的场所使用时，应把电极插头用干净纱布擦干。

(2) 电极插座转换器为配用其他电极时使用，平时注意防潮防震。

(3) 测量时，电极的引入导线保持静止，否则会引起测量不稳。

(4) 仪器采用了 MOS 集成电路，因此，在检修时应保证电烙铁有良好的接地。

(5) 用缓冲溶液标定仪器时，要保证缓冲溶液的可靠性，不能配错缓冲溶液，否则将导致测量结果产生误差。缓冲溶液用完后可按下列方法自行配制。

pH 4.00 溶液：用 GR 邻苯二甲酸氢钾 10.21 g，溶解于 1 000 mL 的双蒸蒸馏水中。

pH 6.86 溶液：用 GR 磷酸二氢钾 3.4 g、GR 磷酸氢二纳 3.55 g，溶解于 1 000 mL 的双蒸蒸馏水中。

pH 9.18 溶液：用 GR 硼砂 3.18 g，溶解于 1 000 mL 的双蒸蒸馏水中。

5) 电极的使用及维护

(1) 电极在测量前必须用已知 pH 的标准缓冲溶液进行定位校准，标准缓冲溶液的 pH 需可靠，而且愈接近被测值愈好。

(2) 取下电极套后，应避免电极的敏感玻璃泡与硬物接触，因为任何破损或擦毛都使电极失效。

(3) 测量后，及时将电极保护套套上，套内应放少量补充液以保持电极球泡的湿润。

(4) 复合电极的外参比补充液为 3 mol/dm^3 氯化钾溶液，补充液可以从电极上端小孔加入。

(5) 电极的引出端必须保持清洁和干燥，绝对防止输出两端短路，否则将导致测量失误或失效。

(6) 电极应与输入阻抗较高的酸度计（≥10^{12} Ω）配套，以使其保持良好的特性。

(7) 电极避免长期浸在去离子水、蛋白质溶液和酸性氟化物溶液中。

(8) 电极避免与有机硅油接触。

(9) 电极经长期使用后，如发现斜率略有降低，可把电极下端浸泡在 4% HF（氢氟酸）中 3~5 s，用去离子水洗净，然后在 0.1 mol/dm³ 盐酸溶液中浸泡，使之复新。

(10) 被测溶液中如含有易污染敏感球泡或堵塞液接界的物质而使电极钝化，会出现斜率降低现象，显示读数不准。如发生该现象，则应根据污染物质的性质，用适当溶液清洗，使电极复新。

注：选用清洗剂时，不能用四氯化碳、三氯乙烯、四氢呋喃等，以及不能选用能溶解聚碳酸树脂的清洗液，因为电极外壳是用聚碳酸树脂制成的，其溶解后极易污染敏感玻璃球泡，从而使电极失效。也不能用复合电极去测上述溶液。

6) 常见故障及其处理

故障	原因及处理
电源接通，数字乱跳	短路插未插，应插上短路插或电极插头
定位能调到 pH 为 6.86，但调不到 pH 为 4.00	电极失效，更换电极
斜率调节不起作用	斜率电位器坏，更换斜率电位器

附：缓冲溶液的 pH 与温度关系对照表见表 2-8。

表 2-8　缓冲溶液的 pH 与温度关系对照表

温度/℃ \ pH 值 溶液	0.05 mol/kg 邻苯二钾酸氢钾	0.025 mol/kg 混合物磷酸盐	0.01 mol/kg 四硼酸钠
5	4.00	6.95	9.89
10	4.00	6.92	9.33
15	4.00	6.90	9.28
20	4.00	6.88	9.23
25	4.00	6.86	9.18
30	4.01	6.85	9.14
35	4.02	6.84	9.11
40	4.03	6.84	9.07
45	4.04	6.84	9.04
50	4.06	6.83	9.03
55	4.07	6.88	8.99
60	4.09	6.84	8.97

五、化学试剂

1. 化学试剂纯度的等级标准

化学试剂是指具有一定纯度标准的各种单质和化合物。在实验中可根据实验要求选用不同纯度的化学试剂。

我国化学试剂的等级标准基本上分为四级，除此之外，还有"工业级"及近年来大量使用的生化试剂。等级规格是根据不同的纯度来决定的。其等级和应用范围见表2-9。

表2-9 试剂等级和应用范围

等级	一级试剂 （保证试剂）	二级试剂 （分析试剂）	三级试剂 （化学纯试剂）	四级试剂 （实验试剂）	生物试剂或 生化试剂
英文名称	Guaranteed reagent	Analytical reagent	Chemical pure	Laboratory reagent	Bilogical or Biochemistry reagent
符号	GR	AR	CP	LR	BR
标签颜色	绿色	红色	蓝色	棕色或其他颜色	黄色或其他颜色
应用范围	纯度最高，适用于精密分析工作与科学研究工作	纯度略差，适用于重要化学分析与科学研究	适用于一般分析工作及化学制备实验	适用于要求不高的实验，可作辅助试剂	用于生物化学实验

随着教学、科研、工业生产的发展需要，对化学试剂纯度的要求也愈加严格与专门化。因此，除了表2-9常用的试剂外，又出现了具有特殊用途的专用试剂。例如：光谱纯试剂、色谱纯试剂、基准试剂（纯度相当或高于一级试剂）等。

选用不同纯度的试剂时，除了要考虑它的适用范围，还需要有相应的纯水与容器与之配合，才能发挥试剂纯度的作用，达到实验精度的要求。例如：在精密分析实验中选用一级试剂，则需要用二次蒸馏水以及硬质硼硅玻璃仪器。

选用哪种纯度的化学试剂，节约是一条基本原则，应该按照实验的具体要求来选取不同等级的试剂。

2. 化学试剂的存贮

化学试剂如存贮不当会变质失效，给实验造成误差、失败，甚至引发事故。因此，必须根据试剂的物理、化学性质采用不同的存贮方法。

（1）见光易分解的试剂：如硝酸银、过氧化氢等；与空气接触易氧化的试剂：如氯化亚锡、碘化钾等；易挥发的试剂：如氨水、乙醇等，上述三类试剂都应贮存于棕色瓶中，并放在阴凉处，最好配备暗室保存。极易挥发的试剂要低温冷藏。

（2）易水解的试剂：应放在干燥器中保存。

（3）易侵蚀玻璃的试剂：如氢氟酸、氢氧化钠等，应保存于塑料容器中。盛碱液的瓶子要用橡皮塞或塑料瓶塞，不能用磨口玻璃塞，以免瓶口被碱黏结。

（4）吸水性强的试剂：如无水碳酸钠、氢氧化钠等，要特别注意，试剂瓶口应严格密封。

(5) 相互易起化学反应的试剂：如氧化剂与还原剂、酸与碱，应分开存放。

(6) 剧毒试剂：如氰化钾、三氧化二砷（砒霜）等，应由专人保管，并严格执行领取登记制度，以免发生事故。

(7) 特种试剂：如某些活泼金属或非金属，应将它们封存于对试剂相对稳定的液体或惰性气体中，使之与空气隔绝。如金属钠、钾、铈可浸入煤油中保存，白磷则可浸入水中保存。

为使实验室不受或少受化学试剂的污染，实验室中应尽量不存放或少存放整瓶试剂。除实验时必用的试剂或溶剂外，其他试剂一律不要存放在实验室中。

3. 化学试剂的取用

1) 液体试剂的取用

从试剂瓶中倾出液体试剂时，把瓶塞倒放在桌上（如果瓶塞倒放不稳时，可用右手中指和无名指夹住瓶塞），右手拿起试剂瓶，并注意使试剂瓶上的标签对着手心（为什么?），用一根玻璃棒紧靠瓶口，使液体顺着玻璃棒流入容器中（见图2-18（a））或把试剂瓶口紧靠容器边沿，慢慢注入液体，使其沿着容器内壁流下（见图2-18（b））。倒出所需液体后，应该将试剂瓶口在玻璃棒或容器上靠一下，再将试剂瓶竖直，这样可以避免遗留在瓶口的试剂从瓶口流到试剂瓶的外壁。并把试剂瓶标签朝外放回原处。

图2-18 从试剂瓶中倾出液体
(a) 顺玻璃棒流入容器中；(b) 沿着容器内壁流下

从滴瓶中取用少量试剂时，用拇指和食指先提起滴管，使管口离开液面。此时如果滴管中有试剂，则取出滴管将试剂滴入预先准备的容器中，否则，紧捏橡皮乳头，赶出滴管中的空气，然后把滴管伸入试剂中，放松手指，吸入试剂，再提起滴管，取走试剂。用滴管往容器中滴加试剂时，绝对禁止滴管与容器接触。因此，往试管中滴加试剂时，不许将滴管伸入试管中，以免接触壁而玷污药品（见图2-19）。同时任何时候装有试剂的滴管不得横置或滴管口向上斜放，以免液体流入滴管的橡皮乳头中。在大瓶的液体试剂瓶旁也常附置专用的滴管供取少量试剂用，用法同上。如果是自备的滴管，使用前必须洗净。

图2-19 用滴管将试剂加入试管中
(a) 正确；(b) 错误

2) 固体试剂的取用

固体试剂要用干净的药匙取用。药匙的两端分别为大小两个匙。取较多的试剂时用大匙，取少量试剂时用小匙（取用的试剂须加入小试管时，应用小匙）。用过的药匙必须立即洗净擦干，以备取用其他试剂。

往试管，特别是湿试管中加入固体试剂时，可用药匙伸入试管约 2/3 处，或将取出药品放在一张对折的纸条上，再伸入试管中。块状固体则应沿管壁慢慢滑下（见图 2-20）。

用药匙往试管里送入固体试剂　　　　用纸槽往试管里送入固体试剂

块状固体沿管壁慢慢滑下

图 2-20　固体试剂的取用

4. 化学试剂的取用规则

取用试剂时必须遵守两个原则：

（1）倒出试剂后，瓶塞要立即盖在原来的试剂瓶上，绝对不许张冠李戴。取完试剂，马上将瓶盖盖好，拧紧，并将试剂瓶放回原处。

（2）不要超过指定用量，多取的试剂不能倒回原瓶，可放在指定容器中供他人使用。未指明用量时，应尽量少取。

六、试纸

试纸的作用是通过其颜色变化来测试溶液的性质或定性检验某些物质的存在与否。其特点是简单、方便、快捷并具有一定精确度。

试纸种类颇多，常用试纸分类、制备及用途见表 2-10。

表 2-10　常用试纸分类、制备及用途

名称	制备方法及使用方法	用途与颜色变化
pH 试纸	实验前先将 pH 试纸剪成小块，放在洁净干燥的容器中。用时用玻璃棒蘸取要测溶液，滴在试纸上，观察试纸颜色变化。不可将试纸投入溶液中	检验溶液的 pH，需将 pH 试纸显示的颜色与比色板比较，才可知道溶液的 pH 广泛使用的 pH 试纸的色阶变化为 1 个 pH 单位，而精密 pH 试纸的色阶变化小于 1 个 pH 单位

续表

名称	制备方法及使用方法	用途与颜色变化
淀粉-碘化钾试纸	在滤纸条上滴加1滴淀粉溶液和1滴碘化钾溶液即为淀粉-碘化钾试纸。将试纸悬放在试管口上方。注意，切勿使试纸接触溶液	定性检验氧化性气体，如：Cl_2、Br_2等。氧化性气体遇到湿试纸后，可将试纸上I^-氧化为I_2，I_2与试纸上淀粉作用后试纸显示蓝色。如气体氧化性很强，且浓度大，也可将I_2进一步氧化为IO_3^-而使试纸上的蓝色褪去
醋酸铅试纸	在滤纸条上滴加1滴醋酸铅溶液即成醋酸铅试纸。使用方法同淀粉-碘化钾试纸	定性检验痕迹量的硫化氢。有硫化氢气体时，试纸由白色变为黑色
石蕊试纸	使用方法同pH试纸	检验溶液的酸碱性。红色试纸：在碱性溶液中变蓝色，蓝色试纸：在酸性溶液中变红色

七、滤纸

在定性、定量以及层析分离实验中，要经常使用滤纸。滤纸有定量滤纸和定性滤纸之分。

（1）定性滤纸：灼烧后的灰分质量较大，不适宜质量分析。可用于无机沉淀物的过滤、分离以及有机物重结晶的过滤。

（2）定量滤纸：灼烧后灰分质量很小，例：一张$\phi125$ mm的定量滤纸，质量约为1 g，灼烧后灰分质量低于0.1 mg，在定量分析中，这一点质量可忽略不计，所以常将定量滤纸称为"无灰滤纸"。

按过滤速度和分离性能的不同，滤纸又分为快速、中速和慢速三类。

选用何种滤纸，则要根据沉淀的性质和沉淀量的多少及实验要求选择滤纸的类型和大小。常用滤纸按国家标准GB 1514和GB 1515规定的部分技术指标列于表2-11和表2-12。

表2-11 定性滤纸

项目	规定		
	快速	中速	慢速
	101	102	103
纸质量/(g·m^{-2})	80±4	80±4	80±4
过滤速度/s 不大于	30	60	120
灰分质量分数/% 不大于	0.15	0.15	0.15
水溶性氯化物(Cl^-)/% 不大于	0.02	0.02	0.02
铁质量分数(Fe^{3+})/(%) 不大于	0.003	0.003	0.003
适应过滤的沉淀物	氢氧化铁	碳酸锌	硫酸钡
标志（盒外纸条）	白色	蓝色	红色
圆形纸直径/mm	55、70、90、110、125、150、180、230 等		
方形纸尺寸/mm	600×600、300×300		

表 2-12 定量滤纸

项 目	规 定		
	快速 201	中速 202	慢速 203
纸质量/(g·m^{-2})	80±4	80±4	80±4
过滤速度/s 不大于	30	60	120
灰分质量分数/% 不大于	0.01	0.01	0.01
过滤晶形	胶状沉淀物	一般结晶形沉淀	较细结晶形沉淀
适应过滤的沉淀物	Fe(OH)$_3$、Al(OH)$_3$、H$_2$SiO$_3$	SiO$_2$、MgNH$_4$PO$_4$、ZnCO$_3$	BaSO$_4$、CaC$_2$O$_4$、PbSO$_4$
标志（盒外纸条）	白色	蓝色	红色
圆形纸直径/mm	55、70、90、110、125、180 等		

注：过滤速度：于 20℃时，以 1 333.224 Pa（10 mm Hg）压力，过滤 100 cm^3 去离子水所需的时间。
1 mm Hg = 133.322 4 Pa。

八、实验室用水

工农业生产、科学研究和日常生活对水质各有不同的要求。在化学实验中所用的水必须经过纯化处理。根据不同实验要求，对水质的要求也不同。对对水质有特殊要求的实验，可根据需要，检验有关项目，如：氧、铁、钙含量等。

一般的化学实验和分析工作用一次蒸馏水或去离子水。在超纯分析或精密物理化学实验中，需要水质更高的二次蒸馏水、三次蒸馏水、亚沸蒸馏水、无二氧化碳蒸馏水以及无氨蒸馏水等。

1. 实验室用水的规格

根据国际标准（ISO 3696—1987），我国颁布了《分析实验室用水规格和试验方法》的国家标准（GB 6682—1992），国家标准中规定了分析实验室用水的级别、技术指标和检验方法，见表 2-13。

表 2-13 实验室用水的级别及主要技术指标

指标名称	一级	二级	三级
pH 范围/(298 K)	—	—	5.0~7.5
电导率/[298 K/(mS·m^{-1})]	≤0.01	≤0.10	≤0.50
可氧化物质（以氧计）/(mg·cm^{-3})	—	<0.08	<0.4
蒸发残渣（378 K±2 K）/(mg·cm^{-3})	—	≤1.0	≤2.0
吸光度（254 nm，1 cm 光程）	≤0.001	≤0.01	—

续表

指标名称	一级	二级	三级
可溶性硅（以 SiO_2 计）/ $(mg \cdot cm^{-3})$	<0.01	<0.02	—

注：(1) 在一级水、二级水的纯度下，难于测定其真实的 pH，因此，对其 pH 范围不作规定。
(2) 在一级水的纯度下，难于测定其可氧化物质和蒸发残渣，因此，对其限量不作规定。可用其他条件和制备方法来保证一级水的质量。

通常，实验室常用的各种水样的电导率大致范围列于表 2 – 14 中。

表 2 – 14　各种水样的电导率

水样	自来水	蒸馏水	去离子水	最纯水（理论值）
电导率/$(S \cdot m^{-1})$	$5.3 \times 10^{-4} \sim 5.0 \times 10^{-3}$	$6.3 \times 10^{-8} \sim 2.8 \times 10^{-6}$	$8.0 \times 10^{-7} \sim 4.0 \times 10^{-6}$	5.5×10^{-8}

2. 纯水的制备方法

实验室制备纯水一般可用蒸馏法、离子交换法和电渗析法。制备纯水的原水应该是饮用水或其他适当纯度的水。

1）蒸馏法

蒸馏法制水多用电阻加热蒸馏设备或硬质玻璃蒸馏器。制取高纯水时用银质、金质、石英或聚四氟乙烯蒸馏器。

蒸馏法制纯水是基于水与杂质有不同的挥发性，而且水对热很稳定，只有当温度高于 2 000℃时，才明显地开始离解为氢和氧。将自来水在蒸馏装置中加热汽化，再将蒸汽冷却，即得到蒸馏水。能除去水中的非挥发性杂质，较纯净，但不能完全除去水中溶解的气体杂质。适用于洗涤要求不十分严格的仪器和配制一般实验用的溶液。

2）离子交换法

离子交换法制水是将自来水依次通过阳离子树脂交换柱、阴离子树脂交换柱，阴、阳离子树脂混合交换柱，这样得到的水称为去离子水，其纯度比蒸馏水高。离子交换法制备的去离子水不能除去有机质，其电导率不能表示有机物的污染程度，因为它是利用离子交换树脂的离子交换作用，将水中外来的离子除去或减少到一定程度。

3）电渗析法

电渗析是在外电场作用下，利用阴、阳离子交换膜对水中存在的阴、阳离子的选择性渗透的性质（即阳膜只能通过阳离子，阴膜只能通过阴离子）除去离子型杂质，从而使水净化的一种物理化学方法。类似于离子交换法。

4）三级水

蒸馏法、离子交换法、电渗析法或反电渗析法等方法制取得到的纯水为三级水。可用于一般化学实验，是实验室最常用的水。

5）二级水

可用离子交换法将三级水再次蒸馏后制得。可含有微量的无机、有机或胶态杂质。主要用于无机痕量分析实验，如电化学实验。

6）一级水

将二级水用石英蒸馏器或离子交换处理后，再经 0.2 μm 微孔滤膜过滤制取。基本上不含有溶解或胶态离子杂质及有机物。主要用于有严格要求的分析实验，如高效液相色谱分析用水。

在实验工作中，应根据实验要求，选择用不同纯度的纯水。还应尽可能使用新制的纯水。

3. 水纯度的检验方法

检验纯水质量的主要指标是电导率。纯水只有微弱的导电性。测量电导率时应选用可测定高纯水的电导率仪，其最小量程为 0.02 μS/cm。另外，还可以根据具体实验需要对纯水作其他项目的测定。如：重金属离子、SO_4^{2-}、Cl^-、NO_3^-、游离 CO_2、pH 等。对生物化学、医药化学等方面有时还要进行一些特殊项目的测定。

九、气体的制备、净化和收集

1. 气体的发生

在实验室制备气体，可以根据所使用原料的状态及反应条件，选择不同的反应装置进行制备。

1）分解固体物质制备气体

制备装置如图 2-21 所示。具体操作为：先将大试管烘干，冷却后装入所需固体试剂，然后将试管固定在铁架台高度适宜的位置上。注意使管口稍向下倾斜，以免加热反应时，在管口冷凝的水滴倒流到灼热处，炸裂试管。在试管口塞紧带导气管的橡皮塞。点燃酒精灯（或煤气灯），先用小火均匀加热试管，再放到有试剂的部位固定加热，制备气体。

图 2-21 加热固体发生气体装置

2）液体与块状或大颗粒固体作用制备气体

图 2-22 启普发生器

启普发生器，如图 2-22 所示，主要是由葫芦状的厚壁玻璃容器（底部扁平）、球形漏斗和导气管活塞三部分组成。在不需要加热的条件下用来制备气体（如 H_2、CO_2 等气体的制备）。在启普发生器的下部有一个侧口，用于排放反应后的废酸液，在反应过程中用磨口的玻璃塞塞紧。启普发生器的中部有一个气体出口，通过橡皮塞与带有玻璃活塞的导气管连接。使用前，先在球形漏斗的磨口部位涂上一层薄薄的凡士林，然后插入容器中，转动几次使之接触严密。启普发生器中间球体的底部与球形漏斗下部之间的间隙处，放些玻璃棉来承受固体，以免固体落入下半球内。固体从导气管口加入（加入量不要超过球体的1/3），再装好气体出口的橡皮塞及活塞导气管，最后从球形漏斗中加入适量酸液。

使用启普发生器时，打开气体出口的活塞，由于压力差，酸液会自动从漏斗下降进入中间球内与固体试剂反应而产生气体。要停止反应时，只要关闭活塞，继续产生的气体就会把酸液从中间球体的反应部位压回到下球及球形漏斗内，使酸液脱离固体而停止反应。再需要气体时，只需打开活塞即可。产生气流的速度可通过调节气体出口的活塞来控制。

当启普发生器中的固体即将用完或酸液变得太稀时，应补充固体或更换酸液。废酸液从酸液出口放出，固体残渣从气体出口取出。若仅需更换固体，在酸与固体脱离接触的情况下，先用橡皮塞将球形漏斗的上口塞紧，再取下气体出口的塞子，将原来的固体残渣取出，更换新的（或补加）固体。

3）液体与粉状或小颗粒固体作用制备气体

当反应需要加热，或固体反应物是小颗粒或粉状时（如 HCl、Cl_2、SO_2 等气体的制备），就不能使用启普发生器，而要采用如图 2-23 所示的装置。固体加在蒸馏烧瓶内，液体装在分液漏斗中。使用时，打开分液漏斗的活塞，使液体滴在固体上，以产生气体。液体不宜加得太多太快，应该逐滴地、分批地加入蒸馏烧瓶中，当反应缓慢或不发生气体时，可以加热。

2. 气体的净化与干燥

由上述各法制得的气体常常带有杂质、酸雾和水汽，要求高的实验就需要经过洗涤和干燥来净化。酸雾一般用水洗或玻璃毛吸附来除去，水汽用浓硫酸或无水氯化钙、硅胶等吸收。液体（如水、浓硫酸等）装在洗气瓶内（见图 2-24（a）），固体（如无水氯化钙、硅胶等）可装在干燥塔（见图 2-24（b））或 U 形管、干燥管中。玻璃毛则可装在上述任一种仪器内。气体中的其他杂质，根据具体情况，分别用不同的试剂吸收。原则是，气体不能与干燥剂反应。常用气体干燥剂见表 2-15。

图 2-23 气体简易发生器

图 2-24 洗气瓶和干燥塔
(a) 洗气瓶；(b) 干燥塔

表 2-15 常用气体的干燥剂

气 体	干燥剂	气 体	干燥剂
H_2	$CaCl_2$、P_2O_5、H_2SO_4（浓）	H_2S	$CaCl_2$
O_2	同上	NH_3	CaO 或 CaO-KOH
Cl_2	$CaCl_2$	NO	$Ca(NO_3)_2$
N_2	$CaCl_2$、P_2O_5、H_2SO_4（浓）	HCl	$CaCl_2$
O_3	$CaCl_2$	HBr	$CaBr_2$
CO	$CaCl_2$、P_2O_5、H_2SO_4（浓）	HI	CaI_2
CO_2	$CaCl_2$、P_2O_5、H_2SO_4（浓）	SO_2	$CaCl_2$、P_2O_5、H_2SO_4（浓）

3. 气体的收集

根据气体在水中溶解的情况，一般采用下列两种方法收集，如图 2-25 所示。

图 2-25　气体的收集

1) 排水集气法

适用于难溶于水且不与水发生化学反应的气体，如 H_2、O_2、N_2、NO、CO、CH_4 等。操作时应注意先将集气瓶装满水，用毛玻璃片沿集气瓶的磨口平推以便将瓶口盖严，不能留有气泡。手握集气瓶并以食指按住玻璃片把瓶子翻转倒立于盛水的水槽中。将收集气体的导气管伸向集气瓶口下，气泡进入集气瓶的同时，水被排出，待瓶口有气泡冒出时，说明集气瓶已装满气体。在水下用毛玻璃片盖好瓶口，将瓶从水中取出。如果制备反应需要加热，当气体收集满以后，应先从水中移出导气管再停止加热（以免水被倒吸）。

2) 排气集气法

适用于不与空气发生反应的气体。密度比空气小的气体，可用向下排空气法。如 NH_3、CH_4 等；密度比空气大的气体，采用向上排空气法，如 Cl_2、HCl、SO_2 等。为了使瓶底的空气尽可能排尽，导气管应尽量接近集气瓶的底部。

第 3 章　无机化学实验的基本操作

一、玻璃仪器的洗涤、干燥与贮藏

1. 玻璃仪器的洗涤

化学实验中经常使用各种玻璃仪器，用不干净的仪器进行实验，会影响实验结果的准确性，因此必须保证仪器的干净。世界上没有绝对干净的东西，"干净"两字的含意主要是指"不会妨碍实验准确性的杂质"的意思。每次做完实验后，玻璃仪器要立即洗涤，避免残留物变质固化。

洗涤玻璃仪器的方法很多，有机械法、化学法、物理化学法、超声波法、蒸气法等，以及这些方法之间的交替使用或结合使用，在洗涤仪器时，主要根据实验的要求、污物的性质和玷污的程度来选择适当的洗涤方法和洗涤剂。附在玻璃仪器上的污物，一般可分为三类：尘土和其他不溶性物质、可溶性物质及油污和其他有机物。针对这些情况，可分别采用下列洗涤方法。

（1）水溶性污物的洗涤。用自来水刷洗。这种方法既能洗去可溶性物质，也可洗去附在仪器上的尘土和其他不溶性物质，但油污和其他有机物就很难洗去。刷洗时应先刷洗仪器外面。

（2）油污的洗涤。用去污粉（或五洁粉）、肥皂或合成洗涤剂刷洗。在用本法前应先用自来水刷洗。然后在湿润的仪器上，洒少许去污粉或合成洗涤剂，再用毛刷擦洗（去污粉是由碳酸钠、白土、细砂等混合而成。碳酸钠是碱性物质，有强的去油污能力，细砂的摩擦作用和白土的吸附作用可增强仪器清洗的效果。合成洗涤剂的主要成分是十二烷基苯磺酸钠，与肥皂一样，具有憎水性和亲水性基团）。经毛刷擦洗后，用自来水冲去仪器内外的去污粉（直至没有白色的细颗粒状粉末留下为止）或洗涤剂。

（3）氧化性污物的洗涤。氧化性污物可用还原性洗液洗涤。例如：二氧化锰等氧化物，可用少量浓盐酸洗涤，然后用水冲洗干净。

（4）还原性污物的洗涤。还原性污物要用氧化性洗涤剂洗涤。最常用的是重铬酸钾—硫酸溶液。必要时也可以用少量浓硫酸或浓硝酸洗涤。

（5）不溶于水的有机物质的洗涤。有机污物，一般难溶于水，但有机物一般都能被氧化，所以可以用重铬酸钾洗液洗涤。如若再洗涤不干净，可选用适当的有机溶剂洗涤，然后再用重铬酸钾洗液洗去残留在玻璃表面的污物。因有机溶剂价贵，应尽量节约使用。

（6）特殊污物的洗涤。有些不溶污垢久置后很难用刷洗方法洗去，这时应根据沾在器壁上的污垢的性质，采用适当的方法或试剂进行针对性洗涤。即利用酸碱中和反应、氧化还原反应、配位反应等将不溶物转化为易溶物再进行清洗。如：

① 铁盐引起的黄色污染可加入稀盐酸或稀硝酸溶解片刻，即可除去。

② 使用高锰酸钾后的沾污可用草酸溶液洗去。

③ 有银、铜附着时，可加入硝酸，若仍洗不掉时可稍稍加热。

④ 盛石灰水的试管或试剂瓶有白色沾污时，加入稀盐酸，充分振荡后即可除去。

⑤ 附有硫黄的试管，可与氢氧化钠溶液一起加热或加入少量苯胺加热，硫黄能溶于苯胺，将此溶液倒入其他容器内，再用肥皂和毛刷充分洗涤即可。

⑥ 难溶氢氧化物、碳酸盐等可用盐酸处理，生成可溶氯化物。

⑦ 沉积在器壁上的银盐，一般用硫代硫酸钠溶液洗涤，生成易溶配合物。

⑧ 沉积在器壁上的碘可用硫代硫酸钠溶液洗涤，也可用碘化钾或氢氧化钠溶液清洗。

经过上述方法洗净的仪器，仍然会沾有自来水中带来的钙、镁、铁、氯等离子。因此，必要时，应用去离子水淋洗内壁2~3次。每次用水应尽量少些。

洗净的仪器倒置时器壁上只留下一层均匀的水膜，水在器壁上能无阻碍地流动。若器壁局部挂水或有水流拐弯的现象，表示洗得不够干净。

2. 几种洗涤剂的配制方法

（1）铬酸洗液。由浓硫酸和重铬酸钾溶液配制而成。配制方法：5 g $K_2Cr_2O_7$ 溶于100 mL热水中，冷却后，再慢慢加入100 mL浓 H_2SO_4。新配制的洗液为红褐色溶液，应密闭保存。

在进行精确的定量实验时，或遇到一些口小、管细的仪器很难用前述的方法刷洗时，往往采用铬酸洗液来洗涤。它具有很强的氧化性，去油污和有机物的能力特别强。

使用重铬酸钾洗液必须注意下列事项：

① 使用洗液时，应尽量把仪器内的水去掉，以免稀释洗液。

往仪器内加入少量洗液，然后将仪器倾斜，慢慢转动，务必使仪器内壁全部为洗液所润湿。再转动仪器，使洗液在仪器内壁流动几次，如果将仪器浸泡一段时间或用热的洗液，效果更好。

② 洗液用后，倒回原瓶，可重复使用。贮存洗液的瓶子，要经常盖紧，以免硫酸吸水。洗液经多次洗涤后，如果呈绿色，则表示不再具有氧化性和去污能力（为什么？），不能再使用了。

③ 洗液具有强腐蚀性，会灼伤皮肤和破坏衣物。如不慎将洗液洒在衣物、皮肤、桌面上，应立即用大量水冲洗。还要注意六价铬的毒性。

④ 废洗液或洗液的首次冲洗液，应倒在废液桶中。即使是稀的洗液冲洗液，倒入水槽后，也应用大量水冲洗水槽，以免腐蚀下水管道。

（2）混酸洗液。很多污垢（如金属铂、铼、钨及硫化物、氧化硅等）用前述方法皆不能洗净，这些污垢可用浓硝酸与浓盐酸（体积比为1∶3时称为王水）或浓 HNO_3 与氢氟酸的混合酸来洗涤（由100~120 mL的40%的氢氟酸，150~250 mL的硝酸和650~750 mL的去离子水配制而成）浓 HNO_3 与氢氟酸的混合酸在常温下使用，应贮藏于塑料瓶中。这两种混酸洗涤剂皆是利用氧化还原反应和配位反应来达到清洗目的的。

（3）碱性洗液。碱性洗液适用于洗涤油脂和有机酸等有机物。常用的碱性洗液有碳酸钠、碳酸氢钠、磷酸三钠、氢氧化钠等。上述碱性洗液的浓度最高为40%，最稀的为5%。使用碱性洗液时，特别注意不要溅进眼睛里。

3. 玻璃仪器的干燥与贮藏

玻璃仪器的干燥方法见第3章四。

洗净的玻璃仪器应妥善贮存，以免再次被玷污。例如称量瓶可以放在干燥器中。成套仪器则应有次序地放入专用柜中。磨口仪器的磨口部分、塞口之间必须衬以干净的纸条，以免日久因黏结打不开活塞或塞子。暂时不用的玻璃仪器不要贮有去离子水或浸泡在水中，更不能长期贮存于酸、碱溶液中。

二、加热与冷却

1. 加热装置

加热是化学实验中常用的实验手段。酒精灯、酒精喷灯、煤气灯、电炉、电加热套、管式炉、马弗炉等是化学实验中常用的加热仪器。

1）酒精灯

酒精灯由灯罩、灯芯和灯壶三部分组成，如图3-1所示。加酒精时必须将灯熄灭、牵出灯芯，借助漏斗将酒精注入，最多加入量为灯壶容积的2/3。点燃酒精灯时，绝对不能用另一燃着的酒精灯去点燃，而应该用火柴，以免洒落酒精引起火灾（见图3-2）。熄灭时，不要用嘴吹，用灯罩盖上即可。灯罩盖上片刻后，还应将灯罩再打开一次，以免冷却后盖内产生负压造成以后打开灯罩困难。

酒精灯的加热温度通常为400~500℃，适用于不需太高加热温度的实验。

图3-1 酒精灯
1—灯罩；2—灯芯；3—灯壶

图3-2 点燃方法
(a) 正确；(b) 错误

2）酒精喷灯

酒精喷灯分挂式和座式两种（见图3-3和图3-4），它们的使用方法相似。应先在酒精壶或贮罐内加入酒精，使用过程中不能续加，以免着火。然后，在预热盘中加满酒精并点燃（挂式喷灯应将贮罐下面的开关打开，灯管口冒出酒精后再关闭；在点燃喷灯前再打开），让酒精火焰将灯管灼热，待预热盘中的酒精燃尽后，打开空气调节器并用火柴将灯点燃。靠气化酒精燃烧的酒精喷灯可产生700~900℃的高温。用完后关闭空气调节器，或用石板盖住灯管口即可将火熄灭。挂式喷灯不用时，应将贮罐下面的开关关闭。

图 3-3　挂式酒精喷灯
1—灯管；2—空气调节器；3—预热盘；
4—酒精贮罐；5—贮罐盖

图 3-4　座式酒精喷灯
1—灯管；2—空气调节器；3—预热盘；
4—壶盖；5—酒精壶

座式喷灯一次最多连续使用半小时，挂式喷灯也不可将罐里的酒精一次用完。若需连续使用，应待喷灯熄灭，冷却，添加酒精后再次点燃。

使用时必须待灯管灼热后再点燃，以免造成液体酒精喷出引起火灾。

3）煤气灯

煤气灯是一种使用十分方便的加热装置，常用于化学实验中。它主要由灯管和灯座组成，如图 3-5 所示。灯管下部有螺旋与灯座相连，并开有作为空气入口的圆孔。旋转灯管，可关闭或打开空气入口，以调节空气进入量。灯座侧面为煤气入口，用橡皮管与煤气管道相连；灯座侧面（或下面）有螺旋形针阀，可调节煤气的进入量。

使用煤气灯的步骤是：先关闭煤气灯的空气入口，将燃着的火柴移近灯管口时再打开煤气管道开关，将煤气灯点燃（切勿先开气后点火）。然后调节煤气和空气的进入量，使两者的比例合适，得到分层的正常火焰，如图 3-6 所示。火焰大小可用管道上的开关控制。关闭煤气管道上的开关，即可熄灭煤气灯（切勿吹灭）。

图 3-5　煤气灯构造
1—灯管；2—空气入口；3—煤气入口；4—针阀；5—灯座

图 3-6　正常火焰
1—氧化焰；2—最高温处；3—还原焰；4—焰心

煤气灯的正常火焰分三层，如图 3-6 所示：外层 1，煤气完全燃烧，称为氧化焰，呈淡紫色；中层 3，煤气不完全燃烧，分解为含碳的化合物，这部分火焰具有还原性，称为还原焰，呈淡蓝色；内层 4，煤气和空气进行混合并未燃烧，称为焰心。正常火焰的最高温度在还原焰顶部上端与氧化焰之间 2 处，温度可达 800~900℃。

要获得正常的火焰，空气和煤气的比例必须合适。如果火焰呈黄色或产生黑烟，说明煤气燃烧不完全，应调大空气进入量；如果煤气和空气的进入量过大，火焰会脱离灯管口上方临空燃烧，称为临空火焰（见图 3-7（a）），这种火焰容易自行熄灭；若煤气进入量小（或煤气突然降压）而空气比例很高时，煤气会在灯管内燃烧，在灯管口上方能看到一束细长的火焰并能听到特殊的嘶嘶声，这种火焰称为侵入火焰（见图 3-7（b）），片刻即能把灯管烧热，不小心易烫伤手指。遇到后面这种情况，应关闭煤气阀，重新调节后再点燃。

(a) 临空火焰　　(b) 侵入火焰

图 3-7　不正常火焰

煤气是一种含有 CO 的有毒气体，使用时要注意安全。为了能及时觉察是否漏气，一般煤气中都加有带特殊臭味的报警杂质。一旦发现漏气，应关闭煤气阀，及时查明漏气的原因并加以处理。

4）电加热装置

电炉、电加热套、各式各样的恒温水浴装置以及管式炉和马弗炉等是实验室中常用的电加热装置，可根据实验的需要进行选用。

实验室中常用的电炉（见图 3-8）有 500 W、800 W、1 000 W、1 500 W 等规格，可根据需要选用合适的型号和规格。使用时一般在电炉丝上放一块石棉网，再放需要加热的仪器，这样既可增大加热面积，又可使加热更加均匀。温度的高低可通过调节电阻来控制。使用时还应注意不要把加热的药品溅在电炉丝上，以免损坏电炉丝。

电加热套（见图 3-9）是由玻璃纤维包裹着电炉丝织成的"碗状"电加热器，温度高低由控温装置调节，最高温度可达 400 ℃。电加热套有各种型号，选用的原则是，它的容积大小一般与被加热的烧瓶容积相匹配。电加热套的特点是，受热面积大，加热平稳。

图 3-8　电炉

图 3-9　电加热套

管式炉（见图 3-10）和马弗炉（见图 3-11）均属于高温电炉，主要用于高温灼烧或进行高温反应，尽管它们的外形不同，但均由炉体和电炉温度控制两部分组成。当加热元件是电热丝时，最高温度为 950 ℃；如果用硅碳棒加热，最高温度可达 1 400 ℃。

图 3-10　管式炉

图 3-11　马弗炉

管式炉的炉膛为管式，是一根耐高温的瓷管或石英管。反应物先放入瓷管或石英管中，再放进瓷管或石英管内加热。较高温度的恒温部分位于炉膛中部。固体灼烧可以在空气气氛或其他气氛中进行，也可以进行高温下的气、固反应。在通入别的气氛气或其他反应气时，瓷管或石英管的两端应该用带有导气管的塞子塞上，以便导入气体和引出尾气。

5) 微波辐射加热

微波辐射加热常用的装置是微波炉。微波炉主要由磁控管、波导、微波腔、方式搅拌器、循环器和转盘六个部分组成。微波炉加热原理是利用磁控管将电能转换成高频电磁波，经波导进入微波腔，进入微波腔内的微波经方式搅拌器作用，可均匀分散在各个方向。在微波辐射作用下，微波能量对反应物质的耗散通过偶极分子旋转和离子传导两种机理来实现。极性分子接受微波辐射能量后，通过分子偶极以每秒数十亿次的高速旋转产生热效应，此瞬间变态是在反应物质内部进行的，因此微波炉加热称为内加热（传统靠热传导和热对流过程的加热称为外加热），内加热具有加热速度快、反应灵敏、受热体系均匀以及高效节能等特点。

不同类型的材料对微波炉加热反应各不相同。

(1) 金属导体：金属因反射微波能量而不被加热。

(2) 绝缘材料：许多绝缘材料如玻璃、塑料等能被微波透过，故不被加热。

(3) 介质体：吸收微波并被加热，如水、甲醇等。

因此，反应物质常装在瓷坩埚、玻璃器皿和聚四氟乙烯制作的容器中放入微波炉内加热。微波炉加热物质的温度不能用一般的汞温度计或热电偶温度计来测量。

微波炉使用注意事项：

(1) 当微波炉操作时，请勿于门缝置入任何物品，特别是金属物体。

(2) 不要在炉内烘干布、纸制品等，因其含有容易引起电弧和着火的杂质。

(3) 微波炉工作时，切勿贴近炉门或从门缝观看，以防止微波辐射损坏眼睛。

(4) 若欲定的时间少于 4 min 时，则先将定时旋钮扭转至超过 4 min，再转回到所需要的时间。

(5) 切勿使用密封的容器放于微波炉内，以防容器爆炸。

(6) 如果炉内着火，请紧闭炉门，并按停止键，再调校掣或关掉计时，然后拔下电源。

(7) 经常清洁炉内，使用温和洗涤液清理炉门及绝缘孔网，切勿使用腐蚀性清洁剂。

2. 加热方法

按加热的方式可划分为直接加热和间接加热。

(1) 直接加热。直接加热是将被加热物直接放在热源中进行加热，如在煤气灯上加热试管或在电炉上加热烧杯等。

(2) 间接加热。间接加热是先用热源将某些介质加热，介质再将热量传递给被加热物。这种方法称为热浴。它是根据所用的介质来命名的。如用水作为加热介质称为水浴，类似的还有油浴、砂浴等。热浴的优点是加热均匀，升温平稳，并能使被加热物保持一定温度。

① 水浴。水浴是用水作为加热介质的一种间接加热法，水浴加热常在水浴锅中进行。水浴锅（见图3-12）的盖子由一组大小不同的同心金属圆环组成，可根据被加热的器皿大小选用合适的圆环，原则是尽可能增大容器的受热面积而又不使器皿掉进水浴锅中。水浴锅内的水量不要超过其容积的2/3。下面用煤气灯等热源加热，利用热水或产生的蒸汽使上面

的器皿升温（见图3-13）。在水浴加热操作中，水浴中水的表面略高于被加热容器内反应物的液面，可获得更好的加热效果。若要使水浴保持一定的温度，在要求不太高的情况下，将水浴加热至所需温度后改为小火加热。如采用电控温加热，则可使加热温度恒定。加热过程中注意补充水浴锅中的水，切勿蒸干。

实验室也常用烧杯代替水浴锅。在烧杯中放一支架，可将试管放入进行水浴加热（见图3-13）；在烧杯上放上蒸发皿，也可作为简易的水浴加热装置，进行蒸发浓缩。

图3-12 水浴锅

图3-13 水浴加热

另一种更方便的水浴加热装置是恒温水浴槽，它采用电加热并带有自动控温装置，加热温度易控。

如果要求加热的温度稍高于100℃，可选用无机盐类的饱和水溶液作为热浴液。

② 油浴。用油代替水浴中的水即成油浴，油浴加热可获得比水浴更高的温度。油浴的最高温度可达250℃，它是由所用油的种类决定的。透明石蜡油可加热至200℃，温度再高也不分解，但易燃烧，这是实验室中最常用的油浴油；甘油可加热至220℃，温度再高会分解；硅油和真空泵油加热至250℃仍较稳定。使用油浴时，应在油浴中放入温度计观察温度，以便调整火焰，防止油温过高。由于油浴中的油在高温下易燃，所以使用时要加倍小心，发现严重冒烟时要立即停止加热。此外，注意不要让水滴溅入油浴锅中。

用电热卷代替明火加热油浴锅中的油，可使操作变得更为安全，若接入继电器和接触式温度计，便可实现自动控制油浴温度。

③ 砂浴。在铁盘或铁锅中放入均匀的细砂，再将被加热的器皿部分埋入砂中，下面用煤气灯加热就成了砂浴（见图3-14）。砂浴的特点是：加热温度不如水浴或油浴那样均匀、易控，升温比较缓慢，停止加热后，散热也较慢，加热温度可达数百摄氏度。若要测量砂浴的温度，可把温度计埋入器皿附近的砂中，但注意温度计的汞球不要触及铁盘底。

3. 液体的加热

1）加热试管中的液体

在试管中加热液体时，应控制液体的量不超过试管容积的1/3，用试管夹夹持试管加热，并使管口稍向上倾斜（见图3-15），注意管口不要对着别人和自己，以免被爆沸溅出的液体烫伤。加热时，应先加热液体的中上部，再加热底部，并上下移动，使各部分液体均匀受热。

图3-14 砂浴

2）加热烧杯中的液体

不要用明火直接加热烧杯，而应在烧杯下面垫上石棉网（见图3-16），这样才能使烧杯受热均匀。烧杯中的液体量不应超过烧杯容积的1/2，为了防止爆沸，加热时还要适当加以搅拌。

图3-15 加热试管中的液体

图3-16 加热烧杯中的液体

3）蒸发、浓缩与结晶

蒸发、浓缩与结晶是物质制备实验中常用的操作之一，通过此步操作可将产品从溶液中提取出来。

由于蒸发皿具有大的蒸发表面，有利于液体的蒸发，所以蒸发浓缩通常在蒸发皿中进行。蒸发皿中的液体量不应超过其容量的2/3，加热方式可视被加热物质的性质而定。对热稳定的无机物，可以用煤气灯直接加热（应先均匀预热），一般情况下采用水浴加热，虽然水浴加热的蒸发速度慢些，但容易控制。注意不要使瓷蒸发皿骤冷，以免炸裂。蒸发、浓缩与结晶的基本操作见第3章六。

4. 固体的加热

1）在试管中加热固体

用煤气灯等明火直接加热试管中的固体时，由于温度高，不能直接用手拿试管加热，应用试管夹夹持试管或将试管用铁夹固定在铁架台上，管口略向下倾斜（见图3-17），以防止凝结在管口处的水珠倒流到灼热的管底使试管爆裂。

2）固体的灼烧

高温灼烧或熔融固体使用的仪器是坩埚。

图3-17 加热试管中的固体

按坩埚的组成材料分，实验室常用的坩埚有：瓷坩埚、氧化铝坩埚、金属坩埚等。至于要选用何种材料的坩埚则视需灼烧的物料的性质及需要加热的温度而定。加热时，将坩埚置于泥三角上，用氧化焰灼烧（见图3-18），这样既可使加热的温度达到最高，又可避免不完全燃烧的还原焰使坩埚外部结上炭黑。先用小火将坩埚均匀预热，然后加大火焰灼烧坩埚底部。根据实验要求控制灼烧温度和时间，夹取高温下的坩埚时，必须使用干净的坩埚钳。坩埚钳使用前先在火焰上预热一下，再去夹取。灼热的瓷坩埚及氧化铝坩埚绝对不能与水接触，以免爆裂。坩埚钳使用后应使尖端朝上（见图3-19）放在桌子上，以保证坩埚钳尖端洁净。

图 3-18　灼烧坩埚

图 3-19　坩埚钳

用煤气灯灼烧可获得 700~800℃ 的温度，若需更高温度可使用马弗炉。

5. 冷却方法

在化学实验过程中，往往需要采取降温冷却的方法来完成化学反应，降温冷却方法通常是将装有待冷却的物质的容器浸入制冷剂中，通过容器壁的传热作用来达到冷却的目的，有时在特殊情况下也可将制冷剂直接加入被冷却的物质中。冷却方法操作比较简单，在冷却操作过程中，一般不易发生爆炸、着火等危险。实验室常用的冷却方法如下：

（1）流水冷却。需冷却到室温的溶液，可用此法，将需冷却的物品直接用流动的自来水冷却。

（2）冰水冷却。将需冷却的物品直接放在冰水中。

（3）冰盐浴冷却。冰盐浴由容器和制冷剂（冰盐或水盐混合物）组成，可冷至 273 K 以下。所能达到的温度由冰盐的比例和盐的品种决定，干冰和有机溶剂混合时，其温度更低。为了保持冰盐浴的效率，要选择绝热较好的容器，如杜瓦瓶等。

表 3-1 是常用的制冷剂及其达到的温度。

表 3-1　制冷剂及其达到的温度

制 冷 剂	T/K	制 冷 剂	T/K
30 份 NH_4Cl + 100 份水	270	125 份 $CaCl_2 \cdot 6H_2O$ + 100 份碎冰	233
4 份 $CaCl_2 \cdot 6H_2O$ + 100 份碎冰	264	150 份 $CaCl_2 \cdot 6H_2O$ + 100 份碎冰	224
29 g NH_4Cl + 18 g KNO_3 + 冰水	263	5 份 $CaCl_2 \cdot 6H_2O$ + 4 份冰块	218
100 份 NH_4NO_3 + 100 份水	261	干冰 + 二氯乙烯	213
75 g NH_4SCN + 15 g KNO_3 + 冰水	253	干冰 + 乙醇	201
1 份 NaCl（细）+ 3 份冰水	252	干冰 + 乙醚	196
100 份 NH_4NO_3 + 100 份 Na_2NO_3 + 冰水	238	干冰 + 丙酮	195

6. 温度测量

在化学反应中，通常用汞温度计来测量溶液的温度。分度为 1℃（或 2℃）的温度计一般可估读到 0.1℃（或 0.2℃）。分度为 $\frac{1}{10}$ ℃ 的温度计可估读到 0.01℃。每支温度都有一定的测量范围，汞温度计一般可用于 -30~360℃，（低于 -30℃，甚至到 -200℃，可以应用封在玻璃管中各种烃类化合物温度计。如果要测量高温，可使用热电偶和高温计）。

测量温度时，温度计应放在适中位置上，例如测量液体温度，要使汞球完全浸在液体中，不能使汞球接触容器的底部或器壁上。不能将温度计当搅拌棒使用，因为汞球玻璃壁很薄，容易碰碎。刚测量过高温的温度计切不可立即用冷水冲洗，以免汞球炸裂。温度计打碎后，洒出的汞，首先应将其收起，并放入装有水的容器中；若洒出的汞不能收回时，要立即用硫黄粉覆盖。

三、简单玻璃加工技术

1. 玻璃管（或玻璃棒）的截断与熔光

（1）锉痕。将所要截断的玻璃管平放在实验台上，左手按住要截断部位的左侧，右手持三角锉刀放在欲截断处，在与玻璃管垂直方向上用力锉出一道凹痕。注意只能向一个方向锉，不能来回锉，以免锉痕不平整（见图 3-20（a））。

（2）截断。双手持玻璃管锉痕两侧，拇指齐放在划痕的背后向前推压，同时两食指向外拉，以折断玻璃管（见图 3-20（b）、（c））。

图 3-20　玻璃管（或玻璃棒）的截割
(a) 锉痕；(b)、(c) 截断

（3）熔光。玻璃管的截断面很锋利，易把手划破，且难以插入塞子的圆孔内，所以必须将其在火焰上熔烧，使断面光滑。操作方法是将截面斜插入氧化焰中，同时缓慢地转动玻璃管使管受热均匀，直到光滑为止。熔烧的时间不可过长，以免管口收缩。灼热的玻璃管应放在石棉网上冷却，不要放在桌面上，以免烧焦桌面，也不要用手去摸，以免烫伤（见图 3-21）。

2. 玻璃管的弯曲

（1）烧管。先将玻璃管在小火上来回旋转预热（见图 3-22（a）），然后用双手托持玻璃管，把要弯曲的地方插入氧化焰中，并缓慢地转动和左右移动玻璃管，使之受热均匀。注意两手用力均匀，转速一致，以免玻璃管在火焰中扭曲。加热到玻璃管发黄变软即可弯管。

图 3-21　玻璃管（或玻璃棒）的熔光

（2）弯管。自火焰中取出玻璃管后，稍等 1~2 s，使各部温度均匀，然后用"V"字形手法将它准确地变成所需的角度。弯管的手法是两手在上边，玻璃管的弯曲部分在两手中间的正下方。弯好后，待其冷却变硬后才可放手，放在石棉网上继续冷却。120℃以上的角度可一次性弯成。较小的锐角可分几次弯，先变成一个较大的角度，然后在第一次受热部位的偏左、偏右处进行再次加热和弯曲，如图 3-22（b）中的左右两侧直线处，直到弯成所需的角度为止。

图 3-22 玻璃管的弯曲
(a) 烧管；(b) 弯管

合格的弯管必须弯角里外均匀平滑，角度准确，整个玻璃管处在同一个平面上，如图 3-23 所示。

3. 玻璃管的抽拉与滴管的制作

制备毛细管和滴管时都要用到玻璃管的抽拉操作。第一步烧管，第二步抽拉。烧管的方法同上，但烧管的时间要更长些。将玻璃管烧到橙色，更加发软时才可以从火焰中取出来，边旋转，边拉动（见图 3-24），使拉伸部分变成所需粗细时，一手持玻璃管，使之自然下垂，冷却后即可按需要截断，成为毛细管或滴管料（见图 3-25）。合格的毛细管应粗细均匀一致。截断的拉管的细端在喷灯焰中熔光即成滴管的尖嘴。

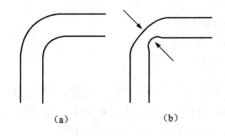

图 3-23 弯管质量比较
(a) 合格；(b) 不合格

图 3-24 抽拉示意图

图 3-25 为拉管好坏的比较。

扩口。（如制滴管）粗端管口放入氧化焰中烧至红热后，用金属锉刀柄斜放在管内迅速而均匀地旋转，即得扩口（见图 3-26），然后在石棉网上垂直稍压一下，使管口变厚略向外翻，冷却后，装上橡皮帽，即成滴管。

图 3-25 拉管好坏比较
(a) 合格；(b) 不合格

图 3-26 扩口

也可使滴管粗口末端完全烧软，然后在石棉网上垂直加压（不能用力过大），使管口变厚略向外翻，以便套上橡皮乳套。

四、干燥

1. 干燥的方法

实验用的仪器除要求洗净外，有些实验还要求仪器必须干燥。干燥的方法有以下几种（见图3-27）。

图3-27　玻璃仪器的干燥方法
（a）晾干；（b）烤干；（c）吹干；（d）烘干；
（e）气流烘干；（f）有机溶剂润湿后晾干或吹干

（1）晾干法。是让残留在仪器内壁的水分自然挥发而使仪器干燥。一般是将洗净的仪器倒置在干净的仪器柜内或滴水架上，任其自然干燥。可用此方法干燥的仪器主要是容量仪器，加热烘干时容易炸裂的仪器以及不需要将其所沾水完全排除以至恒重的仪器。

（2）热（冷）风吹干法。洗净的仪器若急需干燥，可用电吹风直接吹干，或倒插在气流烘干器上。若在吹风前先用易挥发的有机溶剂（如乙醇或丙酮等）淋洗一下，则干燥的更快。此法尤其适用于不能烤干、烘干的计量仪器。

（3）烘烤法。需要干燥较多仪器时可使用电热鼓风干燥箱进行烘干，将洗净的仪器倒置稍沥去水滴后，放入干燥箱的隔板上，关好门。控制箱内温度在105℃左右，恒温烘干半小时。对于可加热或耐高温的仪器，如试管、烧杯、烧瓶等还可利用加热的方法使水分迅速蒸发而干燥。加热前应先擦干仪器外壁的水珠，然后用小火烤干，试管烤干时应使试管口向下倾斜，以免水珠倒流炸裂试管，先从试管底部开始，慢慢移向管口，不见水珠后再将管口朝上，把水汽赶尽。

还应注意的是，一般带有刻度的计量仪器，如移液管、容量瓶、滴定管等不能用加热的方法干燥，以免受热变形而影响这些仪器的精密度。刚烘烤完毕的热仪器不能直接放在冷的，特别是潮湿的桌面上，以免因局部骤冷而破裂。对于玻璃磨口仪器和带有活塞的仪器洗净后放置时，应该在磨口处和活塞处（如酸式滴定管、分液漏斗等）垫上小纸片，以防长期放置后黏上不易打开。

（4）有机溶剂快速干燥。急用的仪器可以采用有机溶剂法，即将易挥发的有机溶剂（常用酒精或先用酒精再用丙酮）倒入已洗净的仪器中，倾斜并转动仪器，使器壁的水与有机溶剂互溶，然后倒出，自然晾干或用冷风吹干。

2. 干燥器的使用

干燥器是存放干燥物品防止吸湿的玻璃仪器（见图3-28）。干燥器的下部盛有干燥剂（常用变色硅胶或无水氯化钙），上搁一个带孔的圆形瓷板以承放容器，瓷板下放一块铁丝网以防承放物下落。干燥器盖沿接触处是磨口的，涂上一层很薄的凡士林以防水汽进入。操作干燥器时，用一只手扶住干

图 3-28 干燥器的开启和搬动
（a）开启方法；（b）搬动方法

燥器，另一只手握住盖子上的圆柄，沿水平方向移动盖子，以便把盖子盖上或打开（打开真空干燥器时，应先将盖上的活塞打开，充气）。搬动干燥器时两手要把干燥器的下部和盖子一并紧握，防止盖子滑落打碎。对于刚灼烧过、温度很高的物体应稍冷却后才能放进去，并在放入后的短时间内将盖子打开1~2次。

使用干燥器时应注意：

（1）干燥器应注意保持清洁，不得存放潮湿的物品。

（2）干燥器只在存放或取出物品时打开，物品取出或放入后，应立即盖上。

（3）放在底部的干燥剂，不能高于底部的 $\frac{1}{2}$ 处，以防玷污存放的物品。干燥剂失效后要及时更换。

3. 结晶的干燥

结晶的干燥是从晶体的表面除去水分。一般是将结晶放在表面皿内，在恒温箱中烘干。或者把结晶放在表面皿或蒸发皿内，分别在水浴上或石棉网上直接加热，把结晶烤干。但是含有结晶水的晶体不能用烘烤的方法干燥，可把晶体铺在两层滤纸上，再盖一张滤纸，用手轻轻挤压，让晶体表面上的水被滤纸吸收，换新的滤纸，重复操作，直至晶体干燥为止。

对于受热易分解的晶体，或已干燥但又易吸水或需要长时间保持干燥的固体，可放在装有干燥剂的干燥器中或放在真空干燥器中干燥或存放。

4. 常用干燥剂及其干燥效率（见下表）

常用干燥剂及其干燥效率见表3-2。

表 3-2 常用干燥剂及其干燥效率

干 燥 剂	残留水分/(mg·dm^{-3})
P_2O_5	2×10^{-5}
$Mg(ClO_4)_2$	5×10^{-4}
BaO	7×10^{-4}
CaO；96% H_2SO_4	1×10^{-2}

续表

干 燥 剂	残留水分/(mg·dm^{-3})
KOH	2×10^{-3}
CaSO$_4$	5×10^{-3}
SiO$_2$ 凝胶；活性 Al$_2$O$_3$	1×10^{-3}
CaCl$_2$	0.2

五、称量

1. 天平的称量原理

化学实验中常常要进行称量，重要的称量仪器就是天平。根据准确度的高低，可将天平分为两类，一类称为托盘天平（又称台称），用于准确度不高的称量，一般能称准至 0.1 g；另一类称为分析天平，其称量的准确度较高，一般能精确称量到 0.000 1 g。分析天平的种类很多，根据称量原理，主要可分为等臂天平、不等臂天平及电子天平等几种类型。常用的等臂天平有摆动式天平、空气阻尼式天平、半自动电光天平、全自动电光天平等；常用的不等臂天平有单盘电光天平、单盘减码式全自动电光天平、单盘精密天平等；常用的电子天平有无梁电子数字显示天平等。

在称量时，根据实验对称量准确度的不同要求，应选用不同类型的天平。各种天平都是根据杠杆原理设计而成的，如图 3-29 所示，在杠杆 ABC 中，B 为支点，A、B 两端所受的力分别为 F_1、F_2，当杠杆处于平衡状态时，根据杠杆原理，支点两边的力矩相等，即

$$F_1 L_1 = F_2 L_2$$

图 3-29 天平原理示意图

因为 $F = mg$（g 为重力加速度），所以 $m_1 g L_1 = m_2 g L_2$。

天平是等臂的，即 $L_1 = L_2$。因此 $m_1 = m_2$。

也就是说等臂天平称重达到平衡时，被称物的质量 m_1 等于砝码的质量 m_2。

上述不同的天平就是由于制造时采用的材质（如刚性、均匀性）不同，等臂的准确程度（如支点两边刀口的距离、刀口的平行度）不同、刀口受阻的情况不同以及砝码的准确度不同等一系列原因造成的，因此它们的精确度也是不同的。从这里也告诉了人们应该如何保护天平的精确度。

2. 称量仪器

1) 托盘天平（台秤）的构造和使用方法

托盘天平（见图 3-30）用于精确度不很高的称量，一般能称准至 0.1 g。它主要由台秤座和横梁两部分组成。横梁以一个支点架在台秤座上，左右各有一个托盘，中部有指针与刻度盘相对，根据指针在刻度盘前的摆动情况，可看出托盘天平的平衡状态。

在称量前，要先调整托盘天平的零点。将游码拨到游码尺的"0"位处，观察指针摆动

图 3-30 托盘天平的构造
1—横梁；2—托盘；3—指针；4—刻度盘；5—游码标尺；
6—游码；7—平衡调节螺钉；8—砝码及砝码盒

情况。如果指针在标尺的左右摆动格数相等，即表示托盘天平处于平衡，可以使用；如果指针在标尺的左右摆动距离相差较大，则应调节平衡螺钉，使之平衡。

称量时，应将物品放在左盘，砝码放在右盘。加砝码时应先加大砝码再加小砝码，最后（在 5 g 或 10 g 以内）用游码调节至两边平衡为止。此时砝码和游码读数之和就是被称物品的质量。记录时小数点后保留一位，如 12.8 g。称毕，用镊子将砝码夹回砝码盒；游码回零。

称量时应注意以下几点：

(1) 根据具体情况，称量物要放在已经称过质量的干净的纸片上，表面皿或烧杯中，不能直接放在托盘上；

(2) 不能称量热的物品；

(3) 称量完毕后，应把砝码放回砝码盒中，游码拨至"0"位处，并将托盘放在一侧或用橡皮圈架起。

(4) 保持台秤整洁，如不小心把药品洒在托盘上时，必须立即清除。

2）电光天平

见第 2 章四。

3）电子天平

见第 2 章四。

3. 称量方法

在称量工作中称取试样的要求是不一样的。一般常采用直接法或差减法。

(1) 直接法。有些固体试样没有吸湿性，在空气中性质稳定，可用直接法来称量。称量时，将固体试样放在已称过质量的容器（表面皿或其他容器中），然后放在天平左盘上，在天平右盘上根据所需试样的质量放好砝码，再用药匙增减试样，直到天平平衡为止。

(2) 差减法。有些试样易吸水或在空气中性质不稳定，可用差减法来称取。先在一个干燥的称量瓶中装一些试样，在天平上准确称量，设称得的质量为 m_1，以称量瓶中倾出一部分试样（放于事先准备好的容器内，见图 3-31）后，再准确称量，设称得的质量为 m_2，前后两次称量的质量差 $m_1 - m_2$，即为取出的试样质量。

图 3-31 称量瓶拿法及倾倒样品方法
(a) 称量瓶拿法；(b) 倾倒样品方法

六、溶解、沉淀、蒸发、结晶、重结晶

1. 固体的溶解

选定了溶剂溶解固体时，还应考虑对大颗粒固体的粉碎、加热、搅拌等问题，以便加速溶解。

（1）固体的粉碎。通常是用研钵来粉碎固体。在研磨前，先将研钵仔细洗净和擦干，研钵中放入固体的量不超过研钵总容量的1/3。也不能用磨杵敲击固体物质，以免被研固体进出。

（2）加热。物质的溶解度都受温度的影响，但在固体的溶解中加热的主要目的是加速溶解。应根据被加热物质的稳定性选用不同的加热方法，即是直接加热还是用水浴等间接加热。在容器上应用表面皿盖着，以防液体蒸发。

必须指出，绝不能千篇一律地采取加热溶解，应进行具体分析。如工业硫酸铵中往往含有硫酸铅，用冷溶就能更好地除去；另外对于在溶解过程中放热的物质，如氢氧化钠等，就不能用加热的方法来溶解。

（3）搅拌。搅拌也是加速溶解的方法之一，搅拌时，手持搅拌棒并转动手腕，使搅拌棒在液体中均匀地转圈子。转动的速度不要太快，不要使搅拌棒碰到器壁上，发出响声，甚至造成容器损坏。

2. 沉淀

沉淀操作有正加、反加和对加三种。将沉淀剂加到含被沉淀物溶液中称正加，反之则称反加，两者一同加入同一容器中则称对加。目的就是使沉淀和溶液易于分离，沉淀的质量好。应根据沉淀对象的不同性质和实验要求选择不同的方式。

加入沉淀剂的速度应根据沉淀类型而定。如果是一次加入时，则应沿烧杯内壁或沿玻璃棒加到溶液中，以免溶液溅出。加入沉淀剂时通常是左手用滴管逐滴加入，右手用玻璃棒轻轻搅拌溶液，使沉淀剂不至于局部过浓。

因此沉淀时，溶液的浓度、沉淀剂的用量、加入速度、搅拌情况、溶液的pH、温度以及放置保温（老化）时间等都将影响沉淀效果，应加注意。

3. 蒸发（浓缩）

用加热方法从溶液中除去部分溶剂，从而提高溶液的浓度或使溶质析出的操作称为蒸

发。溶液的面积大、温度高、溶剂的蒸气压力大，则易蒸发。因此，溶液的蒸发通常是在敞口的蒸发皿中进行。加热方式应根据溶质对热稳定性和溶剂性质来选择。对热稳定的水溶液可直接用煤气灯加热蒸发；易分解的溶质以及溶剂是可燃的话，则要在水浴上加热蒸发或让其在室温下自行蒸发。还应注意，蒸发皿内所盛溶液的量不要超过蒸发皿总容量的2/3，如果待蒸发的溶液较多，也只能随蒸发，随添补，以防液体溅出。随着蒸发进行，溶液浓度变大，溶液表面上形成溶质晶膜，妨碍溶剂继续蒸发，应不时地用玻璃棒将其打碎。如果只需得到部分结晶，对溶解度较大的物质，也需加到溶液表面出现晶膜时，才停止加热；对溶解度较小或高温时溶解度大，低温时溶解度小的物质，不必将溶液加热到晶膜出现。

4. 结晶

蒸发到一定程度的溶液，冷却后，溶质就结晶出来。析出晶体的大小与外界条件有关。如果溶液的浓度高，冷却得快，进行搅拌或摩擦器壁都有利于生成细小晶体。若将溶液慢慢冷却或静置有利于生成大晶体，特别是加入一小颗晶体（称为晶种）时更是这样，但是形成大晶体时往往裹入母液或别的杂质，结果纯度并不高，而快速生成小晶体时，由于不易裹入母液和别的杂质，反而有利于纯度的提高。

在无机制备中，为了提高制备物的纯度常要求制得较小的晶体。相反，为了研究晶体的形状，则希望得到足够大的晶体。

5. 重结晶

如果第一次结晶所得物质的纯度不符合要求时，可进行重结晶。其方法是在加热的情况下使被纯化的物质溶于尽可能少的水中，形成饱和溶液，趁热过滤，除去不溶性杂质，然后使滤液冷却，被纯化物质即结晶析出，而杂质则留在母液中，过滤便得到较纯净的物质。若一次重结晶还达不到要求，可以再次重结晶。重结晶是提纯固体物质常用的重要方法之一，它适用于溶解度随温度有显著变化的化合物的提纯。

七、无机化学实验中常用的分离技术

在无机化学反应中，无论是要获得目标产物，还是要纯化或鉴定某物质，都需要应用分离技术。目前，常用的分离方法有固、液分离法；萃取分离法；离子交换分离法和色谱分离法。

1. 固、液分离法

固、液分离法是利用沉淀反应进行分离的方法。其分离方法包括倾析法、过滤法和离心法。

（1）倾析法。当沉淀的密度或结晶颗粒较大，静置后能较快沉降至容器底部时，就可用倾析法进行沉淀的分离与洗涤。即把沉淀上部的清液沿玻璃棒小心倾入另一容器内（见图3-32），然后往盛沉淀的容器内加入少量洗涤剂，进行充分搅拌后，让沉淀沉下，倾去洗涤剂。重复操作三遍以上，即可把沉淀洗净。

（2）过滤法。常用的过滤方法有三种：常压过滤、减压过滤和热过滤。

① 常压过滤：

● 滤纸的折叠与安放。把四方滤纸或圆形滤纸按图3-33所示对折再对折（暂不折死）并剪成扇形（圆形滤纸则不必再剪），然后将它展开成圆锥体，恰能与60°角的漏斗相密合，

图3-32 倾析法

若滤纸圆锥体与漏斗不密合（漏斗的角度大于或小于60°），可改变滤纸折叠的角度，直到与漏斗密合为止（这时可把滤纸折死）。在三层滤纸的外面两层撕去一角，使三层滤纸的那边能紧贴漏斗。用食指按住三层滤纸的一边，用少量去离子水润湿滤纸，使滤纸紧贴在漏斗壁上，用玻璃棒轻压滤纸，赶走滤纸与漏斗壁之间的气泡。加水至滤纸边缘，此时漏斗颈中应充满水，形成水柱（若不能形成完整的水柱，可一边用手指堵住漏斗下口，一边稍微掀起三层那一边的滤纸，在滤纸和漏斗之间加水，使漏斗颈和锥体的大部分被水充满后，一边轻轻按下掀起的滤纸，一边继续放开堵在出口的手指，即可形成水柱），这样，过滤时滤液以本身的质量曳引漏斗内液体下漏，大大加速过滤。

图3-33　滤纸的折叠与安放

图3-34　过滤操作

● 过滤操作，将准备好的漏斗放在漏斗架上，漏斗出口尖端处与接受容器内壁接触。过滤时，先将溶液转移到漏斗中，要用玻璃棒引流，玻璃棒下端对着三层滤纸处，尽可能靠近滤纸，但不要接触它。漏斗中的液面要低于滤纸1 cm。如果沉淀需要洗涤，待溶液转移完后，再加入洗涤剂，搅拌，再将清液转到漏斗中（见图3-34）。重复操作多次。最后再加少量洗涤剂，把沉淀搅起，将沉淀和溶液一同转入漏斗中，此时每次转移量不能超过滤纸锥容量的2/3，以便收集沉淀。不要把洗涤剂一次全用上，为了提高洗涤效率，应采取少量多次原则。

② 减压过滤（简称"抽滤"）。此法可加速过滤，以及把沉淀抽吸得比较干燥。但是由于胶态沉淀在快速过滤时易透过滤纸，颗粒太小的沉淀易在滤纸上形成一层密实的沉淀，使溶液不易透过，反而达不到加速的目的，因此，胶态沉淀和颗粒太小的沉淀都不宜采用此法。

● 减压过滤装置。如图3-35所示，它由吸滤瓶1、布氏漏斗2、安全瓶3和减压装置4（一般用循环水泵或真空泵）组成。

减压装置带走了空气，因而使吸滤瓶内减压，在布氏漏斗液面上与吸滤瓶内造成一个压力差，从而加快了过滤速度。

布氏漏斗是带有许多小孔的瓷漏斗，借橡皮塞与吸滤瓶相接。吸滤瓶承受过滤下来的溶液（也称母液），由支管与抽气系统相连。安装时布氏漏斗下口应朝吸滤瓶的支管方向。

在使用水泵时，当水的流量突然加大后又变小，或者关闭水门都会由于吸滤瓶内压力低于外界压力而使自来水进入吸滤瓶中（称为反吸或倒吸），而将滤液弄脏。因此，滤液有用

图 3-35 减压过滤装置
1—吸滤瓶；2—布氏漏斗；
3—安全瓶；4—减压水泵

的话，在吸滤瓶和水泵中应安装安全瓶。在使用真空泵时，为了保护真空泵也应安装吸收对泵有害气体的安全瓶。

· 吸滤操作。将滤纸剪成略小于布氏漏斗的内径，但又必须能把漏斗的小孔全部盖没，放入漏斗中，并用水润湿。

过滤时，先将减压装置稍开，使滤纸紧贴于漏斗上，然后或者将溶液先转入漏斗中，或沉淀与溶液一同转入（溶液少、总的过滤物少或沉淀易洗涤时常用后者），但每次加入量不要超过漏斗总容量的 2/3。开大抽空量抽吸。并用玻璃棒将沉淀铺平布满漏斗，继续抽吸至沉淀比较干燥为止。

洗涤沉淀时，应先放空（如拔掉与吸滤瓶相连的橡皮管），然后停止水泵（或真空泵），加入洗涤剂（应将全部沉淀盖没或润湿），然后接上减压装置，先稍开，让洗涤剂慢慢透过全部沉淀。最后大开，尽量抽干。重复操作，直到符合要求为止。

过滤完毕，需停止抽吸时，一定要先放空后再关闭水泵或真空泵。用火柴棍或玻璃棒轻轻揭起滤纸边，取下滤纸和沉淀。吸滤瓶内的滤液，从瓶子上口倾出。

③ 热过滤。在过滤过程中，如果溶液受到冷却，溶液中的溶质会在滤纸上析出结晶，而我们又不希望这些溶质留在滤纸上，就需要进行热过滤。热过滤时，把玻璃漏斗放在铜制的热漏斗内，并不断加热使热漏斗中的液体（一般是水）保持一定温度，如图 3-36 所示。热过滤应选用颈短的玻璃漏斗。

过滤少量溶液，或没有热漏斗时，可将玻璃漏斗放在水浴上或烘箱中加热，然后立即使用。这样也可避免溶液在玻璃漏斗上冷却而析出晶体。

图 3-36 热过滤

（3）离心法。常用于少量的沉淀与溶液的分离。步骤如下：

① 沉淀。把溶液置于离心管中，边搅拌边加沉淀剂，预计反应完全后，进行离心沉降（操作见后），通过离心作用，沉淀物紧密地聚集在离心管底部，溶液则澄清。在上层清液中再加试剂一滴，如清液不变浑表示沉淀完全，否则须再加沉淀剂，搅拌后，重新离心沉降，直到上层清液加入沉淀剂不再变浑为止。

② 溶液的转移。实验证明沉淀完全后，先将溶液与沉淀离心分离，再用滴管把清液吸出。具体方法是，先用拇指与中指捏紧滴管上的乳胶头，排除空气，稍微倾斜离心管，将滴管轻轻地插入清液中，慢慢放松乳胶头，让清液缓缓进入滴管中，同时随着离心管中液面下降，应将滴管逐渐下移，至全部溶液吸入滴管中为止。滴管尖端接近沉淀时要特别小心，切勿使其触及沉淀（见图 3-37）。

③ 沉淀的洗涤。如果要继续检定沉淀，必须将沉淀洗涤干净，以便除去未吸干的溶液和沉淀吸附的杂质。为此，加少许洗涤剂（常用去离子水），用搅拌棒充分搅拌，然后离心

分离，按②所述方法吸出清液（弃去）。必要时，重复几次。

常用的离心机是电动离心机，如图3-38所示。离心时，将盛有待分离物的离心试管放入电动离心机的试管套内，但试管放置的位置要对称，若只有一支离心试管要沉淀分离时，则取一支盛有相应质量水的试管按对称位置放入试管套内，以使离心机的两臂保持平衡。盖好离心机盖后，打开旋钮，逐渐旋转变阻器，使转速由小到大。数分钟后慢慢恢复变阻器到原来的位置，使其自行停止，切不可强行阻止。

图3-37 抽出沉淀上的溶液

图3-38 电动离心机

离心时间和转速，由沉淀的性质来决定。结晶形的沉淀，转速为1 000 r/min，1~2 min即可停止。无定型的疏松沉淀，离心时间要长些，转速可调至2 000 r/min。

2. 萃取分离法

萃取是无机合成中用来提取或纯化化合物常用的方法，应用萃取可以从固体或液体混合物中提取所需要的物质，也可用来洗去混合物中的少量杂质。

萃取分离法包括液相-液相、固相-液相、气相-液相等几种情况，应用最广泛的为液-液萃取分离法，也称溶剂萃取分离法。

液-液萃取是实验室中常用的一种有效的分离方法，也用于大规模工业分离。萃取是由水溶液和有机溶剂组成的两个液相的传质过程。利用与水不相溶的有机相与试液一起振荡，使试液中一些组分进入有机相，从而与其他组分分离。

对于萃取溶剂的选择，实践表明，极性化合物易溶于极性溶剂中，而非极性化合物易溶于非极性溶剂中，也就是常说的"相似相溶原则"。

在水相和有机相中一般含有下列一些物质，但并不一定是在每一萃取过程中都用。

各种物质的作用如下。

（1）萃取剂：能和被萃取物质形成溶于有机相的萃合物的有机化合物。

（2）稀释剂：改变萃取剂的物理性能，使两相易于分层。

（3）无机酸：调节水溶液的pH或参与萃取反应使组分能得较好分离。

（4）盐析剂：溶于水相使萃合物转入有机相。

（5）配合剂：与被分离的离子形成配合物，溶于水中，可提高分离效果。

在实际操作中,一次萃取常不能达到有效的分离,必须使含有被分离物质的水相与有机相多次接触,反复萃取,但也并非萃取次数越多越好,一般萃取三次,就能得到纯产品。萃取结束后,将溶剂回收、再生,以免造成浪费和环境污染。

溶剂萃取分离法即可用于常量组分的分离,又适用于微量组分的分离与富集。该方法的缺点是萃取剂通常有一定毒性、易燃、易挥发、价格较贵、操作烦琐、比较费时。

3. 离子交换分离法

离子交换分离法是利用离子交换树脂与溶液中的离子发生交换反应而使离子分离的方法。该方法已广泛地应用于元素的分离、提取、纯化和脱色精制有机物以及溶液和水的净化等方面。

离子交换树脂是一个通称,它包含天然产的和人工合成的两类。通常所说的离子交换树脂,即指人工合成的具有稳定的网状结构的复杂的有机高分子聚合物,不溶于酸碱和一般溶剂。在其网状结构的骨架上有许多可以解离的、能和周围溶液中的某种离子进行交换的活性基团。

离子交换树脂的种类繁多,可以从不同的角度进行分类,但人们通常还是按其交换离子的性质或官能团的特性进行分类。

(1) 阳离子交换树脂:指含有酸性活性基团的树脂。例如:活性基团是磺酸基($-SO_3H$)、羧基($-COOH$)等,其阳离子可以被溶液中的阳离子交换,也就是说这种基团上的 H^+ 能与溶液中的阳离子发生交换反应。阳离子交换树脂又可分为强酸性和弱酸性两种,强酸性树脂的应用较广,在酸性、中性和碱性溶液中都可使用,但选择性较差。弱酸性树脂对 H^+ 亲和力大,在酸性溶液中不宜使用,羧基在 pH>4 时才具有离子交换能力,选择性高。

阳离子交换树脂的酸性强弱为

$$-SO_3H > -PO_3H_2 \approx -PO_2H_2 > -COOH > -OH$$

强酸型阳离子交换树脂与阳离子 M^{n+} 发生交换反应举例如下

$$R-SO_3H + Na^+OH^- \underset{\text{洗脱}}{\overset{\text{交换}}{\rightleftharpoons}} R-SO_3^-Na^+ + H_2O \quad \text{中和反应}$$

$$R-SO_3Na + K^+Cl^- \underset{\text{洗脱}}{\overset{\text{交换}}{\rightleftharpoons}} R-SO_3^-K^+ + Na^+Cl^- \quad \text{复分解反应}$$

上式中 R 代表树脂中网状结构的骨架部分。

(2) 阴离子交换树脂:指含有碱性活性基团的树脂。例如:在含有季胺碱($\equiv N-$)、伯胺基($-NH_2$)、仲胺基($-NH-$)和叔胺基($-N=$)等基团中,阴离子可以被溶液中的阴离子所交换。强碱性阴离子交换树脂广泛应用于酸性、中性、碱性溶液中,弱碱性阴离子交换树脂由于对 OH^- 的亲和力大,所以在碱性溶液中不宜使用。

阴离子交换树脂的碱性强弱为

$$-N\equiv \; > \; \begin{array}{l} -NH_2 \\ =NH \\ \equiv N \end{array}$$

强碱型阴离子交换树脂与阴离子 M^{n-} 发生交换反应举例如下

$$R-N^+(CH_3)_3OH^- + H^+Cl^- \underset{\text{洗脱}}{\overset{\text{交换}}{\rightleftharpoons}} R-N^+(CH_3)_3Cl^- + H_2O \quad \text{中和反应}$$

$$R\text{—}N^+(CH_3)_3Cl^- + Na^+Br^- \underset{洗脱}{\overset{交换}{\rightleftharpoons}} R\text{—}N^+(CH_3)_3Br^- + Na^+Cl^- \qquad 复分解反应$$

上述交换反应均为可逆反应，离子交换树脂被要交换的离子饱和后，会失去交换能力，此时，应用酸或碱对树脂进行浸泡，反应便逆向进行，这一过程称为洗脱或再生。再生后的树脂又可再次使用。树脂再生后的交换能力与处理时所需的时间、流速、温度以及再生液的浓度、纯度等有关。

离子交换分离法不仅用于正、负离子间的分离，还可用于带相同电荷或性质相近的离子间的分离，同时还广泛用于微量组分的富集和高纯物质的制备等。但该法的缺点是操作麻烦，周期长。

4. 色谱分离法

色谱分离法又称层析分离法。主要应用有：分离提纯、浓缩和脱色、鉴定化合物、确定化合物纯度以及观察化学反应是否完成。

色谱分离法其原理是使混合物中各组分在两相间进行分配，其中一相是不动的，称为固定相；另一相则是推动混合物流过固定相的液体，称为流动相（也称为淋洗液或溶剂）。一种流动相带着试样经过固定相，当流动相中所含有的混合物经过固定相时，即与固定相发生相互作用。由于各组分的性质与结构不同，这种相互作用有强弱之分，表现在物质在两相之间的分配系数不同，移动速度也不一样。因此，在同一推动力作用下，混合物中不同组分在固定相中的滞留时间不同，从而按先后不同的次序从固定相中流出，从而达到互相分离的目的。这种借助于两相间的不同分配而使混合物中各组分获得分离的技术称为色谱分离技术或色谱法。近年来，这一方法在化学、生物学、医学中得到普遍应用。

色谱分离法从操作方法上可分为柱色谱、薄层色谱和纸色谱等。从分离机理来分，有液固色谱、离子交换色谱、凝胶色谱等。从流动相的性质考虑，用液体作为流动相时，称为液相色谱。在无机化学中应用较多的是液相色谱中操作较为简便的薄层色谱和纸色谱。

1）薄层色谱

薄层色谱是一种微量、快速、简便、分离效果好的层析分离法，常用 TLC 表示。该法的基本原理是，将固定相吸附剂（如硅胶、中性氧化铝、聚酰胺、纤维素等）在玻璃板上均匀地涂上一薄层（均厚 0.25 mm），干后把试液滴在距玻璃板下边缘一定距离处（称为点样），如图 3-39 所示。然后置于密闭容器中，用合适的溶剂作展开剂将试样展开（展开剂为流动相）。展开剂借助薄层板的毛细作用，由下向上移动。由于固定相（吸附剂）对不同组分的吸附与溶解能力不同，当展开剂流动时，不同组分的溶质在固定相上移动的速度不同，致使它们展开的距离不同。容易被吸附或溶解度大的溶质移动速度慢，较难吸附或溶解度小的溶质移动速度快。经过一段时间的展开，不同物质彼此分开，在薄板上形成相互分开的斑点。当溶剂的前沿接近薄层上端时，层析便停止。薄层的展开需在密闭的层析缸中进行，薄层色谱装置如图 3-40 所示。

溶质在固定相上由原点移动至斑点中心的距离与展开剂由原点移动至前沿的距离之比，称为比移值，用 R_f 表示。样品各组分分离情况也用比移值 R_f 来衡量

$$R_f = \frac{样品原点中心到斑点中心的距离}{样品原点中心到展开剂前沿的距离}$$

第 3 章　无机化学实验的基本操作

图 3-39　毛细管点样

图 3-40　层析缸

R_f 值在 0~1 之间。若 $R_f \approx 0$，表明该组分留在原点未移动，即没有被展开；若 $R_f \approx 1$，表明该组分随溶剂一起上升。

计算比移值 R_f，如图 3-41 所示。

$$R_{f(1)} = \frac{3.0\ \text{cm}}{12\ \text{cm}} = 0.25$$

$$R_{f(2)} = \frac{8.4\ \text{cm}}{12\ \text{cm}} = 0.70$$

薄层色谱除了可用来分离微量物质外，还可推测分离的情况，摸索进行柱色谱的条件，以及用于微量分析、鉴定某些分离物的纯度等。该法适用于挥发性较小或在较高温度易发生变化而不能用气相色谱分析的物质。

2）纸色谱

纸色谱以滤纸作为惰性载体，用以吸附在滤纸上的水或有机溶剂，水或有机溶剂作为固定相。流动相是对水互不

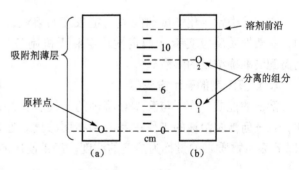

图 3-41　R_f 值计算方法
(a) 原板；(b) 展开后薄层板

混溶的溶剂如丁醇或者是含有一定比例水的溶剂如丙酮，流动相通常也称为展开剂。由于毛细管作用，溶剂在纸条上不是向上运动就是向下运动。每个显色的色层斑点都可用薄层色谱法中同样方法来鉴定。纸色谱的操作与薄层色谱类似。纸色谱装置如图 3-42 和 3-43 所示。

纸色谱可在一个微量的范围内对各种各样的无机物进行定性分离。主要用于合成工作中对纯度的检验或鉴定，还可用来分离性质相似的配合物混合物，例如分离链状和环状的多聚磷酸盐的混合物。

用作纸色谱的滤纸质量要好，应薄厚均匀、平整、清洁，有一定机械强度，能吸附一定量的水分。专供色谱用的滤纸有 whatman1#、whatman4* 等。它们有快速、中速、慢速三种型号，可根据分离对象而选用。若样品中各组分的 R_f 值相差很小，用慢速滤纸；若 R_f 相差较大，则用中速或快速滤纸。

纸色谱的优点是操作简单，价格便宜，色谱图可长期保存。其缺点是展开速度较慢。

图 3-42　纸色谱装置
1—橡皮塞；2—玻璃勾；3—纸条；4—溶剂前沿；
5—起点线；6—溶剂

图 3-43　纸色谱展开图

八、溶液的配制

在实验中常将化学试剂配成一定浓度的溶液，但不同实验对浓度准确度的要求是不同的，一般性质反应实验（如定性检定和无机制备）对溶液浓度要求较粗，为了定量测定，则需配制准确浓度的溶液。

1. 溶液浓度的表示方法

溶液的性质，除了与溶质和溶剂的本性有关外，还与溶质与溶剂的相对含量有关。因此，在任何涉及溶液的工作中都必须指明浓度。通常，将一定量溶剂或溶液中所含溶质 B（以 B 表示物质）的量称为溶液的浓度。经常使用的几种浓度表示方法见表 3-3。

表 3-3　溶液浓度的表示方法

浓度的名称	定义	浓度符号	单位符号
质量分数	溶质 B 的质量占溶液质量的分数	w_B	量纲为 1
物质的量浓度	单位体积的溶液中所含溶质 B 的物质的量	c_B	mol/m^3（SI 单位） mol/dm^3（导出单位） mol/L（惯用单位）
质量摩尔浓度	单位质量的溶剂中所含溶质 B 的物质的量	b_B	mol/kg
物质的量分数	溶液中任一组分 B 的物质的量与各组分的物质的量之和的比值	x_B	量纲为 1

2. 溶液的配制

在实验室里常常因为化学反应的性质和要求不同而配制不同的溶液。在一般性质反应的实验中，配制一定浓度的常见溶液就能满足需要。在定量测定的实验中，要求比较严格，则需要配制准确浓度的溶液。在特殊鉴定的反应中，则往往需要配制特殊试剂的溶液。

1) 一般溶液

一般溶液常用以下两种方法配制：

（1）由固体试剂配制溶液。对一些易溶于水而不发生水解或水解程度较小的固体试剂，如：NaOH、KCl、NaCl 等，配制溶液时，先算出配制一定浓度、一定体积的溶液所需固体试剂的量，然后用托盘天平或分析天平称出所需的固体量，放入烧杯中，再以少量去离子水搅拌使其溶解后，稀释至所需的体积。若试剂溶解时有放热现象，或以加热促使其溶解的，应待其冷却后，再移至试剂瓶或容量瓶，贴上标签备用。一些易水解的盐，如：$SnCl_2$，配制溶液时，需加入适量酸，再用水或稀酸稀释。有些易被氧化或还原的试剂，如：Na_2SO_3、$FeCl_2$，则常在使用前临时配制，或采取措施，防止氧化或还原。

（2）由浓溶液配制稀溶液。对于液态试剂，如果已知浓溶液的浓度，如：盐酸、硫酸、氨水等。在配制其稀溶液时，可先通过计算得知配制一定浓度和体积的溶液所需浓溶液的体积，然后用量筒量取所需浓溶液的一定体积，再稀释至所需的体积。如果不知道浓溶液的浓度，则先用密度计测量出浓溶液的相对体积质量，查出其相应的百分浓度，算出配制一定浓度所需的用量，用量筒量取所需浓溶液的体积，用水稀释至所需的体积，搅拌均匀。如果溶液发热，需冷至室温，然后移入试剂瓶内，备用。

配制硫酸溶液时，要特别注意，应在不断搅拌下将浓硫酸慢慢倒入盛有水的容器中，切记不可颠倒操作顺序！

见光易分解，而又需要短期贮存的溶液，如：$AgNO_3$、$KMnO_4$、KI 等，要注意避光保存，应贮存于干净的棕色容器中。

容易发生化学腐蚀的溶液，如氢氟酸，应贮存于塑料容器中。

2) 标准溶液

标准溶液是已确定其主体物质浓度或其他特性量值的溶液。化学实验中常用的标准溶液有滴定分析用标准溶液、仪器分析用标准溶液和 pH 测量用标准缓冲溶液。其主要配制方法如下：

（1）由基准试剂（或标准物质）直接配制。在分析天平或电子天平上准确称取一定量的基准试剂（能够直接用于配制标准溶液的物质称为基准试剂或标准物质。）放于烧杯中，加入适量的去离子水溶解后，转移至容量瓶中，用去离子水洗涤烧杯数次，均转入容量瓶中，直至试剂全部转入容量瓶中，再用去离子水稀释至刻度，摇匀。根据称取试剂的质量和容量瓶的体积，计算出它的准确浓度（此法也称为直接法）。

（2）标定法。对于不符合基准试剂要求的物质，不能用直接法配制其标准溶液。但可以先配制成近似所需浓度的溶液，然后用基准试剂或已知浓度的标准溶液标定，求出它的浓度（此法也称为间接法）。

（3）稀释法。用已知浓度的标准溶液，配制浓度较小的标准溶液时，可根据需要用移液管吸取一定体积的浓溶液于适当体积的容量瓶中，加水或相应介质溶液稀释至刻度即可。

3. 标准物质

我国于 1986 年由国家计量局颁布了标准物质的定义，表述为：已确定其一种或几种特性，用于校准测量器具、评价测量方法或确定材料特性量值的物质。化学试剂中属于标准物质的品种并不多。目前，中国的化学试剂中只有滴定分析基准试剂和 pH 基准试剂属于标准物质。基准试剂可用于直接配制标准溶液或用于标定溶液浓度。滴定分析中常用的工作基准试剂见表3-4，pH基准试剂见表3-5。有时，实验中还会使用一些非试剂类的标准物质，如：纯金属、药物和合金等。

表3-4 滴定分析中常用的工作基准试剂

试剂名称	主要用途	用前干燥方法	国家标准编号
氯化钠	标定 $AgNO_3$ 溶液	500~550℃灼烧至恒重	GB 1253—1989
草酸钠	标定 $KMnO_4$ 溶液	(105±5)℃干燥至恒重	GB 1254—1990
无水碳酸钠	标定 HCl，H_2SO_4 溶液	270~300℃干燥至恒重	GB 1255—1990
三氧化二砷	标定 I_2 溶液	H_2SO_4 干燥器中干燥至恒重	GB 1256—1990
邻苯二甲酸氢钾	标定 NaOH 溶液	105~110℃干燥至恒重	GB 1257—1989
碘酸钾	标定 $Na_2S_2O_3$ 溶液	(180±2)℃干燥至恒重	GB 1258—1990
重铬酸钾	标定 $Na_2S_2O_3$，$FeSO_4$ 溶液	(120±2)℃干燥至恒重	GB 1259—1989
氧化锌	标定 EDTA 溶液	800℃灼烧至恒重	GB 1260—1990
乙二胺四乙酸二钠	标定金属离子溶液	硝酸镁饱和溶液恒湿器中放置7天	GB 12593-1990
溴酸钾	标定 $Na_2S_2O_3$ 溶液	(180±2)℃干燥至恒重	GB 12594—1990
硝酸银	标定卤化物溶液	H_2SO_4 干燥器中干燥至恒重	GB 12595—1990
碳酸钙	标定 EDTA 溶液	(110±2)℃干燥至恒重	GB 1256—1990

表3-5 pH基准试剂

试 剂	规定浓度 /(mol·kg^{-1})	标准值/25℃	
		一级 pH 基准试剂 pH (S)$_I$	pH 基准试剂 pH (S)$_{II}$
四草酸钾	0.05	1.680±0.005	1.68±0.01
酒石酸氢钾	饱和	3.559±0.005	3.56±0.01
邻苯二甲酸氢钾	0.05	4.003±0.005	4.00±0.01
磷酸氢二钠、磷酸二氢钾	0.025	6.864±0.005	6.86±0.01
四硼酸钠	0.01	9.182±0.005	9.18±0.01
氢氧化钙	饱和	12.460±0.005	12.46±0.01

基准试剂应具备下述条件：
(1) 试剂的组成与其化学式完全相符；
(2) 试剂的纯度应足够高（一般要求在99.9%以上），而杂质的含量应少到不至于影响分析的准确度；
(3) 试剂在通常条件下贮存应该稳定；

(4) 试剂参加反应时，应按反应式定量快速进行，没有副反应；

(5) 分子质量大。

九、试管反应和离子检出

1. 试管反应的基本操作

试管是无机化学实验中用得最多的仪器。因为在试管中进行化学反应取样少、操作和观察实验现象也方便。

(1) 往试管中加固、液试剂（参考第 2 章五）。但在试管中进行的许多实验，试剂的用量较少，同时不需要准确用量，因此学会估计取用液体的量是很方便的。例如用滴管取液体，多少滴相当于 1 mL，2 mL 液体在试管中占多大体积，等等。一般加入试管中液体的量，不能超过试管总容量的 1/2。

(2) 振荡试管。用拇指、食指和中指握住试管的中上部，试管略向外倾斜、用手腕之力振动试管。这样既不会把试管中的液体振荡出来，也有利于观察试管中发生的现象。用五个指头握住试管，上下或左右振荡都是错误的。如果反应中有胶体形成或是多相反应，难以摇动时，可用玻璃棒搅拌。

(3) 在试管中加热液体和固体。试管中的液体一般可放在火焰上加热，但应用试管夹夹住试管（夹在距试管口 3~4 cm 处），且液量不超过 1/3 试管。加热试管应斜持着（见图 3-44（a）），管口不能朝着别人或自己，以免液体溅出时把人烫伤。应使液体各部分受热均匀，先加热液体的中上部，再慢慢往下移动，然后还应不时地上下移动加热部位，不要集中加热某一部分，否则易造成局部骤然沸腾，液体冲出管外。

在试管中加热固体时，必须防止释放出来凝结在试管口上的水珠流到烧热的管底，使试管骤冷而破裂，因此试管口应稍微向下倾斜。试管可用试管夹夹住，也可固定在铁夹上（见图 3-44（b））。加热时，先应均匀加热试管，然后可以从试管底逐渐往上加热。

离心试管不能直接在火焰上加热，而是采用水浴加热的方法。热稳定性稍差的溶质（热分解温度低于 100℃的）要用水浴或水蒸气浴加热。水浴时容

图 3-44 加热试管中的
(a) 液体；(b) 固体

器浸泡于水中，水蒸气浴则将容器放在水面上方，借水蒸气来加热。通常在一个 250 mL 烧杯中放入 2/3 的自来水，加热至需要的温度，将离心试管或小烧杯放入热水中即可（见图 3-45）。

2. 离子检出的基本操作

(1) 离心分离。离心分离操作适用于沉淀极细难于沉降以及沉淀量很少的固、液分离。当被分离的量很少时，使用一般方法过滤后，沉淀会黏附在滤纸上难以取下，这时就应采用离心分离操作（参见基本操作七）。

(2) 应用试纸。应用 pH 试纸和石蕊试纸可以检验溶液的酸碱性（参见基础知识六）。检验挥发性物质的酸碱性时，可将试纸用去离子水润湿，然后贴在玻璃棒上，将它悬空放在试管口的上方，观察试纸颜色的变化。

图3-45 各种水浴装置
(a) 水浴锅；(b) 简易装置；(c) 水浴加热及离心管座
1—离心管；2—烧杯或电热恒温水浴锅；3—热水；
4—离心管座；5—离心管座正视图；6—离心管座俯视图

图3-46 气室法
1、2—为上、下表面皿

为了检验少量挥发性物质的酸碱性，可用两个大小一样的表面皿上、下合起来组成一个气室，被检验物放在下面的表面皿内，试纸用去离子水润湿后贴在上表皿内，放置（必要时还可以放在水浴上加热），观察试纸颜色（见图3-46）。

其他试纸，如淀粉-碘化钾试纸、醋酸铅试纸，可用来检验某种组分是否存在。

(3) 点滴反应。通常是在点滴板或反应纸上进行。如在反应纸上进行，用质地较厚而又疏松的滤纸，大小约为 2 cm × 2 cm。先将试剂（或试液）滴在点滴板上，然后用去掉乳胶头的毛细吸管吸取。将吸有试剂的毛细吸管直立于反应纸的中央，待管内试剂被纸吸收后，此时在纸上扩展形成一直径数毫米的湿斑，迅速移开毛细吸管。用同法将试剂滴于湿斑上，然后观察反应生成的颜色。最好使滤纸悬空操作，试剂绝对不得滴在纸上。毛细吸管用后应洗净，并用滤纸吸干。

(4) 显微结晶反应。在洁净的载片上，放1滴经过必要处理的试剂（例如调节酸度，稀释至合适浓度等）在其旁加入1滴试剂，然后用细玻璃棒尖在两滴试剂之间划一下，将它们连接起来，则反应缓慢进行，最后在显微镜下观察所形成的特殊晶体。

(5) 焰色反应。有些金属或它们的化合物在灼烧时能使火焰呈特殊颜色，如：碱金属、碱土金属及其他几种离子的易挥发盐类（如氯化物）。这些金属元素的原子在高温时，其外层电子将被激发到能量较高的激发态。而激发态的外层电子又要跃迁回到能量较低的基态。不同元素原子的外层电子具有不同能量的基态和激发态。在这个过程中会产生不同的波长的电磁波，这种电磁波的波长正是在可见光波长范围内，人们就会在火焰中观察到这种元素的特征颜色。利用元素的这一性质可以检验一些金属或金属化合物的存在，见表3-6。

表3-6 几种元素的焰色

元素	Li	Ca	Na	Sr	Cu	K	Ba	B	Pb
颜色	红	橙红	黄	深红	绿	紫	黄绿	绿	淡蓝

进行焰色反应应使用一支镶有铂丝或镍铬丝的玻璃棒（铂丝或镍铬丝的头上弯成一个小环）。把嵌在玻璃棒上的铂丝浸在盛有 6 mol/dm³ 盐酸的试管里蘸洗后，放在酒精灯的氧化焰（最好是煤气灯，因为它的火焰颜色浅、温度高）里灼烧。再浸入酸中，再灼烧，如此反复几次，直至火焰无色，此铂丝才算洗净。这时再用铂丝蘸取被检验溶液（应加 6 mol/dm³ 盐酸），同样灼烧，就可以看到被检验溶液里所含元素的特征焰色。

必须注意，用铂丝鉴定一种元素后，如欲再鉴定另一种元素时，必须用上述方法把铂丝处理干净。

鉴定 K^+ 时，只要有极微量的 Na^+ 存在，K^+ 所显示的浅紫火焰就将被 Na^+ 的亮黄色火焰所遮蔽，故需通过能吸收黄色光的蓝色钴玻璃片观察 K^+ 的火焰。

第 4 章 无机化学实验中的基本原理

一、物理量和参数的测定

1. 物理量与化学基本参数

像其他自然学科一样，化学也涉及到许多物理量的计算。如：原子量、分子量、离子的电荷、键长、键角等。在一个经过精心设计的实验中，除了供研究的自变量和因变量之外，可以使其他因素保持不变，这种不变因素称为"参数"。因此，物理量又分为两种：一为信号变量，另一为参数。如研究某一反应中浓度对反应速率的影响，通过实验建立了反应速率方程 $v = kc(A)c(B)$ 这一数学模型。在这个方程中，v、$c(A)$、$c(B)$ 均为信号变量，而 k 是参数，k 既反映了信号变量之间的关系，又是一个要证明此数学模型的正确性而必须测定的一个物理量。显然，参数及信号变量不是绝对一成不变的，而是由人们研究问题的角度来决定的。上述例子中若 $c(A)$ 保持不变可与 k 合并成参数，当研究温度对反应速率的影响时，$c(A)$、$c(B)$ 需固定，它们就是参数，而 v、k 则是信号变量。

2. 本门课程中要测定的物理量及参数

本门课程中基本上安排了在无机化学中最常见的物理量及常用的化学参数测定的实验。

（1）质量测定。学习用电子天平或电光天平称量物质的质量。

（2）体积测定。熟悉用量气管测量气体的体积，掌握用量筒、移液管测量液体体积及了解用称量的方法测定液体的量及容器的容积。

（3）温度测定。熟悉温度计的正确使用。

（4）压力测定。学习气压表的使用。

（5）浓度测定。学习溶液的配制、了解使用 pH 法、比色和分光光度法、电导率法、离子交换法等方法测定溶液或某种离子的浓度。

（6）原子量的测定。用金属镁与酸置换反应测定 Mg 的相对原子质量。

（7）熔、沸点的测定。在无机合成实验中安排了此项内容。

（8）平衡常数的测定。分别用 pH 法、电导率法、分光光度法、离子交换法及电极电势的测定等方法测定解离常数、溶度积常数、配合物稳定常数及通过电动势求平衡常数等。

（9）反应热的测定。学会用简易量热计测量反应热。

（10）反应速率常数的测定。

3. 参数方程及其应用

在自然科学各领域中，做定量的研究工作都离不开参数方程，一切参数方程都是用来表示变量之间的关系,这种关系可以认为是一个表示变化的数学模型。从大量的实验数据中推出参数方程这是科学研究工作中的重要一步(但还需进一步解释这个方程,特别是各参数的物理意义)。例如波义耳定律、查理定律是从大量实验中推出的定律,它们都有相应的参数方程,由它们合并又得到理想气体状态方程,这是一个确定气体状态的四参数方程。其后,对非理想气体提出的范德华方程,它不仅是表示气体状态的比较精密的方程,而更有意义的是这个方程考虑了分子间的作用。

值得注意的是不同物质的同一类型的参数方程可以相同(与物质特性无关,如溶液的依数性,$\Delta T_f = K_f m$、$\Delta T_b = K_b m$ 等)也可以不同(如速度方程),它反映了不同物质的共性与个性。

利用参数方程可以测定很多参数。

下面对一个实例进行研究,从中得出在设计参数测定的实验时应考虑的问题以及初步了解设计的步骤。

例如:欲测 HAc 的解离常数 $K_a^\ominus$。

解:1) 确定参数方程

HAc 为一元弱酸,存在着下列平衡

$$HAc(aq) + H_2O(l) \rightleftharpoons H_3O^+(aq) + Ac^-(aq)$$

$$K_a^\ominus = \frac{\{c(H_3O^+)\}\{c(Ac^-)\}}{\{c(HAc)\}} \tag{1}$$

从参数方程(1)可知:欲测 $K_a^\ominus$,需知 $c(H_3O^+)$、$c(Ac^-)$、$c(HAc)$ 等平衡浓度,这是测 $K_a^\ominus$ 的基本理论根据。

2) 尽量减少测量项目,以使实验简单

一般方法是分析参数方程中各变量之间的内在联系或维持次要变量恒定。本例中即可从 $c(H_3O^+)$、$c(Ac^-)$、$c(HAc)$ 等平衡浓度之间的内在联系进行分析。

根据质量守恒定律,若 HAc 的起始浓度为 $c_起$ 则式(2)成立

$$c_起 = c(HAc) \cdot c(H_3O^+) \tag{2}$$

HAc 为一元弱酸,故又成立

$$c(H_3O^+) = c(Ac^-) \tag{3}$$

由式(2)、式(3)可得

$$K_a^\ominus = \frac{c(H_3O^+)c(Ac^-)}{c(HAc)} = \frac{c(H_3O^+)^2}{1 - c(H_3O^+)} \tag{4}$$

由式(4)得知,测定一个浓度为 $c_起$ 的 HAc 溶液的 $c(H_3O^+)$ 平衡浓度,就可算出 $K_a^\ominus$,这种只用一个,而且只是一个数据组($c_起$、$c(H_3O^+)$)算出实验结果的方法称之为单点测定。

3) 分析简化成立的条件,以确定实验最佳条件

具体讲,分析式(2)、式(3)成立的条件,从而找出实验中减小方法误差的方法。由式(2)、式(3)得出了式(4),这是在忽略了水的解离才成立,否则 $c(H_3O^+)$ 不等于 $c(Ac^-)$。显然,酸愈弱,溶液愈稀,这种忽略所造成的误差就愈大。因此实验时就要求溶液的浓度大一些,特别是待测酸很弱的情况下。究竟浓度多大合适?需要做初步试验,通常在

0.001~0.1 mol/dm³ 之间。

进一步分析，若某种酸较强时 $c_{起} - c(H_3O^+)$ 项的数值可以变得很小，此时带来的误差也会大些，因此在测定较强酸的 $K_a^{\ominus}$ 值时，浓度问题更应考虑。

从式（4）中得知欲使 $K_a^{\ominus}$ 测量精度提高，必须使 $c(H_3O^+)$ 的测定精度提高，而 $c(H_3O^+)$ 的测定方法很多，既可以用滴定法求得，也可以用 pH 计测得，一般 pH 计可读到 pH 小数点后第二位，这样得到的是三位有效数字。

从上面的分析可知误差的来源，从中得出影响结果的关键操作步骤。

$K_a^{\ominus}$ 与解离度 α 的关系可用参数方程（5）表示为

$$K_a^{\ominus} = \frac{c\alpha^2}{1-\alpha} \tag{5}$$

因此测得 HAc 的 α 值也可求得 $K_a^{\ominus}$。而 α 又可测定 HAc 的电导率，再利用参数方程（6）求得

$$\alpha = \frac{(摩尔电导率)\Lambda_m}{(极限摩尔电导率)\Lambda_m^{\infty}} \tag{6}$$

从上述例子中看出，对于某一个参数的测定，根据实验室各方面的条件（如：提供不同的测试仪器），可选用不同的参数方程用不同的方法进行测定，但不论选用何种方法，关键是要选好包含欲测参数的参数方程。现简要地总结参数测定的实验设计基本步骤：

（1）确定研究目的，即定欲测参数。

（2）选择合适的参数方程，即找出参数测定的基本理论依据。

（3）分析参数方程中各变量间的内在联系，以尽量减少测量项目。

（4）分析参数方程成立的条件，以找出测试方法中影响实验结果的关键因素，从而确定实验最佳条件。

（5）设计出具体的实验方法（包括所需仪器、试剂、实验步骤及实验注意事项等）。

4. 单因素实验

从上面介绍的参数方程中看出，往往一个参数方程中含有多个变量。如：$v = kc(A)c(B)$，即 v 是 $c(A)$、$c(B)$ 的函数，也是温度的隐函数，因为 k 与温度有关，换句话说，反应速率具有多个影响因素。研究影响一个反应的多个因素，并从中找出规律，有助于选择最佳的反应条件，使反应有利于向所要求的方向进行。

绝大多数的反应是多因素体系，而要同时研究多因素的影响是困难的。因此，常常先把多个因素恒定下来（如恒温、恒压、固定某一反应物的初始浓度等），而只改变某一因素，这样就可把多因素实验变为单因素实验，而使问题简化了。例如研究影响反应 A + B→C 的反应速率因素，可以：

（1）维持 T 一定及 $c(B)$ 一定，改变 $c(A)$，测 v。

（2）维持 T 一定及 $c(A)$ 一定，改变 $c(B)$，测 v。

（3）维持 $c(A)$、$c(B)$ 一定，改变 T，测 v。

根据以上单因素的实验，可以得知 $c(A)$，$c(B)$ 及 T 是如何影响反应速率的，从而确定满足要求的反应条件。

在进行单因素实验设计时，又应考虑哪些问题呢？

（1）保证其他因素的固定。例如在测定碘化钾与过二硫酸铵反应的反应速率时，由于改变碘化钾或过二硫酸铵的浓度，离子强度发生了改变，为维持离子强度不变，须加入电解质 KNO_3 和 $(NH_4)_2SO_4$ 来代替 KI 和 $(NH_4)_2S_2O_8$ 改变的量。有的反应在溶液 pH 固定下进行比较，则要求选择合适的缓冲溶液，让反应能在 pH 基本稳定的情况下进行。又如要保持恒温，则常使反应在恒温水浴中进行。总之，要设计出较好的方法以固定其他因素。

（2）确定待测因素的变动范围及方法。例如研究温度对反应速率的影响时，要选择不同的温度。那么温度间隔多大？测几个温度点？这些都对做出正确的结论有影响。一般说，温度变化范围大，影响结果明显，但是变化太大，也常常会使问题复杂化。至于温度点，一般要求多于五个点，才具有统计意义。

（3）应答的测定。例如做影响反应速率因素的实验时，可以测定反应进行一定时间后各物质的浓度（在不同时间取样）以判断反应进行的快慢。那么如何测定反应进行一定时间后的浓度呢？常采用的方法是冻结反应（即低温快速冷却），然后进行快速分析，此法可以测得较为准确的浓度，可求得瞬时反应速率，而且是多点测定，准确度高。也可以测定反应进行到一定程度时所需的时间以判断反应进行的快慢。如用一定量、一定浓度的 $Na_2S_2O_3$ 去消耗 KI 与 $(NH_4)_2S_2O_8$ 反应生成的 I_3^- 所需的时间来判断反应进行的快慢的程度，这是一种单点测定方法，因为受到人们对颜色敏感性的限制从而影响反应时间的确定，测定精度不理想，但此法较为简单。

（4）数据处理和方程的建立。如 KI 与 $(NH_4)_2S_2O_8$ 反应的速率方程的建立，就是在一定温度下，改变 KI 和 $(NH_4)_2S_2O_8$ 的浓度，测定相应的反应速率，从中求出反应级数 m、n，最后可建立 $v = kc(I^-)^m c(S_2O_8^{2-})^n$ 的速率方程。

（5）几个单因素方程的合并。由单因素实验得出的反应条件，对多因素体系来说，并非是最佳的实验条件，应经过多次实验确定，再合并单因素影响而成为多因素影响的结果。例如理想气体状态方程式的建立就是由波义耳定律、查理定律等单因素得到的实验结果合并而成。除此之外，在无机合成实验中也常采用正交设计的方法来进行多因素多水平的实验，然后经过数学处理找出最佳的反应条件，由于学生数学知识尚不够，此处从略，但应知道这是一种多、快、好、省的研究方法。

二、测试实验中的误差

在化学实验中经常使用仪器对某些物理量进行测量，再由测得的数据经过计算得到分析结果。但实践证明，任何精密仪器测量的结果都只能是相对准确，甚至同一个人，用同一种方法，同一台仪器，对同一试样进行多次测量，都可能得到不同的结果。也就是说，没有绝对准确，而只能是相对准确。因此，误差是必然的，是客观存在的。

产生误差的原因有多种，如：测量仪器、实验方法、实验条件等。实验者必须根据实际情况正确测量、真实记录实验数据，以便查出并分析产生误差的原因、性质及规律，进而研究如何减少产生误差的办法，不断提高分析结果的准确度。

1. 准确度与误差

准确度是指测定值与真实值（即由有经验的研究人员用可靠的测定方法进行多次平行测定得到的平均值、国际基本单位的定义值，或者以公认的手册上的数据作为真实值）之间相差的程度，用误差的大小表示。误差又分为绝对误差和相对误差。

（1）绝对误差。测定结果与真实值之差为绝对误差。即

$$绝对误差 = 测量值 - 真实值$$

绝对误差的大小取决于所使用的仪器的精度和实验者的观察能力。同时，它具有与测量值同样的量纲并有正、负值之分。例如：称得某物质量为 1.638 0 g，其真实值为 1.638 1 g；又称得另一物质量为 0.163 7 g，而其真实值为 0.163 8 g，它们的绝对误差分别为

$$1.638\ 0 - 1.638\ 1 = -0.000\ 1(g)$$
$$0.163\ 7 - 0.163\ 8 = -0.000\ 1(g)$$

从上例看出，两物体质量相差 10 倍，但绝对误差却相同。由此说明，只用绝对误差不能反映测量结果与真实值接近的程度。

（2）相对误差。绝对误差与真实值的商为相对误差。即

$$相对误差 = \frac{绝对误差}{真实值} \times 100\%$$

相对误差可以表示出误差对整个测量结果的影响，并告知实验者误差在真实值中所占的百分数，其量纲是为 1 的量。在上例中，相对误差分别为

$$\frac{-0.000\ 1}{1.638\ 1} \times 100\% = -0.006\%$$

$$\frac{-0.000\ 1}{0.163\ 8} \times 100\% = -0.06\%$$

由此看出，称量的绝对误差相同，由于被称物体的质量不同，相对误差是不同的。被测物的量较大时，其相对误差就较小，测定准确度就较高，故一般用相对误差来反映测定值与真实值之间的准确度。

2. 精密度与偏差

实验中，在相同条件下用同一方法对同一样品进行平行数次测定，从而获得一组测定结果，它们之间相互接近或相互吻合的程度称为精密度（即测量结果的再现性）。精密度可用不同偏差表示。

（1）绝对偏差。个别测定结果与 n 次平行测定结果的算术平均值之差为绝对偏差。即

$$绝对偏差 = 单次测定值 - 算术平均值$$

绝对偏差其量纲与测量值相同。

（2）相对偏差。绝对偏差与算术平均值之比称为相对偏差。即

$$相对偏差 = \frac{绝对偏差}{算术平均值} \times 100\%$$

常用相对偏差的数值表示精密度的大小。

在一般实验中，通常对同一样品在相同条件下至少做两次平行测定，根据两次测定数据可以算出精密度。

如某滴定分析，第一次用试剂 21.52 mL，第二次用试剂 21.46 mL，两次的算术平均值

为 21.49 mL。

第一次　　　　　相对偏差 = $\dfrac{21.52 - 21.49}{21.49} \times 100\% = 0.14\%$

第二次　　　　　相对偏差 = $\dfrac{21.46 - 21.49}{21.49} \times 100\% = -0.14\%$

一般分析对精密度的要求不超过 $\pm 0.2\%$，所以，以上测定结果的平均值 21.49 mL 可作为分析结果报出。

在实验中，为了保证精密度，可适当增加平行试验的次数。

3. 准确度与精密度

准确度和精密度既有区别，又有联系。准确度是指测定值与真实值之间的偏离程度，表示测量的正确性。精密度是 n 次测定结果相互接近的程度，表示测量的重现性。精密度好，不一定准确度高。但如果要求准确度高，精密度必须好。

4. 误差分类及产生误差的原因

产生误差的原因很多，按其来源和性质可分为：系统误差、偶然误差和过失误差。

（1）系统误差，又称为可测误差。这种误差一般是由于某种固定原因造成的。它对测量结果的影响比较恒定，使测量结果总是偏大或偏小，系统误差的绝对值和符号恒定不变。当多次进行测定时，它会重复出现，系统误差按其来源可分为四种。

方法误差：由于测定方法本身不够完善而造成的误差。其中有化学和物理化学方面的原因，如滴定分析中指示剂选择不当、干扰离子的影响、称量形式的吸湿性等，都会使系统测定的结果偏高或偏低，这是一种影响最严重的系统误差。

仪器误差：所有的测量仪器都可能产生系统误差。如：使用的滴定管、容量瓶等玻璃器皿，如果未经校正，易使刻度数或容积与真实值不相等。

试剂误差：由于使用的试剂或去离子水中含有被测物质或干扰物质而引起的误差。如果分析用的基准物不纯，其影响程度更为严重。

个人误差：由实验人员本身的一些主观因素造成的误差。例如分析人员对滴定终点颜色的判断差异和读取仪器刻度时，偏高或偏低等因素引入的误差。

以上是化学实验中系统误差的主要来源。当实验中存在系统误差时，它不影响多次平行实验的精密度，精密度可能还很好，但会影响测定的准确度。所以，在评价实验结果时，精密度高不等于准确度也高，必须先校正系统误差，再判断准确度高低。

（2）偶然误差，又称为随机误差。指同一实验者在相同条件下对同一量的相同物质多次测定，测得的一系列数据不尽相同，所得数据其误差值的大小、正负无一定规律性，产生这类误差的原因往往难于发现和控制。如测量过程中压力、温度等偶然波动。偶然误差从多次测量整体来看，偶然误差的规律是：

① 绝对值相等的正、负误差出现的概率大致相等。

② 绝对值小的误差出现概率大，绝对值大的误差出现概率小。

③ 很大误差出现的概率近于零。

（3）过失误差。

由于操作者工作疏忽，没有完全按照操作规程实验等原因造成的误差称为过失误差。这种误差无规律可循，如试剂加错、刻度读错、砝码看错等，这些均属于不应有的过失。只要加强责任心，严格遵守操作规程，这类误差是完全可以避免的。如果发现有此类误差发生，应剔除这次数据，不能参加平均值的计算。

5. 消除或减免误差的方法

为了提高实验结果的准确度，必须设法减小或消除实验中的系统误差、偶然误差和过失误差。下面根据误差产生的原因，分别讨论减小或消除误差的方法。

（1）系统误差的减免。系统误差可以采取一些校正的办法和制定标准规程的办法找出其大小和正负，然后对测定的数据进行校正，使系统误差接近消除。

进行对照实验：用已知溶液代替试液在同样条件下用同样方法进行平行实验，找出校正数据，消除方法误差。对照实验是检查测定过程中有无系统误差的最有效方法（见第4章五）。

进行空白实验：用去离子水代替被测物质，用同样的测定方法、同样实验条件进行平行实验。由此可消除试剂、去离子水或所用器皿引入的杂质所造成的系统误差（见第4章六）。

仪器校正：在实验前对所用的仪器、砝码等进行校正，求出校正值，以减免仪器所带入的误差，提高测量准确度。

（2）偶然误差的减免。从偶然误差的规律可以知道，在消除系统误差的前提下，在相同实验条件下，对同一过程多次平行测量时，随着测量次数的增加，偶然误差的代数和等于零。因此可适当增加测定次数，减少偶然误差。在实际工作中，一般只要仔细测定三次以上，即可使偶然误差减小到很小。

三、有效数字

1. 有效数字的概念及位数的确定

在化学实验中，经常要对某些物理量进行测量并根据测得的数据进行计算。那么在测量这些物理量时要采用几位数字？计算时又应保留几位数字？为了合理的取值并进行正确的运算，需要对有效数字的概念有所了解。

什么是有效数字？有效数字就是实际能够测量到的数字，它应该反应测量的准确度，到底采用几位有效数字，这与测量仪器和观察的精确度有关。例如：在台秤上称量某物重 6.8 g，台秤的精确度只能到 0.1 g，所以该物质的质量为（6.8 ± 0.1）g，它的有效数字是两位。如将此物放到电子分析天平上称量，测重为 6.812 5 g，由于电子天平的准确度能到 0.000 1 g，故该物质的质量为（6.812 5 ± 0.000 1 g），此时其有效数字是五位，由此可以看出有效数字的位数与测量仪器的精确度有关。

再如，若用最小刻度为 1 mL 的量筒量取某液体的体积时，测得的体积为 17.5 mL，其中 17 mL 是直接由量筒的刻度上读出来的，而 0.5 mL 是由肉眼估计的，所以该液体在量筒中准确读数可表示为（17.5 ± 0.1）mL，此时其有效数字为三位，如果用刻度为 0.1 mL 的滴定管测量液体的体积时，测出的体积为 17.56 mL，其中 17.5 mL 为准确地从滴定管的刻度上读出的，而 0.06 mL 则是由肉眼估计的，因此液体在滴定管中的准确读数可表示为（17.56 ± 0.01）mL，此时的有效数字的位数为四位。由以上二例中得出，有效数字与测量仪器和观察的精确度有关，有效数字只允许保留可疑数为一位。因此，在记录测量数据时，任何超过或低于仪器精确程度的有效位数的数字都是不恰当的。如果在台秤上称得某物重 6.8 g，切不可定为 6.800 0 g，在电子天平上称得物重为 6.800 0 g，切不可定为 6.8 g，前者夸大了仪器的精确度，后者缩小了仪器的精确度。

有些人可能认为小数点后的位数越多精密度越高，其实两者之间并无联系。小数点的位数只与单位有关。例如某物重 6.8 g，也可写为 0.006 8 kg，两者精度完全相同，都是两位有效数字。

关于"0"的作用，因其位置不同而异。在 0.506，0.050 6 或 0.005 06 中"0"只起到表示小数点位置的作用，不算作有效数字，这三个数值都有三位有效数字。在 56.10，55.10，5.000，5.010 等数据中"0"则是有效数字，所以它们都是四位有效数字。即"0"在数字间或数字后①，均表示一定的数量，本身作为有效数字。在数字前面时，只起定位的作用。

2. 有效数字的运算规则

1）加减法

在进行加减运算时，应以小数点后位数最少的为准，用 4 舍 5 入法弃去多余的数字，再进行计算。如：将 28.3，0.17，6.39 三数相加，它们的和为

```
    28.3?                    28.3
     0.17?                    0.2
 +)  6.39?      应改写为   +)  6.4
    34.86                    34.9
```

因为这三个数中，28.3 是小数点后位数最少的数，则以 28.3 为准，其余 4 舍 5 入，改为 0.2 与 6.4 再与 28.3 相加得 34.9。

2）乘除法

在进行乘除运算时，所得的有效数字的位数，应与各数中最少的有效数字位数相同，而与小数点位置无关。如：

有效数字	三位	四位	六位
	0.0121	25.64	1.05782

此三数相乘，若直接相乘可得 0.328 182 308 08，取 11 位数吗？此时就应分析 0.012 1，25.64，1.057 82 三数中，只能以三位有效数字 0.012 1 为准，后面两个数据测得再准也无济于事，故三数之积只能取 0.328。为计算简化起见，也可取 0.012 1 × 25.6 × 1.06 = 0.328 345 6，然后取三位有效数字为 0.328。

在进行复杂的运算时，中间各步可暂时多保留一位数字，以免多次 4 舍 5 入造成误差的积累。但是最后结果仍只保留其应有的位数。

必须说明，若第一位数字是 8 或大于 8，则可多计一位。例如 86，0.92…，都可看成是三位有效数字。故 0.92 ÷ 0.92 其商值取 1.00 而不是 1。还应指出，只有在涉及到由直接或间接测定所得到的物理量时，才存在着有效数字的问题，而实验中的次数，某量的等分数等，不需经过测量的数值，在运算过程中应该认为它们是无限多位有效数字。如两次的 2 即 2.000…，决不能把它们看成一位有效数字。

（3）有效数字的修约

有效数字运算时，也可按"四舍六入五看齐奇进偶不进"的原则。当尾数≤4 时舍去；

---

① 110，1100 中的"0"很难说是不是有效数字。但分别写成 1.10×10^2，1.100×10^3 就清楚了。

尾数≥6时进位；当尾数=5时，则要看尾数前一位数是奇数还是偶数，如为奇数则进位，如为偶数则舍去。按此原则，若将1.163和3.635处理成三位数时，则分别为1.16和3.64。

目前，一般还是采取："四舍五入"的原则。但是，当进行复杂运算时，则按上述修约原则，以提高运算结果的正确性。

四、实验数据的整理与表达

在化学实验中，取得实验数据后，需进行必要的整理、归纳，并以简明的方式直观地表达出来。为达到上述目的，通常有三种表示方法：列表法、图解法和数学方程式法。这三种方法各有特色。可根据不同情况选择使用。

1. 列表法

所有测量至少包括两个变量，一个是自变量，另一个是因变量。列表法就是将一组实验数据中的自变量与因变量的各个数值按一定的形式和顺序一一对应的列出来。制表时应注意以下几点：

（1）表格名称。每一个表格都应有序号和完整而又简明的表的名称。

（2）行名与量纲。表格中每一横行或纵行应标明名称和单位。在不加说明即可明了其意义的情况下，物理量的名称和单位尽量用符号表示。如：V/mL、T/K 等，斜线后表示单位。

（3）有效数字。表中所列数值的有效数字位数取舍应适当。同一纵行中的小数点应上、下对齐，以便相互比较。数值空缺时应记一横画线"—"。

表格法的优点：简单，不需要特殊图纸和仪器，数据便于参考比较，在同一表格内可以同时表示几个变量间的变化情况。数据表达直观，不引入处理误差。

表格法不能表示出数值间连续变化的规律和实验数值范围内任意自变量与因变量的对应关系，所以一般常与图解法混合应用。

实验原始数据的记录一般采用列表法。

2. 图解法

图解法是将实验数据按自变量和因变量的对应关系绘制成图形，最常用的是曲线图。图解法获得优良结果的关键之一是作图技术，以下简介作图要点。

1）坐标标度的选择

（1）图纸的选择。通常选用直角毫米坐标纸，有时也用半对数和对数坐标纸，在表达三组分系统相图时，则选用三角坐标纸。

（2）坐标轴及分度。习惯上以横坐标 x 轴表示自变量，纵坐标 y 轴表示因变量。每个坐标轴应注明名称和单位，如：λ/nm、$c/mol \cdot dm^3$ 等。

坐标分度应便于从图上读出任一点的坐标值，即每单位坐标格子最好是1、2或5的倍数，而不要采用3、7的倍数。

（3）精度。坐标分度的精度应与测量精度一致。即从图中读出的物理量的有效数字应与测量的有效数字一致。

在不违反上述三个条件的前提下，坐标纸的大小必须能包括所有必需的数据且略有宽裕。若无特殊需要就不一定把变量的零点作为原点，可以从稍低于最小测量值的整数开始。这样可以充分利用图纸，而且有利于保证图的准确度。选择合适的比例是对于正确表达实验数据及其变化规律也很重要（见图4-1和图4-2）。

图4-1 苯甲酸的紫外吸收光谱

图4-2 分光光度法标准曲线
（波长510 nm）

2）点和线的描绘

（1）作代表点。将相当于测得数据的各点绘于图上，用·、×、△、○、⊕、▲等不同的符号表示。但应注意符号的重心应在所表示的点上，面积大小应代表测量的精确度，测量的精确度高，符号就做小些，反之则大些。

（2）连线。描出的连线必须与实验相符。因此首先应尽可能接近（或通过）大多数点，但不必通过所有各点，只要曲线（或直线）两边的点的数目以及曲线两侧各代表点与曲线间距之和近于相等，这样描出的曲线（或直线）就能近似地表示出被测量值的平均变化情况。其次连线应平滑、均匀、清晰。

（3）几种特殊情况。为了保证曲线所表示的规律的可靠性，一般在曲线的极大、极小或转折处应多取一些点。

对于个别远离曲线的点，如果不能肯定是偶然的过失差错，就不能随意抛弃。通常需要在这一点的附近多取些代表点。

作图时先用硬铅笔（2H）沿各点的变化趋势轻轻描绘，再以曲线板逐段拟合手描线的曲率，绘出光滑曲线。为使各段连接处光滑连续，不要将曲线板上的曲线与手描线所有重合部分一次描完，每次只描1/2~2/3段为宜。

若在同一图上绘制多条曲线时，每条曲线的代表点和对应曲线要用不同的符号来表示，并在图上说明。

随着计算机的普及，用计算机绘图有准确、自动、快速、规范等优点。用计算机绘图仍应遵循上述的基本原则。图的大小可随实验者的表达目的而进行选择，但此时所作的图线及实验数据标示点不一定能准确表达实验的精确度。

图解法的优点是将实验资料按自变量和因变量的对应关系绘制成图。该法能将变量间的变化趋向，如极大值、极小值、转折点、变化速率以及周期性等重要特征直观地显示出来，便于进行分析研究。有时进一步分析图像还能得到变量间的函数关系。另外，根据多次测试的结果所描绘出来的图像，一般具有"平均"的意义，从而也可以发现和消除一些偶然误差。因此，作图法在数据处理上是一种重要的方法，适用于实验数据的整理。

3. 数学方程式法

当一组数据用列表法或图解法表示后，常需要进一步用一个理论方程式或经验公式将数据表示出来。因为方程式不仅在形式上较前两种方法更为紧凑，能够更精确地表达因变量与自变量之间的数量关系，而且进行微分、积分、内插、外延等运算、取值时也方便得多。为此可直接用理论关系式对实验数据进行回归，得到式中的特性参数。也可先将实验数据作图，根据曲线形式，借助已有的知识和经验，选择某一函数关系式，用该式拟合实验数据以确定关系式中的各参数。最后再用作图或计算的方法对所得函数关系式进行验证，以确定最佳的数学方程。

数学方程式法的具体应用在此不详述，需要时可查阅相关教材。

五、国际单位制与我国的法定计量单位

1. 国际单位制（SI）

任何一个物理量都是用数值和单位的组合来表示，即

$$物理量 = 数值 \times 单位$$
$$数值 = 物理量 / 该物理量的标准量$$

其中"数值"是将某一物理量与该物理量的标准量进行比较所得到的比值，所以测得的物理量必须注明单位，否则就没有意义。

国际单位制（SI）是在米制基础上发展起来的国际通用单位制，被称为米制的现代化形式。经过几届国际计量大会的修改，并经过了国际计量大会通过，得到国际公认，已发展成为由 7 个基本单位、2 个辅助单位和 19 个具有专门名称的单位制。所有的单位都有一个主单位，利用十进制倍数和分数的 20 个词头，可组成十进制倍数和分数单位。国际单位制（SI）概括了各个科学技术领域的单位，形成了科学性强、命名方法简单、使用方便的完整单位体系。由于它比较先进、实用、简单、科学，适用于文化教育、经济建设和科学技术的各个领域。SI 的基本单位及其定义见表 4 - 1。关于 SI 的完整叙述和讨论，可参阅有关书刊以及我国的国家标准 GB 3100—1993，GB 3101—1993，GB 3102.1—1993，GB 3102.13—1993 等文件。

在使用 SI 时，应注意以下几点关于单位与数值的规定。

（1）组合单位相乘时应用圆点或空格，不用乘号。如密度单位可写成 $kg \cdot m^{-3}$ 或 kg/m^3，不可写成 $kg \times m^{-3}$。

表 4 - 1　国际单位制的基本单位

量的名称	单位名称	单位符号	定义
长度	米	m	光在真空中（1/299 792 458）s 时间间隔内所经路径的长度
质量	千克	kg	等于国际千克原器的质量
时间	秒	s	铯 - 133 原子基态的两个超精细能级之间跃迁所对应的辐射的 9192631770 个周期的持续时间

续表

量的名称	单位名称	单位符号	定义
电流	安[培]	A	在真空中，截面积可忽略的两根相距1m的无限长平行圆直导线内通以等量恒定电流时，若导线间相互作用力在每米长度上为2×10^{-7}N，则每根导线中的电流为1 A
热力学温度	开[尔文]	K	水在三相点时热力学温度为1/273.15
物质的量	摩[尔]	mol	是一系统的物质的量，该系统中所包含的基本单元数与0.012 kg的碳-12的原子数目相等。在使用摩尔时，基本单元应予指明，可以是原子、分子、离子、电子及其他粒子，或是这些粒子的特定组合
发光强度	坎[德拉]	cd	一光源在给定方向上的发光强度，该光源发出频率为540×10^{12}Hz的单色辐射，且在此方向上的辐[射]强度为（1/683）W/sr

注：1. 圆括号中的名称，是它前面的名称的同义词。
2. 无方括号的量的名称与单位名称均为全称，方括号中的字，在不致引起混淆、误解的情况下，可以省略。去掉方括号中的字即为其名称的简称。

(2) 组合单位中不能用一条以上的斜线。如J/(K·mol)，不可写成J/K/mol。

(3) 对于分子为量纲1，分母有量纲的组合单位，一般用负幂形式表示。如K^{-1}，s^{-1}，不可写成1/K，1/s。

(4) 任何物理量的单位符号应放在整个数值的后面。如1.52 m，不可写作1m 52。

(5) 不得使用重叠的冠词。如nm（纳米）、Mg（兆克），不可写作mμm（毫微米）、kkg（千千克）。

(6) 数值相乘时，为避免与小数点相混，应采用乘号不用圆点，如2.58×6.17不可写作2.58·6.17。

(7) 组合单位中，中文名称的写法与读法应与单位一致。如比热容单位是J/(kg·K)，即"焦耳每千克开尔文"，不应写或读为"每千克开尔文焦耳"。

(8) 书写物理量的单位符号，要正确区别字母的大写或小写。如压力单位是Pa或MPa，不可写作Mpa、mpa。千帕符号kPa不要书写为KPa、K_{pa}或kpa。

2. 我国的法定计量单位

我国的法定计量单位，是以国际单位制的单位为基础，一切属于国际单位制的单位都是我国的法定计量单位。我国的法定计量单位等效采用国际标准。

《中华人民共和国法定计量单位》包括：

(1) 国际单位制的基本单位（见附录一）。

(2) 国际单位制的辅助单位。

(3) 国际单位制中具有专门名称的导出单位（见附录一）。

(4) 由以上单位构成的组合形式的单位。

(5) 由词头和以上单位所构成的十进倍数和分数单位（见附录一）。

(6) 国家选定的非国际单位制单位（见附录一）。

六、化学反应的观察

观察是科学研究的基本手段,作为一个化学工作者,必须会正确地观察化学实验中出现的各种各样的现象。但要做到这点,必须拥有一个良好的观察方法和有效的手段,以便可能或更好地观察到现象;必须有一个精确的概念体系,以便认识、区别和描述所观察到的现象。

1. 化学反应的特征

化学反应的特征是有新物质生成,这是与物理变化的本质区别,即反应后总会有一种或多种新物质生成。它们在组成、结构和性质上都与反应前的物质不同(通常表现为沉淀的生成或溶解、气体产生或吸收、颜色改变、特殊气味……),同时在化学反应中总是伴随有能量的放出或吸收(如热量的放出或吸收,光的发射或吸收,电能产生或消耗)。因此,每一个化学反应都有它自己的特征变化。人们通过对这些变化的观察,对它们进行研究。

在本课中,更应注重从下列几个方面去观察化学反应。

(1) 颜色的改变。许多离子和化合物都具有颜色,根据颜色变化可判断反应是否发生。如

$$Fe(H_2O)_6^{3+} + 6SCN^- \longrightarrow Fe(NCS)_6^{3-} + 6H_2O$$
$$\text{黄色} \quad\quad \text{无色} \quad\quad \text{血红色}$$

(2) 沉淀的生成或溶解。如

$$AgNO_3 + KCl \longrightarrow AgCl(s) + KNO_3$$
$$\text{无色} \quad \text{无色} \quad \text{白色}$$

$$AgCl + 2NH_3 \cdot H_2O \longrightarrow [Ag(NH_3)_2]^+ + Cl^- + 2H_2O$$

前者产生了沉淀,后者沉淀溶解了。这里要求对物质的溶解度应有所了解。沉淀溶解的方法,后面将继续学到。

(3) 气体的产生和吸收。如

$$CaCO_3 \xrightarrow{\triangle} CaO + CO_2(g)$$

$$2NaOH + CO_2 \longrightarrow Na_2CO_3 + H_2O$$

(4) 有特殊气味放出。如

$$(NH_4)_2SO_4 + 2NaOH \xrightarrow{\triangle} 2NH_3(g) + Na_2SO_4 + 2H_2O$$

2. 现象观察的基本要求

1) 目的性和预见性

对于每一个实验要有明确的观察目的及观察的中心和范围,对实验中每一个步骤,应该观察些什么要心中有数。只有是有意识、有目的地观察,才能达到实验的预期效果,不能按自己的喜好,看热闹和神奇而忽略了主要方面。因此,每个实验者在实验前必须进行充分的准备,明确实验目的、原理和重要步骤,并根据所学知识预计每一步骤按常规可能出现什么

现象，在什么部位出现，它的外观（色、味、形态）如何？这样观察现象就能打主动仗。当然实验中也应注意对没有预料的现象的观察，但这也只有在有充分准备时才可能，否则即使很重要的化学现象出现时，也可能视而不见。例如：试验 Ag_2CrO_4 与 AgCl 的转化时，需了解 Ag_2CrO_4、AgCl 及 CrO_4^{2-} 性质，估计在 $AgNO_3$ 溶液中加入 K_2CrO_4 溶液应出现砖红色的 Ag_2CrO_4 沉淀，溶液变为无色。如果加入 NaCl 溶液，上述砖红色沉淀逐渐变为白色沉淀（AgCl），溶液变为黄色（CrO_4^{2-}），才能说明 Ag_2CrO_4 可以转化为 AgCl。

2）仔细性与连续性

化学反应的发生与终止，有时是长时间的，有时是瞬间的。化学反应的现象有的是剧烈的（如燃烧、爆炸），有的则是细微的（如结晶过程），因此，要进行仔细的连续性的观察。不能走马观花，或只看开始与结果，而忽视变化的全过程。如试验 H_2O_2 的稳定性，H_2O_2 在常温下的分解反应进行得很缓慢、细微，当加入催化剂 MnO_2 时发生剧烈分解反应，迅速冒出大量气泡，如果不仔细连续地观察就会得出 H_2O_2 在常温下不分解，在催化剂作用下发生剧烈分解的不确切结论。又如：试验 $Fe(OH)_2$ 的性质时，$FeCl_2$ 与 NaOH 反应，可以得到白色的 $Fe(OH)_2$ 沉淀，实际现象是，反应瞬间生成白色沉淀与空气中 O_2 作用很快就变绿色、深绿色至红棕色 $Fe(OH)_3$，如果不仔细连续地观察就看不到白色 $Fe(OH)_2$ 沉淀，而误认为 $FeCl_2$ 与 NaOH 直接生成了棕红色 $Fe(OH)_3$。

3. 现象观察方法

一个化学反应伴随产生的现象有时是明显的，易于观察，有时也可能不够明显，不容易被观察到的，因此，每一个实验者应掌握更多的观察方法，培养自己善于观察的能力。

1）控制反应条件使反应更明显

任何化学反应都只能在一定条件下才发生，不创造一定条件，反应是不会进行，或者进行得很慢，以致难以察觉出其变化来。因此，必须重视反应条件（如湿度、浓度、介质的酸碱性、试剂用量、时间……）的控制，创造合适的条件使化学反应明显地表现出来，更好地取得实验结果。如：浓度的影响，$Pb^{2+} + 2Cl^- \longrightarrow PbCl_2$（s），沉淀不明显可适当加大 Cl^- 的浓度，或者可能是 Cl^- 加入过多形成 $PbCl_4^{2-}$ 而使沉淀溶解了。（因此，沉淀剂的用量应考虑"溶度积规则"、"盐效应"和配合物形成等多方面的因素。）

利用　　　$2Mn^{2+} + 5NaBiO_3 + 14H^+ \xrightarrow{\Delta} 2MnO_4^- + 5Bi^{3+} + 5Na^+ + 7H_2O$

反应检验 Mn^{2+} 时，如果 Mn^{2+} 浓度太大，用量过多时，尚未被氧化的 Mn^{2+} 将继续发生反应

$$3Mn^{2+} + 2MnO_4^- + 2H_2O \longrightarrow 5MnO_2（s）+ 4H^+$$

而观察不到 MnO_4^- 紫色。

H_2SO_3 与 H_2S 是极易反应的，有乳白色 S 出现。但实验室常常只提供 Na_2SO_3 溶液，要求实验者自己加酸制 H_2SO_3。如果加酸不够，不足以使 Na_2SO_3 变成 H_2SO_3，上述反应现象就不明显。而用 CrO_4^{2-} 沉淀 Ba^{2+} 时，增加溶液中的 H^+ 浓度，有利于 CrO_4^{2-} 转化为 $Cr_2O_7^{2-}$，则削弱了形成 $BaCrO_4$ 沉淀的条件。又如：温度的影响，用酚酞检验 NaAc 水解程度，加热就使现象明显（因为水解反应是吸热的）。用 CO_3^{2-} 沉淀 Li^+ 时也是加热才使现象明显，但用 Cl^- 沉淀 Pb^{2+} 时，加热反而现象不明显（因为随着温度升高 Li_2CO_3 的溶解度降

低而 $PbCl_2$ 的溶解度加大)。

当然还应记住,温度升高,一般能促进反应速率加快,易使现象明显呈现出来。

其他条件影响。如用 Fe^{2+} 加 OH^- 制备 $Fe(OH)_2$,为了明显的观察到 $Fe(OH)_2$ 是白色沉淀,用来溶解 $FeSO_4$ 的去离子水应煮沸赶走空气,同时加 H_2SO_4 酸化 (Fe^{2+} 在酸性介质中较难氧化),NaOH 溶液也应煮沸,然后迅速加到一块,而不要摇动。

2) 进行间接观察

有的反应没有明显的现象变化,这种情况下就需要间接进行观察,或者另加试剂或者用物理化学方法。如 $NaOH + HCl \longrightarrow NaCl + H_2O$ 可加指示剂变色来反映。$Fe^{3+} + 2I^- \longrightarrow Fe^{2+} + I_2$ 反应,当 I^- 极稀时也难确认,但加入少许淀粉变蓝或加 CCl_4 萃取而呈紫色来检出。

利用物质的物理性质或化学性质进行的间接观察是变化多端的,这也是实验设计中的重要内容之一。能否灵活运用,关键还是对物质的性质和反应的了解。

3) 从比较中去观察

有比较才有鉴别,应注意在比较中去观察现象,通过比较反应前后的情况来判断反应是否发生。先观察反应发生前的情况,如颜色、气味、状态等,再把反应后观察到的情况与它比较。而反应愈不明显就愈需要比较。如 $FeCl_3$(黄色)溶液加入 KSCN(无色)后,溶液变成血红色,反应前后溶液颜色不同说明有化学反应发生。如在 $AgNO_3$(无色)溶液中加入浓 $NH_3 \cdot H_2O$,没有什么异常现象改变。是否形成了 $[Ag(NH_3)_2]^+$?如果先加 NaCl(无色)溶液生成白色沉淀(AgCl)后,再加 $NH_3 \cdot H_2O$,沉淀又溶解,反应前后颜色和状态都发生了变化就能做出比较肯定的结论。

有两种常用的比较方法——空白实验与对照实验。

(1) 空白实验。用去离子水代替被测物质,其他条件均与进行被测物质的实验相同称为空白实验。这样有利于区分现象的来源。如用 Ag^+ 离子鉴定某试样中是否有 Cl^- 存在时,如果白色沉淀物很少,不易作出判断,这时可以用 H_2O 代替被测溶液进行空白对比实验,若得到的溶液透明度好,由试样得到的溶液呈混浊,则可说明试样中含有 Cl^- 离子。又如用 SCN^- 鉴定试样中是否含有 Fe^{3+} 离子时,若得到红色溶液,说明有 Fe^{3+} 离子存在。但它是试样中的,还是配制试样溶液的水带入的?为此可做一空白实验,取少量配制试样溶液的去离子水代替试液,重复上述实验,若得到同样深浅的红色,说明试样中无 Fe^{3+} 离子;若得到几乎无红色的溶液,则说明试样中确有 Fe^{3+} 离子。

(2) 对照实验。用已知溶液代替试液在同样条件下重复实验称为对照实验。能够检查试剂是否有效或反应条件控制得是否合适。例如,用 $SnCl_2$ 溶液鉴定 Hg^{2+} 离子时,若未出现灰黑色沉淀,一般认为无 Hg^{2+} 离子,但考虑到 Sn^{2+} 易为空气氧化失效,可取少量含 Hg^{2+} 离子的溶液代替试液,重复上述鉴定操作,假若也不出现灰黑色沉淀,则说明试剂 $SnCl_2$ 失效,应重新配制,再进行鉴定试验。又如用焰色反应鉴定未知物中可能含有 Li^+ 或 Sr^{2+} 等离子,若辨认不清难以判断时,可分别用已知含 Li^+ 或 Sr^{2+} 离子的溶液作焰色反应进行对照实验。

4) 要看动态过程

观察实验现象不能只看开始与结果,而是要看全过程。许多化学反应会发生一系列的中间反应,所以要在变动中观察现象,要观察现象的动态过程,才能更好地把握反应。例如,在

Na₂S₂O₃ 溶液中加入适当 AgNO₃ 溶液时，可以看到白色 Ag₂S₂O₃ 沉淀，随后发生沉淀由白色→黄色→棕色→黑色的变化。$Ag_2S_2O_3 + H_2O \longrightarrow Ag_2S(s)(黑) + SO_4^{2-} + 2H^+$ 并用此反应作为 $S_2O_3^{2-}$ 的检出反应。如果只观察到最后有黑色的沉淀，是不能做出含有 $S_2O_3^{2-}$ 离子结论的。

5）选择适当观察背景

观察化学反应的发生与观察的背景有关，当现象不够明显时，选择合适的观察背景则会大大有利于观察。例如，黑色的沉淀或浅红、绿、蓝等色在白色背景中会显得更清楚，而微量的白色混浊在黑色背景中会较清楚地显示出来。

七、常见离子的分离和鉴定

在分析鉴定工作中，很少有一种物质是纯净的，多数情况是复杂物质或是多种离子共存的混合物。共存的其他离子对需要鉴定的离子来说是干扰离子，需要进行分离或将干扰离子进行掩蔽。通过学习离子的鉴定与分离，更好地掌握利用平衡理论来选定化学反应条件，控制反应进行的完全程度。巩固和深化一部分元素及化合物的知识。

1. 鉴定反应的特点

离子鉴定反应大都是在水溶液中进行的，所谓离子鉴定就是根据发生化学反应的现象来确定某种元素或其离子的存在与否。作为鉴定反应，应简便、可靠、便于观察。所以不是一个离子能发生的所有反应都适合对它进行鉴定，而应选择具有下列特征的反应。

（1）有明显的外观特征。如根据溶液颜色的改变，沉淀的生成或溶解，逸出气体的颜色、臭味或产生的气体与一定试剂的反应等来判断某些离子的存在。如：可将 Mn^{2+} 氧化成 MnO_4^- 而具紫色来检出 Mn^{2+}。

利用沉淀生成检出的反应很多，如生成不溶于酸的 $BaSO_4(s)$ 可检出 SO_4^{2-} 或 Ba^{2+}。利用在酸中生成 $AgCl(s)$，加 NH_3 水又溶解，可检出 Ag^+ 和 Cl^-。

$2Cu^{2+} + [Fe(CN)_6]^{4-} \longrightarrow Cu_2[Fe(CN)_6](s)$（红棕色）既生成沉淀又有鲜明颜色，是一个较好的检出反应。鉴于这一原因，人们设计了一些方法，使反应更鲜明。例如，用生成 $BaSO_4$ 来检出 Ba^{2+} 时，采用 H_2SO_4-$KMnO_4$ 与 Ba^{2+} 作用。因为 K^+、Ba^{2+} 离子半径很相近（分别为 133 pm 和 135 pm），$BaSO_4$ 晶格中的 Ba^{2+} 可部分地被 K^+ 取代，进而 K^+ 又诱导 MnO_4^- 进入 $BaSO_4$ 晶格中，使沉淀呈红色。

有时某些离子也可利用它的催化作用进行检出，如 Cu^{2+} 离子的检出就可利用它对 $Na_2S_2O_3$ 与 Fe^{3+} 反应的催化作用。

$$Fe^{3+} + 2S_2O_3^{2-} \longrightarrow Fe(S_2O_3)_2^- \quad （紫色）\quad（快）\quad(1)$$
$$Fe(S_2O_3)_2^- + Fe^{3+} \longrightarrow 2Fe^{2+} + S_4O_6^{2-} \quad\quad（慢）\quad(2)$$
$$2Fe^{3+} + 2S_2O_3^{2-} \longrightarrow 2Fe^{2+} + S_4O_6^{2-} \quad\quad（慢）\quad(3)$$

由于反应（2）需 1.5~2 min 才能完成，所以总反应（3）是慢的。如有 Cu^{2+} 存在，可催化反应（2）进行

$$Fe(S_2O_3)_2^- + Cu^{2+} \longrightarrow Cu^+ + Fe^{2+} + S_4O_6^{2-} \quad\quad（快）$$
$$Cu^+ + Fe^{3+} \longrightarrow Cu^{2+} + Fe^{2+} \quad\quad（快）$$
$$2Fe^{3+} + 2S_2O_3^{2-} \longrightarrow 2Fe^{2+} + S_4O_6^{2-} \quad\quad（快）$$

紫色（$Fe(S_2O_3)_2^-$）立即褪掉，总反应（3）很快完成。

（2）灵敏度高。鉴定反应的灵敏度是指用某一试剂检验某离子时，可检出被测离子的最小量或最低浓度。常用两种方式表达：

① 检出限量。一般地说，在一定条件下，某鉴定反应所能检出的离子的最小质量，称为检出限量，通常以微克（μg）为单位。显然，显出限量越小，反应越灵敏。这种灵敏度称为质量灵敏度。

② 最低浓度。一般地说，在一定条件下，使某鉴定反应还能得出肯定结果的该离子的最低浓度，称为最低浓度，一般以 $1:G$ 表示，G 是含有1g被鉴定离子的溶剂的质量。显然，G 值越大，表明溶液越稀，该鉴定反应也越灵敏，这种灵敏度称为浓度灵敏度。

（3）选择性好。选择性是指与同一种试剂作用的离子种类而言，能与加入的试剂起反应的离子愈少，则这一反应的选择性愈高。一种试剂只能选择3~5个离子发生特征反应，通常才称为选择性反应。若某试剂只与一种离子起反应，则该反应称为该离子的特效反应，该试剂就成为鉴定此离子的特效试剂。

在鉴定反应中常常需要提高反应的选择性，以便更好地进行检出。重要手段是通过控制反应条件，进行掩蔽或分离处理，以降低干扰离子的浓度。

（4）反应迅速。在水溶液中进行的反应一般瞬时即可完成，如果有些鉴定反应的速率较慢，可采取加热或加入催化剂等措施以加快反应速率。

2. 离子的系统分离

在多种离子的混合溶液中，若共存的离子对被鉴定离子不发生干扰，或虽有干扰，可加入掩蔽剂排除干扰，此时就不必进行分离。可以取一定量试液，直接鉴定，这种方法称为分别分析法。

在实际分析工作中，可以直接鉴定的离子不多。一般采用系统分析法。系统分析法是指按一定步骤和顺序将试液中的离子进行分离，然后再进行鉴定。在按顺序进行分离时，先以几种试剂依次将试液中性质相似的离子分成若干组，然后根据具体情况，或将组内离子进一步分离，或不再分离，进行鉴定。

将离子分组的试剂称为组试剂。在进行分离时，通常是采用沉淀分离的方法。因此组试剂都是些沉淀剂。在离子分离过程中，常用的组试剂有 HCl、H_2SO_4、NaOH、$NH_3 \cdot H_2O$、$(NH_4)_2CO_3$、H_2S、$(NH_4)_2S$、$AgNO_3$、$BaCl_2$ 等。当然一种离子不一定只同一种试剂产生沉淀，可以属于几个组，不过由于试剂可依先后顺序加入，多数情况下与前一试剂反应后，就没有机会与后一试剂作用了。

为了掌握这一方法，必须对离子的性质、彼此的异同，以及在不同反应中所得产物的性质等有较好的了解。在阳离子分析中主要采用系统分析方法。在阴离子分析中，则主要采用分别分析方法。

常见阳离子有 Na^+、NH_4^+、Mg^{2+}、K^+、Ag^+、Hg_2^{2+}、Pb^{2+}、Ca^{2+}、Ba^{2+}、Cu^{2+}、Zn^{2+}、Cd^{2+}、Co^{2+}、Ni^{2+}、Al^{3+}、Cr^{3+}、Sb（Ⅲ，Ⅴ）、Sn（Ⅱ，Ⅳ）、Fe^{2+}、Fe^{3+}、Bi^{3+}、Mn^{2+}、Hg^{2+}、As（Ⅲ，Ⅴ）、Sr^{2+} 等20多种。

在阳离子系统分析中，利用不同的组试剂有不同的分组方案。有以硫化物溶解度不同为基础，用 HCl、H_2S、$(NH_4)_2S$ 和 $(NH_4)_2CO_3$ 为组试剂的硫化氢系统分组法；有以两酸（HCl、H_2SO_4）、两碱（$NH_3 \cdot H_2O$、NaOH）为组试剂的两酸两碱系统分组法。现将这两种分组方案分别介绍如下。

（1）硫化氢系统。阳离子的硫化氢系统分组方案见表4-2。

表4-2　阳离子的硫化氢系统分组方案

组别	组试剂	组内离子	组的其他名称
Ⅰ	稀 HCl	Ag^+、Hg_2^{2+}、Pb^{2+}	盐酸组、银组
Ⅱ	H_2S （0.3 mol/dm³ HCl）	ⅡA（硫化物不溶于Na_2S）：Pb^{2+}、Bi^{3+}、Cu^{2+}、Cd^{2+} ⅡB（硫化物溶于Na_2S）：Hg^{2+}、AsⅢ,Ⅴ、SbⅢ,Ⅴ、SnⅡ,Ⅳ	硫化氢组、铜锡组
Ⅲ	$(NH_4)_2S$ (NH_3+NH_4Cl)	Al^{3+}、Cr^{3+}、Fe^{3+}、Fe^{2+}、Mn^{2+}、Zn^{2+}、Co^{2+}、Ni^{2+}	硫化铵组、铁组
Ⅳ	$(NH_4)_2CO_3$ (NH_3+NH_4Cl)	Ba^{2+}、Sr^{2+}、Ca^{2+}	碳酸铵组、钙组
Ⅴ	—	Mg^{2+}、K^+、Na^+、NH_4^+	可溶组、钠组

图4-3　阳离子的分组（硫化氢系统）

注：① 使用H_2S既有恶臭又有危险，可用硫代乙酰胺（CH_3CSNH_2）溶液来代替。因它发生下列水解反应：

在酸性溶液中　　　　　　　$CH_3CSNH_2 + H_2O \xrightleftharpoons{H^+} CH_3CONH_2 + H_2S(g)$

在碱性溶液中　　　　　　　$CH_3CSNH_2 + 3OH^- \rightleftharpoons CH_3COO^- + NH_3 + S^{2-} + H_2O$

(2) 两酸两碱系统。图4-4所示为两酸两碱系统的框图。

图4-4 两酸两碱系统的框图

当然不是对任何一个试样都需按上述系统来分析。一个试样在进行系统分析前，可以通过对它的外表观察和初步实验（如焰色反应，对水、酸、碱的溶解度试验等），以及在分组过程中对某一特定组试剂不反应等结果，可将系统分析简化。

3. 阴离子的分析

阴离子主要是由主族非金属的阴离子、两性金属在强碱条件下形成的羟配离子和某些金属在高价态形成的酸根组成。与阳离子比较，阴离子有下列几点不同：

（1）同一元素形成多种阴离子，如 S^{2-}、SO_3^{2-}、$S_2O_3^{2-}$、SO_4^{2-}，检出时，不但要知道什么元素，还要知道元素存在的形式。

（2）它们往往互不相溶（见表4-3和表4-4）共存的情况较少。

表4-3 酸性溶液中不能共存的阴离子

氧化剂	还 原 剂
MnO_4^-	SO_3^{2-}、$S_2O_3^{2-}$、S^{2-}、NO_2^-、I^-、Br^-、Cl^-（浓）、SCN^-、$C_2O_4^{2-}$（热）、AsO_3^{3-}
$Cr_2O_7^{2-}$	SO_3^{2-}、$S_2O_3^{2-}$、NO_2^-、S^{2-}、I^-、Br^-、Cl^-（浓）、AsO_3^{3-}
$Fe(CN)_6^{3-}$	$S_2O_3^{2-}$、NO_2^-
AsO_4^{3-}	SO_3^{2-}、I^-
NO_3^-	S^{2-}、SO_3^{2-}
NO_2^-	S^{2-}、I^-
SO_3^{2-}	S^{2-}

表 4-4 酸性和碱性溶液中都不能共存的阴离子

氧化剂	还原剂
MnO_4^-	SO_3^{2-}、S^{2-}、AsO_3^{3-}
CrO_4^{2-}	S^{2-}、AsO_3^{3-}
$Fe(CN)_6^{3-}$	S^{2-}、SO_3^{2-}、I^-

（3）易起变化。因此，阴离子常采用个别检出。但是对于一个未知试样，一般应进行预先推测和初步试验。

根据阳离子分析结果推测。例如有 Ag^+，又无沉淀，显然不存在 Cl^-、Br^-、I^-、S^{2-}。

根据物化性质推测。如果试样无色，不可能有 MnO_4^-、CrO_4^{2-} 等；试样不溶于水，多数不可能有 NO_3^-、NO_2^-、Ac^- 等离子；酸性试液不可能有 CO_3^{2-}、NO_2^-、$S_2O_3^{2-}$ 等易分解的离子；而试液呈碱性可能是 CO_3^{2-}、SiO_3^{2-}、$B_4O_7^{2-}$，盐水解之故。

在试液（或固体试样）中加入稀硫酸。如有气泡发生（或微热后发生气泡），则可能有 CO_3^{2-}、S^{2-}、SO_3^{2-}、$S_2O_3^{2-}$、NO_2^- 等离子。

加入 $KMnO_4$ 于酸化试液中。如果褪色，则可能有还原性阴离子 SO_3^{2-}、$S_2O_3^{2-}$、S^{2-}、$As_2O_3^{3-}$、NO_2^-、Cl^- 和 Br^-、I^- 等。

加 H_2SO_4 酸化后滴加还原剂 KI。如能使加入苯呈紫色可能有氧化性阴离子 NO_3^-、MnO_4^-、CrO_4^{2-}、AsO_4^{3-} 等。

此外，在阴离子分析中，即使有干扰离子存在时，也只宜采取简短的系统分析。例如对可能含有 CO_3^{2-}、SO_4^{2-}、NO_3^-、F^-、Cl^-、Br^-、I^- 的溶液，可分成几份，分别检出 SO_4^{2-}、CO_3^{2-}、NO_3^-，余下的再进行系统分析。

八、无机化合物合成方法

1. 无机合成化学的地位与意义

合成是化学科学的一个重要部分。当今社会，材料、能源、信息并列为现代科学技术的三大支柱。而材料是人类赖以生存和发展的物质基础。天然的资源总是有限的，人类必须为日益减少的资源和稀缺材料提供代用品。因此，人类一方面从大自然中选择天然物质进行加工、改造获得适用材料；另一方面是不断研制、合成各种新材料来满足生产和生活的需要。

无机合成化学是无机化学学科的一个重要分支。无机合成化学的最重要的目的是合成不同用途的无机材料，而无机材料的使用则是人类文明的进步和时代划分的标志。目前无机合成化学已成为推动无机化学及有关学科发展的重要基础，成为发展新型无机材料及现代高新技术的重要基础之一。同时，一种新的化合物的合成，新方法的应用及新特性的发现往往会导致一个新的科技领域的产生，或一个崭新工业的兴起，而它们反过来又促进化学理论及科学技术的发展。

2. 化学原理在无机合成中的应用

无机合成的基础是无机化学反应。一个化学反应的实现，要运用"四大平衡"的原理，从 $K_a^\ominus$、$K_b^\ominus$、$K_{sp}^\ominus$、$K_稳^\ominus$、$E^\ominus$ 值分析入手，既要从热力学方面考虑它的可能性，又要从动力学的角度分析它的现实性。也就是说，对于任一未知的合成化学反应，首先必须考虑的问题是要通过热力学计算其推动力，只有那些净推动力大于零的化学反应在理论上才能够进行；其次还必须考虑该反应的速率甚至反应的机理等问题。

例1 利用 N_2H_4 还原 I_2 制取 HI 可行吗？

已知
$$E^{\ominus}(N_2/N_2H_5^+) = -0.23 \text{ V}$$
$$E^{\ominus}(I_2/HI) = 0.54 \text{ V}$$
$$N_2H_5^+ + 2I_2 \longrightarrow 4HI + N_2 + H^+$$

此反应是可以进行的。因为，在25℃时

$$\lg K^{\ominus} = \frac{zFE^{\ominus}_{MF}}{2.303RT} = \frac{zE^{\ominus}_{MF}}{0.0592 \text{ V}} = \frac{4(0.54+0.23) \text{ V}}{0.0592 \text{ V}} = 52.2$$

$K^{\ominus} = 1.59 \times 10^{52}$，$K^{\ominus}$ 值很大，说明反应向右进行得很安全。

上述一些常数与反应的 Gibbs 函数变的关系是

$$\Delta_r G_m^{\ominus} = -zFE_{MF}^{\ominus} = \Delta_r H_m^{\ominus} - T\Delta_r S_m^{\ominus}$$

化学工作者一般更习惯用 $\Delta_r G_m^{\ominus}$ 或 $\Delta_r G_m$ 来判断反应进行的方向。

例2 TiO_2 与 Cl_2 反应，可否得到 $TiCl_4$？

$$TiO_2(s) + 2Cl_2(g) \longrightarrow TiCl_4(l) + O_2(g)$$

由计算可知，反应的 $\Delta_r G_m^{\ominus} = 152.3 \text{ kJ/mol}$，不能正向自发进行。

但是，反应有

$$C(s) + O_2(g) \longrightarrow CO_2(g)$$

$\Delta_r G_m^{\ominus} = -394.6 \text{ kJ/mol}$，反应正向进行的趋势很大。

将两式相加得

$$TiO_2(s) + 2Cl_2(g) + C(s) \longrightarrow TiCl_4(l) + CO_2(g)$$

计算得出，加合后反应的 $\Delta_r G_m^{\ominus} = -242.1 \text{ kJ/mol}$

因此，这个反应就能进行，由这个反应就可得到 $TiCl_4$。此例说明，一个不能自发进行的反应，通过与一个 Gibbs 函数变为较大负值的反应耦合，就能达到使反应可以进行的目的。这种无机合成反应的耦合现象，对解决实际问题是很有用的。应该学会灵活运用有关的理论知识。

3. 选择合成路线的基本原则

（1）先进性。采用的工艺简单，原料易得，转化率高，质量好，同时对环境污染少、生产安全性好的反应。如果这种转化达到了经济上合理的程度，这一系列的反应就成为一种化学流程。

（2）按实际情况办事。有时不得不放弃较简化的方案，而采取符合实验要求而实际又能提供物质与条件的方案。以合成 CuO 为例，由单质 Cu 合成 CuO，一般有两种方法。

① 直接将铜与氧反应。如

$$2Cu + O_2 \longrightarrow 2CuO$$

② 将 Cu 先氧化为二价铜的化合物,然后再转化为 CuO。如

$$Cu \begin{cases} \rightarrow Cu(NO_3)_2 \xrightarrow{\Delta} CuO \\ \rightarrow Cu(OH)_2 \xrightarrow{\Delta} CuO \\ \rightarrow Cu_2(OH)_2CO_3 \xrightarrow{\Delta} CuO \end{cases}$$

由于工业 Cu 含杂质较多,将它直接氧化所得的产品纯度不高。但在对产品纯度要求较低时可采用这种方法(铜粉氧化法)。在生产试剂 CuO 时,一般采用②的方法。②的方法中也还有多种途径。因为

$$Cu(NO_3)_2 \xrightarrow{\Delta} CuO(s) + 2NO_2(g) + \frac{1}{2}O_2(g)$$

考虑到 $NO_2(g)$ 的污染问题,很少采取这种途径。而 $Cu(OH)_2$ 又微显两性,可溶于过量碱中

$$Cu(OH)_2 + 2NaOH \longrightarrow Na_2[Cu(OH)_4]$$

而且 $Cu(OH)_2$ 呈胶状,难过滤,其包裹的杂质也难洗净,产品得率和纯度都受影响。因此,试剂 CuO 的合成一般取碱式碳酸铜热分解的途径

$$Cu_2(OH)_2CO_3 \xrightarrow{700 \sim 800℃} 2CuO(s) + H_2O + CO_2(g)$$

但即使采取这一途径,也还有几个问题应予考虑。首先是合成碱式碳酸铜原料的选择。Na_2CO_3、$NaHCO_3$、$(NH_4)_2CO_3$、$(NH_4)HCO_3$ 与可溶性铜盐进行复分解均能得到碱式碳酸铜。如果产品对碱金属杂质要求不严,可用 $NaHCO_3$,反之用 NH_4HCO_3 更合适。

如果生产Ⅱ级试剂 CuO,最好用 $Cu(Ac)_2$ 与 NH_4HCO_3,这样不但可以避免碱金属,也可避免 NO_3^- 及氮化物等杂质。但多一步 $Cu(Ac)_2$ 的制备,成本要高一些。另一个重要问题就是反应条件的选择。对于这种沉淀反应,中心问题是如何得到大颗粒和使其包裹的杂质能尽量减少。一个优化的合成反应必须同时考虑产品纯化的合理方案。

4. 无机合成研究的一般程序与步骤

(1) 实验设计主要内容。即由国家或企业提出任务或课题,确定要研究的问题,实验目的。

(2) 课题可行性论证。

① 查阅资料。通过各种渠道,包括国际联机检索,查阅该课题已有的化学文献,了解前人对本课题的研究情况。知识是有继承性的,通过查阅资料可以了解该课题国内外研究的现状,达到的水平及存在的问题。

② 进行理论论证或计算,或与已有资料间的类比,或从某一理论或事实进行嫁接,确定方案的理论基础。

③ 根据上述论证,提出解决问题的思路、具体方案、仪器设备及经费概算。

④ 在此基础上由项目负责人作可行性论证报告,提请领导机关或同行专家审查。

(3) 开展研究,组织攻关。这一过程是科研工作中最艰苦的一段。

（4）整理数据，书写论文或研究报告。一篇论文，从总体上看至少要揭示或解决一个矛盾。内容上要有新观点或新工艺、新水平。这也是将来论文能否发表和评价论文是否具有科学价值的主要依据。

在书写论文时，数据一定要翔实可靠，要经得起他人的复核。所有的计量单位要采用国际单位制。定量数据要进行误差分析，要报告测试所用仪器的名称、产地和精度。引用文章、标点符号及制作图表要合乎规范。总之，一篇论文一定要有所创新。

5. 典型无机化合物的合成

无机物可分为单质和化合物。化合物的主要类型有：氧化物、卤化物、氢化物以及氢氧化物、含氧酸及盐和配合物。虽然各类物质的合成方法各异，但同一类化合物还有一些共同点。

1）氧化物

氧是极活泼的元素，它能与周期表中除稀有气体外的绝大多数元素形成氧化物，通式 R_xO_y。氧化物的制备大概有下列几种方法：

（1）直接合成法。大多数氧化物的标准摩尔生成焓 $\Delta_f H_m^\ominus$ 都是负值（N、F、Cl、Br 及某些低价金属氧化物为正值），因此，除卤素氧化物，Au_2O_3 等少数氧化物外，大多数氧化物都能由单质和氧直接合成。

非金属 C、S、B、P 等的氧化物可以直接合成，而且挥发性金属 Zn、Cd、In、Tl，细粉状的 Fe、Co 以及贵金属 Os、Ru、Rh 等的氧化物都能用直接法合成。

但是，由于许多原料不易提纯或提纯成本太高，反应常常难于彻底完成，在纯度要求较高的化学试剂生产中直接合成法被受到限制。

（2）热分解法。氧在自然界以含氧酸盐的形式存在较多，如碳酸盐、硝酸盐、草酸盐等，而且许多金属，特别是重金属盐类很不稳定，受热分解往往生成金属氧化物。由于盐类提纯比较容易，而且盐类的分解通常进行得很彻底，所以，常用热分解法制备金属氧化物。最适用此方法的是硝酸盐和碳酸盐。

氢氧化物热分解也可制备氧化物，但氢氧化物热分解的脱水并非经常能进行到底，同时也由于氢氧化物本身难以提纯而受到限制。

（3）碱沉淀法。某些不活泼的氢氧化物很不稳定，极易分解为氧化物。在试剂生产中，将这些金属的可溶盐（如硝酸盐）制成溶液，与碱反应，可直接得到氧化物沉淀，这种方法称碱沉淀法。如

$$2AgNO_3 + 2NaOH \longrightarrow Ag_2O(s) + 2NaNO_3 + H_2O$$

（4）水解法。利用金属或非金属卤化物水解反应制备氧化物。如

$$2SbCl_3 + 3H_2O \longrightarrow Sb_2O_3 + 6HCl$$

为防止 SbOCl 沉淀生成，必须事先加大水量，并于反应后期加入少量 NH_3 水，中和生成的 HCl，以促使反应完成。

2）无水金属卤化物

在实际工作中，无水金属卤化物应用广泛，合成难度大，故无水金属卤化物的合成更引人注意。

(1) 直接卤化法。碱金属、碱土金属、铝、镓、铟、铊、锡、锑及过渡金属等,都能直接与卤素化合。特别是过渡金属卤化物,具有强烈的吸水性,一遇到水(包括空气中的水蒸气)就迅速反应而生成水合物。因此它们不宜在水溶液中合成,须采用直接卤化法合成。

(2) 氧化物转化法。金属氧化物一般容易制得,且易于制得纯品,所以人们广泛地研究由氧化物转化为卤化物的方法。但这个方法仅限于制备氯化物和溴化物。主要的卤化剂有四氯化碳、氢卤酸等。

(3) 水合盐脱水法。金属卤化物的水合盐经加热脱水,可制备无水金属卤化物,但必须根据实际情况备有防止水解的措施。

除上述三种方法,制备无水金属卤化物的方法还有置换反应和氧化还原反应的方法。

3) 氢氧化物和含氧酸

氢氧化物的制备方法主要有以下几种:

(1) 活泼金属与水反应。如

$$2Na + 2H_2O \longrightarrow 2NaOH + H_2(g)$$

(2) 金属氧化物与 H_2O 反应。如

$$CaO + H_2O \longrightarrow Ca(OH)_2$$

(3) 两性金属与强碱反应。如

$$Zn + 2NaOH + 2H_2O \longrightarrow Na_2[Zn(OH)_4] + H_2(g)$$

(4) 盐与碱的复分解反应。如

$$CuSO_4 + 2NaOH \longrightarrow Na_2SO_4 + Cu(OH)_2(s)$$

含氧酸的制备方法主要有:

(1) 非金属氧化物与水作用。如

$$3NO_2 + H_2O \longrightarrow 2HNO_3 + NO(g)$$

(2) 非挥发性酸与挥发性酸的盐的反应。如

$$KNO_3 + H_2SO_4(浓) \longrightarrow KHSO_4 + HNO_3$$

(3) 酸与盐进行复分解反应,生成难溶盐。如

$$Ba(BrO_3)_2 + H_2SO_4 \longrightarrow BaSO_4(s) + 2HBrO_3$$

还有强酸与难溶性酸的盐反应等其他方法。

4) 含氧酸盐

(1) 酸与金属作用。除碱金属外的许多硝酸盐都用此法。对硝酸有钝化作用的金属可先溶于盐酸或王水中,然后多次地加硝酸进行蒸发除去盐酸。用此法也可制备一些硫酸盐。

(2) 酸与金属氧化物或氢氧化物作用。用该法制备含氧酸盐,方法简单、反应完全,适用于制备硝酸盐、硫酸盐、磷酸盐、碳酸盐、醋酸盐、氯酸盐、高氯酸盐等。如

$$MgO + 2HClO_4 + 5H_2O \longrightarrow Mg(ClO_4)_2 \cdot 6H_2O$$

(3) 酸与盐作用。主要采用碳酸盐（或碱式碳酸盐）。因为碳酸盐本身较易提纯，又易被酸分解，可制得很纯的化合物。如

$$CoCO_3 \cdot 3Co(OH)_2 + 8HNO_3 \longrightarrow 4Co(NO_3)_2 + 7H_2O + CO_2(g)$$

(4) 盐与盐作用。此法常用于从可溶性盐制难溶性盐。如

$$ZnSO_4 + KHCO_3 \longrightarrow ZnCO_3(s) + KHSO_4$$

(5) 碱性氧化物与酸性氧化物的高温反应。此法对制备水溶液中易水解的弱酸与弱酸盐特别有用。如

$$TiO_2 + CaCO_3 \xrightarrow{\text{高温}} CaTiO_3 + CO_2(g)$$

5) 配位化合物

配位化合物的种类数目庞大，占无机化合物的 75% 以上，其制备方法也是种类繁多、千差万别。此处将着重介绍经典配合物（即 Werner 配合物）的合成原理及通用方法。

(1) 加成反应。加成反应就是路易斯酸与路易斯碱之间传递电子对的酸碱反应

$$A + :B \longrightarrow A:B$$

从理论上讲，这是制备配合物的最简单的反应。由于水也是一种碱，与所加的碱 B 在反应中会发生竞争，故大多数这样的反应是在完全无水的条件下进行的。如

$$BF_3 + NH_3 \longrightarrow [BF_3 \cdot NH_3](s) \text{白色}$$
$$2KCl + TiCl_4 \longrightarrow K_2[TiCl_6]$$

(2) 取代反应。取代反应合成金属配合物，迄今为止仍是最常用的方法之一。如

$$[Cu(H_2O)_4]^{2+}(\text{浅蓝}) + 4NH_3 \rightleftharpoons [Cu(NH_3)_4]^{2+}(\text{深蓝}) + 4H_2O$$

取代反应的方向可根据软硬酸碱规则来判断。

(3) 氧化还原反应。许多金属配合物的制备常利用氧化还原反应。当有不同氧化态的金属化合物，在配体存在下使用适当的氧化还原剂可制得该金属配合物。如

$$2[Co(H_2O)_6]Cl_2 + 2NH_4Cl + 8NH_3 + H_2O_2 \longrightarrow 2[Co(NH_3)_5H_2O]Cl_3(\text{粉红色}) + 12H_2O$$
$$[Co(NH_3)_5(H_2O)]Cl_3 \xrightarrow{\text{浓盐酸}} [Co(NH_3)_5Cl]Cl_2(\text{红色}) + H_2O$$

最好的氧化剂是 O_2、H_2O_2，因为它们不引入杂质。

(4) 热分解反应。热分解反应相当于固态下的取代反应。加热到某一温度，易挥发的内配位体逸失了，它们的位置被配合物外界的阴离子占据。

如：淡红色的 $[Co(H_2O)_6]Cl_2$ 加热烘干后变为蓝色的 $[CoCl_4]^{2-}$，就是一个固态热分解反应的例子

$$2[Co(H_2O)_6]Cl_2(\text{淡红}) \xrightarrow{\triangle} Co[CoCl_4] + 12H_2O(\text{蓝色})$$

如 $$[Cr(en)_3]Cl_3 \xrightarrow{210℃} \text{顺}-[Cr(en)_2Cl_2]Cl + en$$

(式中：en 为乙二胺)。

6. 几种新型的现代无机合成技术与方法

随着合成化学的深入研究以及特种实验技术的引入，化学合成的方法已由常规的合成发展到应用特种技术的合成。下面简介几种无机合成方法的前沿领域。

1）固相合成化学

固相反应是一个普遍的反应，是化学中的一个重要领域。广义地讲，凡是有固体参加的反应都可称为固相反应，研究固相反应的目的是希望认识反应机理，掌握影响反应速率的因素，控制反应过程，以满足实际需要。这里以广义固相反应概念讨论其与无机合成相关的领域。

固相化学反应第一步必然是两个反应物体的接触，接着旧键断裂新键生成，发生化学反应。其反应是"表面"反应，因为反应物质只有在它们的接触界面上才能发生发应。

固相化学反应能否进行，取决于固体反应物的结构和热力学函数。所有固相化学反应都必须遵守热力学的限制，即整个反应的吉布斯函数改变小于零。

根据固相化学反应发生的温度通常将固相化学反应分为三类，即反应温度低于 100 ℃的低热固相反应、反应温度介于 100~600 ℃之间的中热固相反应以及反应温度高于 600 ℃的高热固相反应。

室温或近室温（<40 ℃）条件下的固-固相化学反应是近几年刚刚发展起来的新的研究领域，已引起化学工作者的高度关注。

低热固相化学反应有它的特有规律。如：潜伏期、无化学平衡、拓扑化学控制原理等。固相化学反应与液相反应相比，其差别为：尽管绝大多数得到相同的产物，但也有很多例外。即虽然使用同样摩尔分数的反应物，但产物却不同，其原因当然是两种情况下反应的微环境的差异造成的。

从能量学和环境学的角度考虑，低热固相反应可大大节约能耗，减少三废排放，是绿色化工发展的一个主要趋势。由于其独有的特点，在合成原子簇合物、新的多酸化合物和新的配合物中已经得到许多成功的应用。

2）水热与溶剂热合成法

水热与溶剂热合成是指在一定的温度（100~1 000 ℃）和压强（1~100 MPa）条件下利用溶液中的物质化学反应所进行的合成。水热合成反应是在水溶液中进行，溶剂热合成是在非水有机溶剂热条件下合成。水热合成化学侧重于研究水热合成条件下物质的反应性、合成规律以及合成产物的结构与性质。

水热与溶剂热合成化学的特点是：

（1）水热与溶剂热条件下反应物反应性能改变，活性提高，使其有可能代替固相反应以及难于进行的合成反应，并产生一系列新的合成方法。

（2）能合成与开发一系列特种介稳、结构、特种凝聚态的新合成产物。

（3）能使低熔点化合物、高蒸气压且不能在融体中生成的物质、高温分解相在水热与溶剂热低温条件下晶化生成。

（4）有利于生长极少缺陷，取向好，完美的晶体，且合成产物结晶度高以及易于控制产物晶体的粒度。

（5）有利于低价态、中间价态与特殊价态化合物的生成，并能均匀地进行掺杂。

水热与溶剂热合成法在合成磁性记忆材料、介孔材料等方面已取得很好的结果。

3）化学气相沉积法

化学气相沉积法简称 CVD 法，是近二三十年发展起来的制备无机材料的新技术，已被广泛用于提纯物质、研制新晶体、沉积各种单晶、多晶或玻璃态无机薄膜材料。这些材料可以是氧化物、硫化物、氮化物、碳化物，也可以是某些二元（如 GaAs）或多元（如 $GaAs_{1-x}P_x$）的化合物，而且它们的物理特性可以通过气相掺杂的沉积过程精确控制。因此，化学气相沉积已成为无机合成化学的一个新领域。

化学气相沉积法的化学反应有：热分解反应、化学合成反应及化学转移反应。

4）微波化学合成法

微波是频率 300 MHz ~ 300 GHz，即波长是 100 cm ~ 1 mm 的电磁波，它位于电磁波谱的红外辐射（光波）和无线电波之间。

微波加热作用的特点是可在不同深度同时产生热，这种"体加热作用"，不仅使加热更快速，而且更均匀，它可以使无机物在短时间内急剧升温到 1 800 ℃，从而大大缩短了处理材料所需的时间，节省了宝贵的能源，还可大大改善加热的质量。表 4 – 5 给出微波辐射法对反应速率影响的数据。

表 4 – 5　微波辐射法与传统合成法合成时间比较

合成产物	原始材料	微波辐射法/min	传统合成法/h
KVO_3	K_2CO_3，V_2O_5	7	12
$CuFe_2O_4$	CuO，Fe_2O_3	30	23
$BaWO_4$	BaO，WO_3	30	2
$La_{1.85}Sr_{0.15}CuO_4$	La_2O_3，$SrCO_3$，CuO	35	12
$YBa_2Cu_3O_{7-x}$	Y_2O_3，$Ba(NO_3)_2$，CuO	70	24

目前，关于微波对化学反应的特殊作用或非热作用仍存在较多的争论，这方面的研究尚有待于进一步的深入。

由于现代科学技术的发展，以及与相邻学科（如：生命、材料、能源、计算机等）的交叉、渗透，新的无机合成与制备技术和方法在近十几年中又有了长足的进步。除上述介绍的几种新型的现代无机合成技术与方法外，目前发展较快、应用较广的还有溶胶——凝胶合成法、无机材料仿生合成技术、无机光化学合成法等。限于篇幅，不能逐一叙述，如有实际应用的需求，可查阅相关书籍和文献。

7. 无机合成化学的发展趋势

无机合成化学发展的趋势主要体现在三个方面。

（1）设计和合成系列化合物，研究它们特定的物性，筛选出具有最佳性能的物种。

（2）制备具有非正常价态离子和非正常键合方式的新化合物，探索其结构和性质。

（3）制备已知化合物的指定形态或指定结构的产物，以备作为材料或制成功能器件。

九、无机化学实验文献查阅与网络信息查询简介

本实验课中，涉及的内容如前面所述可分为四类：无机化学实验的基本知识和基本操

作、无机化学实验中的基本原理、基础实验和无机合成。由于内容不同，文献查阅重点也有不同。即使是同一类问题由于研究问题范围和深度不同，对文献查阅的完全程度也不同。全面介绍超出本课范围，但掌握一点查阅文献的简单方法，就是本实验课的一个要求，是一个重要的基本功训练。下面仅就本课提出一些重要手册、参考书，作为对初学者的导引。

对于一个不熟悉的物质，首先应该阅读有关该物质的教科书或参考书。它们能给学生提供必要的基础，以便进一步查阅文献。

1. 教材

（1）武汉大学，吉林大学．无机化学（第3版）（上、下册）［M］．北京：高等教育出版社，1994．

（2）史启祯．无机化学与化学分析［M］．北京：高等教育出版社，2002．

（3）吉林大学，武汉大学，南开大学，宋天佑，程鹏，王杏乔编．无机化学（上册）［M］．高等教育出版社，2004．

（4）宋天佑，徐家宁，程功臻．无机化学（下册）［M］．北京：高等教育出版社，2004．

（5）朱文祥．中级无机化学［M］．北京：北京师范大学出版社，2004．

（6）张济新，邹文樵，等编．实验化学原理与方法［M］．北京：化学工业出版社，1993．

（7）徐如人，庞文琴，主编．无机合成与制备化学［M］．北京：高等教育出版社，2002．

（8）洪茂椿，陈荣，梁文平．21世纪的无机化学［M］．北京：科学出版社，2005．

2. 辞典、手册

（1）《化学化工大辞典》编委会．化学化工大辞典（上、下）［M］．北京：化学工业出版社，2003．

（2）朱文祥主编．无机化合物制备手册［M］．北京：科学出版社，2006．

（3）陈寿椿，等编写．重要无机化学反应（第三版）［M］．上海：上海科学技术出版社，1994．

（4）李华昌，符斌．实用化学手册［M］．北京：化学工业出版社，2006．

（5）陶文田，黎心懿．现代化学试剂手册［M］．北京：化学工业出版社，1992．

（6）中国医药集团上海化学试剂公司编著．试剂手册（第三版）［M］．上海：上海科学技术出版社，2002．

（7）《英汉汉英化学化工大词典》编委会．英汉汉英化学化工大词典［M］．北京：学苑出版社，1998．

3. 网上信息查询

Internet拥有世界上最大的信息资源库，获取Internet信息资源的工具大体上可分为两类：一类是Internet资源搜索引擎（search engine），它是一种搜索工具站点，专门提供自动化的搜索工具。只要给出主题词，搜索引擎就可迅速地在数以千万计的网页中筛选出你想要的信息；另一类是针对某个专门领域或主题、进行系统收集、组织而形成的资源导航系统。下面分别简介这两类查找方法。

（1）利用搜索引擎检索：Internet搜索引擎主要有分类检索和关键词检索两种检索途径。通过类目（Catalogue）或检索框（Searches）达到逐渐缩小检索范围，搜索所需信息的目的。在查询过程中，可选用类目检索检出化学相关类目，再用关键词检索检出所需信息。关键词检索是通过在主页Search区域中输入关键词或关键词的布尔逻辑式，然后单击"to get it"即可检出所需信息资源。

Internet 上与化学相关的搜索引擎主要有：① Lycos（http://www.lycos.com）；② AltaVista（http://www.altavista.digital.com）；③ HotBot（http://www.hotbot.com）；④ Yahoo（http://www.yahoo.com/science/chemistry）；⑤ 搜狐（http://www.sohu.com）；⑥ 悠游（http://www.goyoyo.com）；等等。

（2）利用化学专门网站检索：直接进入某些专业网站是查询相关信息的最快捷的方式。下面简要介绍一些重要化学站点：

① 美国化学会下属的化学文摘社（http://info.cas.org）：提供美国化学文摘（CA）数据库、CAS 登记号数据库、化学反应数据库、化学品目录数据库、专利数据库等，其收载量每日都在不断增加且不断更新。在 Internet 上，它是相当完整和最权威的化学资源。该网站实行收费服务。在使用 CAS 各检索工具之前，必须建立相应的账户。CAS 中不同的检索工具都有各自独立的账户，大多数情况下，检索、显示答案都明码标价，收取一定费用，使用信用卡或按账单付费，每月结算。

② 美国化学会（ACS）主页（http://www.acs.org）：提供各类研究资料、研究热点及动态、学术活动、化学教育、化学软件等服务。从 ACS 出版部主页（http://pub.acs.org）可获得 ACS 所出版书刊的有关信息和内容简介。特别是能查阅到 ACS 出版的 28 种专业杂志最新一期的目录以及作者索引（http://pub.acs.org.journals），包括 Analytical Chemistry, Inorganic Chemistry, Chemical Reviews. Journal of the American Chemical Society, The Journal of Organic Chemistry 等，但作者索引的使用是有偿提供的。

③ 英国谢菲尔德大学的元素周期表数据库（http://www.shef.ac.uk/Uni./academi/A-C/chem/web-elements/web-elements-home.html）：在其主页显示的周期表上对某元素单击，便可查阅与该元素相关的各类资料，目前其数据仍在不断增加。

④ 中国国家科学数字图书馆化学学科信息门户（http://www.chinweb.com.cn/）。

Internet 的出现以及其迅猛的发展，使当今世界跨入了真正的信息时代，人们能够以空前未有的速度在网上索取自己需要的信息和知识。

第 5 章

基础实验

一、基本操作与常用化学常数测定实验

实验 1　常用玻璃仪器的认识和洗涤

【实验目的】
(1) 认识无机化学实验常用的玻璃仪器。
(2) 学习并练习常用的玻璃仪器洗涤。

【实验原理】
无机化学实验需要使用各种玻璃仪器和瓷器，这些仪器干净与否，直接影响到实验结果的准确性，所以仪器必须保证干净。
玻璃仪器洗涤方法的选择和洗干净的标准及洗涤剂的配制方法，见第 3 章的相关内容。

【实验内容】
(1) 清点实验柜中的仪器。
(2) 玻璃仪器的洗涤要求：
① 明确洗涤方法的选择。针对仪器上附着尘土、其他水不溶物、油垢、有机物、氧化物等污物的性质，能正确选择水洗或刷洗、能正确选择适当的试剂进行处理。
② 掌握正确的洗涤方法。如：先外后里，毛刷的选择，每次洗涤的用水量，毛刷与仪器的相对运动方式等。
③ 明确洗净标准。最后交洗净的普通试管一支，离心试管一支，烧杯一只，请指导教师检查。

【思考题】
(1) 洗涤玻璃仪器的方法应根据什么原则进行选择？
(2) 玻璃仪器洗干净的标志是什么？

实验 2　简单玻璃加工

【实验目的】
(1) 了解酒精灯、煤气灯（或酒精喷灯）的构造及使用方法。

(2) 练习玻璃管的切割、拉管等操作。

【实验原理】

在实验室的加热操作中，软化玻璃的灯具有煤气灯、酒精喷灯，其中以煤气灯最方便，较为常用。煤气灯温度可达 800～900 ℃，若有氧气助燃，温度可达 2 000 ℃。

酒精灯、煤气灯和酒精喷灯的构造及使用见第 3 章二。

加工不同性质的玻璃时，由于其膨胀系数、软化点彼此不同，应使用不同的火焰加热。常用作化学实验的玻璃，大致有以下四种，见表 5-1。

表 5-1 化学实验常用玻璃的性质与加工

玻璃种类	软化点	耐热性	切口的颜色	加工用的火焰	加工后的形变
软质或普通玻璃	低	弱	绿色	煤气－空气	大
二级硬质玻璃	↓	↓	黄色	煤气－（空气＋氧气）	↓
一级硬质玻璃	高	强	淡黄色	煤气－氧气	小
石英玻璃			无色	氢气－氧气	无

【仪器与材料】

仪器：酒精灯；煤气灯；锉刀。

材料：玻璃管；玻璃棒；石棉网；火柴；胶头。

【实验内容】

(1) 掌握酒精灯的正确使用。了解酒精灯的结构、加热温度范围，掌握修整灯芯、添加酒精、点燃、灭火等正确的操作方法。

(2) 煤气灯（或酒精喷灯）的使用及火焰的温度和性质的检验。

① 煤气灯的构造及使用方法：

• 将煤气灯灯管和煤气调节螺栓旋下，观察各部分的构造。

• 用大头针或细铁丝将灯内煤气的进口和出口清理干净，重新装好灯管和煤气调节螺栓。

• 将空气入口关闭，擦燃火柴，打开煤气开关，点燃煤气，观察火焰的情况。慢慢打开空气入口，调节空气进入量，直至火焰分为三层，上层火焰近于无色为止。

• 将煤气灯空气入口逐渐开大，直至发生"侵入火焰"。观察煤气在灯管内燃烧，注意侵入火焰颜色的变化和灯管很快发热的现象。关闭煤气开关，待灯管冷却后将空气入口关小，重新点燃煤气灯并调节空气入口。

• 掌握点燃、调节火焰、灭火等正确的操作方法。

(3) 玻璃棒和滴管的简单加工（玻璃加工技术见第 3 章三）

① 掌握玻璃棒和玻璃管的截断操作。

② 熟悉制备滴管的正确操作（即烧管、拉管、熔光、扩口等操作）。

③ 交成品。玻璃棒及离心玻璃棒各一根、滴管两支交给指导教师验收。图 5-1 为各成品参考尺寸。

图 5-1 滴管和玻璃棒

【思考题】

(1) 往酒精灯中加酒精量要合适，为什么？
(2) 若煤气阀门和煤气灯内孔道堵塞时，如何进行简单的维修？
(3) 进行玻璃加工操作时，为避免扎伤，应特别注意些什么？
(4) 什么是"侵入火焰"？什么是"临空火焰"？它们是怎样发生的？如何避免？
(5) 切割玻璃管时应注意什么？为什么切割后的玻璃棒（管）需要熔光？
(6) 怎样拉制滴管？操作时应注意什么？

实验3 溶液的配制

【实验目的】

(1) 学习实验室常用溶液的配制及有关基本操作。
(2) 学习容量瓶、滴定管、移液管、量筒的使用。

【实验原理】

在工农业生产和科学实验中，有许多反应是在溶液中进行的，如何正确地配制、使用及合理地保存这些试剂及其溶液，是实验成功的关键之一，也是一项必须掌握的基本实验技能。

配制溶液时，要建立"量"的概念。在无机化学实验中通常配制的溶液有一般溶液、标准溶液和具有一定 pH 的缓冲溶液。

配制近似浓度的溶液时，由于只须准确到 1~2 位有效数字，故称量和体积的相对误差可允许大一些，称量固体试剂不必用分析天平，采用托盘天平即可，量取溶液或去离子水采用量筒或量杯。但是，在标定溶液的整个过程中，一切操作要求严格、准确。称量基准物质要求使用电光分析天平或电子天平，称准至小数点后 4 位有效数字。所要标定的溶液的体积，如要参加计算的均要用容量瓶、移液管、滴定管准确操作。

用固体试剂配制溶液和用液体试剂（或浓溶液）配制稀溶液的基本知识见第 3 章中溶液的配制。

配制饱和溶液时，所用固体试剂的量应稍多于计算量，加入一定体积的去离子水后，加热溶解，冷却至室温，待结晶析出后再用，这样才可保证溶液处于饱和状态。

配制易水解的盐溶液时，必须将试剂先溶解在相应的酸溶液中，以抑制水解，然后再稀释至所需的浓度。

配制易水解易被氧化的金属盐溶液时，不仅需要加入相应的酸溶液，还应在溶液中加入相应的纯金属单质以防止低价金属离子被氧化。

【仪器与试剂】

仪器：托盘天平；电子天平（或电光天平）；烘箱；容量瓶（250 mL、100 mL）；烧杯（400 mL、100 mL）；移液管（10 mL）；量筒（100 mL、50 mL、10 mL）；称量纸。

试剂：NaOH (s)；浓 H_2SO_4；二氯化锡 (s)；浓 HCl；Sn 粒；邻苯二甲酸氢钾 (AR)；HCl (1.000 mol/dm^3，已经标定到 4 位有效数字)。

【实验内容】

1. 一般溶液的配制

（1）配制 250 mL 0.1 mol/dm³ NaOH 溶液。

① 计算出配制 250 mL 0.1 mol/dm³ NaOH 溶液所需固体 NaOH 的量。

② 在托盘天平上用小烧杯称取所需 NaOH 固体的量，放入干净的 400 mL 烧杯中（称取 1.1~1.2 g）。

③ 以少量去离子水快速洗涤固体 NaOH，以除去其表面附着的碳酸盐。

④ 用量筒量取 250 mL 加热煮沸 30 min 并冷却至室温的去离子水，缓慢倒入盛有洗过的 NaOH 的烧杯中，搅拌使其完全溶解。

⑤ 待溶液冷却后，即得近似于 0.1 mol/dm³ 的 NaOH 溶液。将溶液倒入已贴好标签的具有橡皮塞或塑料塞的试剂瓶内，备用。

（2）配制 50 mL 2.0 mol/dm³ H_2SO_4 溶液。

① 用浓 H_2SO_4（约为 18 mol/dm³）配制 2.0 mol/dm³ H_2SO_4 溶液。计算出所需浓 H_2SO_4 的体积。

② 用量筒量取所需的浓 H_2SO_4 的量。

③ 搅拌下，将浓 H_2SO_4 沿烧杯壁慢慢倒入 20~30 mL 去离子水中，然后再稀释至 50 mL。

④ 待溶液冷却至室温后转移至已贴好标签的试剂瓶内，备用（实验 4 用）。

（3）配制 50 mL 0.1 mol/dm³ $SnCl_2$ 溶液。

① 计算出配制 50 mL 0.1 mol/dm³ $SnCl_2$ 溶液所需固体 $SnCl_2 \cdot 2H_2O$ 的量。

② 在托盘天平上用称量纸称取所需 $SnCl_2 \cdot 2H_2O$ 固体的量，置于 100 mL 烧杯中。

③ 将称量好的 $SnCl_2 \cdot 2H_2O$ 溶于 2.0 mL 浓 HCl 中，搅拌溶解后，加去离子水稀释至 50 mL，临用时配制。

④ 为防止 Sn^{2+} 被氧化，需加入 Sn 粒，将溶液转移至贴好标签的试剂瓶中，备用。

2. 标准溶液的配制

（1）配制 250 mL 0.200 0 mol/dm³ $CuSO_4$ 溶液。

① 计算出配制 250 mL 0.200 0 mol/dm³ $CuSO_4$ 溶液所需固体 $CuSO_4 \cdot 5H_2O$ 的量。

② 在电子天平（或电光天平）上准确称取所需 $CuSO_4 \cdot 5H_2O$ (s) 的量，置于小烧杯中。

③ 加入少量去离子水，搅拌，使其全部溶解后，转移至 250 mL 的容量瓶中。

④ 用少量去离子水冲洗小烧杯及玻璃棒数次，并将每次的冲洗液全部转移至容量瓶中。

⑤ 最后用去离子水稀释至刻度，摇匀，备用（实验 9 用）。

（2）配制 100 mL 0.100 0 mol/dm³ HCl 溶液。

① 计算出配制 100 mL 0.100 0 mol/dm³ HCl 溶液所需 1.000 mol/dm³ HCl 溶液的量。

② 用移液管移取所需 1.000 mol/dm³ HCl 溶液的量，放入预先准备好的洁净的 100 mL 容量瓶中。

③ 用去离子水将容量瓶中溶液稀释至刻度线为止。塞紧瓶塞，摇匀待用。

【配制溶液时应注意的问题】

（1）配制溶液时，应根据溶液浓度的准确度要求，合理地选择称量的器皿，应在哪一级天平上称量，记录时应记准至几位有效数字，配制好的溶液选择什么样的容器，等等，这些都是很重要的基础知识。该准的地方就应该很准确；该稍为粗些，或者说允许误差大些的地方可以不那么严格。这些"量"的概念要很明确，否则就会导致错误。如：配制 50 mL 2.0 mol/dm³ H_2SO_4 溶液，则无需使用移液管和容量瓶。

（2）配制溶液时，根据实验要求合理选择试剂的级别，绝不许超规格使用试剂，以免造成浪费。

（3）实验室中消耗量较大，并经常使用的溶液，可先由原装试剂配制成贮备液，然后再稀释。一般可先配制为预定浓度约 10 倍的贮备液，用时取贮备液稀释 10 倍即可。NaOH 贮备液最好保存在聚乙烯塑料瓶中。

（4）易挥发、易分解的试剂、溶液及有机溶剂等应贮存于棕色瓶中，最好放在暗处阴凉地方避免光照。

（5）配好的溶液盛装在试剂瓶中，应马上贴好标签，注明溶液的浓度、名称。必要时，还可注明溶液配制的日期。

【思考题】
（1）配制一般溶液常用的方法有哪几种？
（2）配制标准溶液常用的方法有哪几种？
（3）怎样取固体、液体试剂？各应注意什么？
（4）易腐蚀玻璃的试剂应如何保存？
（5）易水解的盐溶液应怎样配制？
（6）用容量瓶配溶液时，是否需要先把容量瓶干燥？为什么？

附：容量瓶和移液管的使用方法

1. 容量瓶的使用

容量瓶是一种细颈梨形的平底玻璃瓶，带有磨口塞子。颈上有标线圈，表示在所指温度（一般为 20 ℃）下，当液体充满到标线时，液体体积恰好与瓶上所注明的体积相等。

容量瓶在使用前应先检查一下瓶塞是否漏水。即将自来水注至刻度附近，塞好瓶塞，左手按住瓶塞，右手拿住瓶底，如图 5-2（a）所示，将瓶倒立片刻，观察瓶塞周围有无漏水现象，不漏水，方可使用。因此必须保护好容量瓶的瓶塞，为了防止将它打破和弄错，应当用线绳或橡皮圈将它系在瓶颈上。

用容量瓶配制溶液时，如果是固体试剂，应将在电子天平上准确称量好的试样，放在干净烧杯中加适量去离子水溶解。加入去离子水时，应通过玻璃棒或沿杯壁慢慢流入，以免杯内溶液溅出而损失。如果需要加热溶解的话，要盖上表皿，防止溶液剧烈沸腾和迸溅，加热后要用去离子水冲洗表皿和烧杯内壁，此时也应使去离子水沿玻璃棒或杯壁流下。待溶质完全溶解后，将所得溶液沿玻璃棒小心地转移到容量瓶中，如图 5-2（b）所示。（如果溶解时进行过加热，则必须待溶液冷至室温后才能转移到容量瓶中）再从洗瓶中挤出少量去离子水淋洗烧杯和玻璃棒 2~3 次，并把每次的淋洗液也转移入容量瓶中，以保证溶质全部转移。缓慢地添加去离子水至标线附近，稍等，使附在瓶颈上的水流下。最后用洗瓶或滴管滴加去离子水至标线（小心操作，切勿超过标线）。塞好瓶塞，将容量瓶倒转，待气泡上升后，轻轻摇动，再倒转过来。重复操作多次，以保证瓶中溶液各部分浓度均匀（见图 5-2（c））。

图 5-2 容量瓶的使用
(a) 容量瓶的拿法；(b) 溶液转移入容量瓶；(c) 振荡容量瓶

常常由一种较浓的准确浓度溶液配制较稀的准确浓度溶液。此时则应用移液管或吸量管取一定体积的浓溶液，放入适当的容量瓶中，然后按上述方法冲稀至标线。

2. 移液管和吸量管的使用

图 5-3 移液管和吸量管
(a) 移液管；(b) 吸量管

移液管如图 5-3 (a) 所示。它是中间有一球体的玻璃管，管颈上部刻有一标线环。移液管的容量就是按吸入的液体的弯月面下沿与标线相切后，液体自然流出的总体积确定的。常见的有 25 mL、10 mL (20 ℃或 25 ℃) 等数种。液体从移液管自然流出后，由于毛细管的作用，移液管的管口总会留有一滴液体，在没有特别指明下都不应将此液滴考虑进去。

使用移液管前，应把它洗净。即依次用洗液、自来水、去离子水洗至内壁不挂水珠为止。最后用欲移取的溶液洗三次。方法是：用滤纸将移液管尖端内外的水除去，吸入溶液（吸法见后）至刚入球部（尽量勿使溶液流回，以免稀释），立即用右手食指按住管口，取出后，把管横过来，用左右两手的拇指及食指分别拿住移液管球体上下两端，一边旋转一边降低上口，使溶液布满全管，当溶液流到距上口 2~3 cm 处时，将其直立，放出溶液（弃去）。

吸取液体时，用右手拇指和中指拿住移液管上端管口下 2~3 cm 处，使管下端伸入液面下 1~2 cm（不应伸入太深，以免外壁沾有过多液体，但也不应太浅，以免液面下降时吸入空气），左手将洗耳球捏紧（赶走空气）后，将洗耳球的小口对准移液管口并慢慢放松，缓缓地吸上液体。注意液面上升情况，移液管则应随容器中液体的液面下降而往下伸（见图 5-4）。当液体上升到刻度标线以上 1~2 cm 时，迅速移开洗耳球，用右手食指堵住上部管口。提起移液管，将移液管下端靠在容器壁上，稍松食指，同时用拇指及中指轻轻转动管身，使液面缓慢、平稳地下降，直到溶液的弯月面与标线相切，立即停止转动并按紧食指，使液体不再流出。取出移液管移入准备接受溶液的容器中，仍使其出口尖端接触器壁，并让接受容器倾斜而使移液管直立。右手拇指及中指继续拿住移液管，抬起食指，使溶液自由地顺器壁流下（见图 5-5）。待全部液体流尽后，约等 15 s，然后取出移液管。

移液管用完后，应立即放在专用架上，不可在桌上乱放。短时间内不再用它吸取同一溶液时，应立即洗净后放回原处。

吸量管（见图5-3（b））是一种刻有分度的内径均匀的玻璃管，下端管口细尖。吸量管有 10 mL、5 mL、2 mL 和 1 mL 等多种。有一种吸量管的分度一直刻到吸量管的下口，也有一种吸量管的分度只刻到距下管口 1~2 cm 处。使用时应当注意。吸量管只是为了量取小体积用的，如果需用 10 mL、25 mL 等整数较大体积的液体时，应使用相应大小的移液管，而不要用吸量管。所以用吸量管时，总是使液面由某一分度落到另一分度，使两分度间的体积正好等于所需体积。并尽可能在同一实验中使用同一吸量管的同一段，尽可能都是从上端 0.00 刻度开始。

图 5-4 移液管吸取液体

图 5-5 从移液管中放出溶液

吸量管的操作基本上与移液管相同，唯一不同的是在放液体时食指不能完全抬起，一直要轻轻按在管口，以免液体流得过快，以致到要求的刻度时来不及按住管口，停止液体流出。

实验 4　摩尔气体常数的测定

【实验目的】

（1）了解电子天平的基本构造（见第 2 章四）。

（2）掌握使用天平的规则（见第 2 章四）。

（3）了解一种测定气体常数的方法。

（4）练习测量气体体积的操作（量气管液面位置的正确观测，仪器装置漏气与否的检查等）。

（5）掌握理想气体状态方程式和分压定律的应用。

（6）学习利用本实验的装置测量另一物理量的设计。

【实验原理】

理想气体状态方程式可表示为

$$PV = nRT$$

它表示一定量理想气体的体积和压力的乘积与气体的物质的量和它的绝对温度的乘积的比 R 是一个常数。即

$$R = \frac{PV}{nT}$$

因此对一定量的气体，若能在一定温度、压力下测出其所占体积，则可求出 R 值。本实验是测定镁与稀硫酸反应产生的氢气的体积。

$$Mg + H_2SO_4 \rightleftharpoons MgSO_4 + H_2(g)$$

即准确称取一定质量的镁条，与过量的稀硫酸作用，在一定温度 T（由温度计读出）和压力 P（可由气压计上读出）下测得被置换出来的氢气的体积，而氢气的物质的量可通过镁条的质量算出。但由于氢气是在水面上收集的，故混有水汽，若查得实验温度下水的饱和蒸气压，则根据分压定律，氢气的分压可由下式求得

$$P = P(H_2) + P(H_2O)$$

则

$$P(H_2) = P - P(H_2O)$$

由于 P_{H_2}、V_{H_2}、n_{H_2}、T 均可得到，根据 $R = \dfrac{PV}{nT}$，可求得 R。

【仪器、试剂和材料】

仪器：电子天平；产生及测定氢气的装置。

试剂：H_2SO_4（2 mol/dm^3）。

材料：镁条；砂纸；吸水纸。

【实验内容】

（1）在电子分析天平上准确称取两根已擦去表面氧化膜的镁条，每根镁条质量在 $0.060\ 0 \sim 0.070\ 0$ g 范围内。

图 5-6 测定气体常数装置

（2）按图 5-6 所示把仪器装配好。打开试管 2 的胶塞，由漏斗 3 往量气管 1 内注水至略低于刻度"0"的位置。上下移动漏斗 3 以赶尽附着在胶管和量气管内壁的气泡，然后把试管的塞子塞紧。

（3）检查装置是否漏气。将漏斗向上或向下移动一段距离，使漏斗中的水面略低（或略高）于量气管中的水面。固定漏斗的位置，量气管中的水面如果不断下降（或上升），表示装置漏气。应检查各连接处是否接好（主要是橡皮塞是否塞紧），重复操作直至不漏气为止。

（4）取下试管，用长颈漏斗将 5 mL 2 mol/dm³ H_2SO_4 小心地注入试管中（切勿使酸沾在试管壁上）。稍稍倾斜试管，将用水润湿过的镁条贴在试管内壁上而不与 H_2SO_4 接触（亦可将镁条弯成 U 形卡在试管内部）。然后塞紧橡皮塞。

（5）再一次检查装置是否漏气，方法同（3）。如不漏气，调整漏斗的位置，使量气管内水面与漏斗内水面在同一水平面，然后准确读出量气管内水面凹面最低点读数 V_1。

（6）轻轻摇动试管，使镁条落入硫酸中，镁条和硫酸反应而放出氢气，此时量气管内水面即开始下降。为不使量气管内压力过大而造成漏气，在量气管内水面下降的同时，慢慢下移漏斗，使两者的水面基本保持相同水平。反应停止后（怎样检查?），待试管冷却至室温，移动漏斗，使其水面与量气管内水面相平，读出反应后量气管内水面的精确读数 V_2。

（7）记录实验时的室温 t 和大气压 P。并从附录中查出室温 t 时水的饱和蒸气压 $P(H_2O)$。

数据记录和处理：

数据记录填入表 5-2 中。

表 5-2 数据记录

镁条质量 $m(Mg)/g$		
反应前量气管中水面读数 V_1/mL		
反应后量气管中水面读数 V_2/mL		
氢气体积 $V(H_2)/m^3$		
室温 $t/℃$		
大气压 p/Pa		
室温时水的饱和蒸气压 $/Pa$		
氢气的分压 $p(H_2)/Pa$		
氢气的物质的量 $n(H_2)/mol$		
气体常数 $R/(J \cdot K^{-1} \cdot mol^{-1})$		
平均值 $\overline{R}/(J \cdot K^{-1} \cdot mol^{-1})$		
百分误差		

$$相对误差 = \frac{|R(通用值) - R(实验值)|}{R(通用值)} \times 100\%$$

根据所测得的实验值与一般通用值 $R = 8.314 \, J/(K \cdot mol)$ 进行比较，讨论造成误差的主要原因。

（8）扩展实验。利用这套仪器还能测定哪些物理量？试自行设计测量一物理量的实验方案。

【思考题】

（1）测定气体常数 R 的原理是什么？需要哪些数据？如何得到？

（2）$V(H_2) = V_2 - V_1$ 成立的条件是什么？

（3）为什么必须检查仪器装置是否漏气？如果漏气，将造成怎样的误差？

（4）读取量气管中水面读数时，为何要使量气管和漏斗中的水面保持同一水平？

（5）本实验造成误差的原因有哪些？哪几步是关键操作？

（6）若利用易溶于水的气体测定 R 值时，将需何种装置收集气体？

实验 5　化学反应速率与活化能的测定

【实验目的】

（1）掌握浓度、温度、催化剂对化学反应速率的影响。
（2）学习测定反应速率、反应速率常数、反应级数及活化能的原理和方法。
（3）熟悉作图法归纳和处理实验数据。
（4）练习温度、时间和体积的测量及恒温等操作。

【实验原理】

本实验通过测定$(NH_4)_2S_2O_8$（过二硫酸铵）与KI的反应速率，加深对反应速率和活化能概念的理解。

1. 反应速率、反应级数和反应速率常数的测定

化学反应速率的传统定义为：在一定条件下某一时间间隔内某化学反应的反应物转变为生成物的速率。此为化学反应的平均速率。

对于一般的化学反应　　　　　　　　$aA + bB \rightarrow yY + zZ$。

根据质量作用定律，其反应的速率方程应表示为

$$\nu = kc^\alpha(A)c^\beta(B) \tag{1}$$

式中，$c(A)$和$c(B)$分别为反应物A和B物种的浓度；α、β分别为$c(A)$和$c(B)$的指数，即是反应级数；k为反应速率常数；ν为瞬时速率。

通常，反应级数不等于化学反应方程式中该物种的化学计量数，即$\alpha \neq a$，$\beta \neq b$。因此，对于非基元反应一定要根据实验测定结果，才可写出正确的化学反应速率方程式，进而计算出该反应的速率。

$(NH_4)_2S_2O_8$与KI在酸性水溶液中发生以下反应

$$S_2O_8^{2-} + 3I^- \xrightarrow{H^+} 2SO_4^{2-} + I_3^- \tag{2}$$

平均速率　　　　　　　　　　　　$\bar{\nu} = -\dfrac{\Delta c(S_2O_8^{2-})}{\Delta t}$

瞬时速率　　　　　　　　　　　　$\nu = kc^\alpha(S_2O_8^{2-})c^\beta(I^-) \tag{3}$

式中，$\Delta c(S_2O_8^{2-})$为Δt时间内$S_2O_8^{2-}$浓度的改变值；$c(S_2O_8^{2-})$和$c(I^-)$分别为两种离子的起始浓度；k为反应速率常数；α、β为反应级数。

在本实验中，由于无法测得瞬时间溶液浓度微观量的改变值，所以只能以客观的时间"Δt"代替了瞬时时间，以相应的宏观浓度改变量$\Delta c(S_2O_8^{2-})$代替$S_2O_8^{2-}$的微观的浓度改变量，也就是以平均反应速率$\bar{\nu}$代替瞬时反应速率ν，这一点也是本实验产生误差的主要原因。根据以上原则，为了测定Δt时间内$S_2O_8^{2-}$浓度的变化量，在将$(NH_4)_2S_2O_8$溶液和KI溶液混合的同时，加入一定体积的已知浓度的$Na_2S_2O_3$溶液和作为指示剂的一定体积的淀粉溶液。这样在反应（2）一经开始的同时也迅速进行下述反应

$$2S_2O_3^{2-} + I_3^- \rightarrow S_4O_6^{2-} + 3I^- \tag{4}$$

反应（4）比反应（2）速率快得多，$S_2O_3^{2-}$与I_3^-的作用几乎在瞬间完成，生成无色的

$S_4O_6^{2-}$ 和 I^-,所以在一段时间内,看不见 I_3^- 与淀粉产生的特征蓝色。但是,当 $S_2O_3^{2-}$ 耗尽,反应(2)继续产生的微量 I_3^- 会立即与淀粉作用,使溶液呈蓝色。

从(2)与(4)两个反应可以看出:$S_2O_8^{2-}$ 减少的量为 $S_2O_3^{2-}$ 减少量的一半,即

$$\Delta c(S_2O_8^{2-}) = \frac{\Delta c(S_2O_3^{2-})}{2}$$

故
$$v = \frac{-\Delta c(S_2O_8^{2-})}{\Delta t} = \frac{-\Delta c(S_2O_3^{2-})}{2\Delta t} = \frac{c(S_2O_3^{2-})_{始}}{2\Delta t} \tag{5}$$

Δt 为从开始反应到溶液出现蓝色所需要的时间。由于在 Δt 时间内 $S_2O_3^{2-}$ 已基本用尽,剩余浓度近似等于零,所以 $c(S_2O_3^{2-})$ 实际上就是 $S_2O_3^{2-}$ 的起始浓度。因此,只要记下从反应开始到溶液呈现蓝色所需的时间 Δt,根据(5)式可求得在一定温度下反应速率 v。

当满足 $c(S_2O_8^{2-}) \gg c(S_2O_3^{2-})$ 时,式(3)可以等于式(5),根据不同浓度下测得的反应速率,从而进一步计算出反应级数 α、β,再由 α 和 β 值求得反应总级数。当 α、β 值固定后,可求得 k 值。

式(3)=式(5)时

$$\frac{-\Delta c(S_2O_8^{2-})}{\Delta t} = kc^\alpha(S_2O_8^{2-})c^\beta(I^-)$$

$$k = \frac{-\Delta c(S_2O_8^{2-})}{\Delta t c^\alpha(S_2O_8^{2-})c^\beta(I^-)} \tag{6}$$

2. 反应活化能的测定

根据阿仑尼乌斯(Arrhenius)方程式,反应速率与反应温度之间有下述关系

$$\lg|k| = \lg|k_0| - \frac{Ea}{2.303RT} \tag{7}$$

式中,Ea 为反应的活化能;R 为气体常数(8.314 J/(K·mol));k_0 为给定反应的特征常数,称为指前参量或频率因子。

从式(7)可知,$\lg k$ 与 $\frac{1}{T}$ 为线性关系,$\lg|k_0|$ 是截距,可以测定几个不同温度的 k 值,以 $\lg|k|$ 为纵坐标,以 $\left|\frac{1}{T}\right|$ 为横坐标作图,可得到一条直线,其斜率为

$$斜率 = -\frac{Ea}{2.303R}$$

在图上选取两个非实验点$(x_1、y_1)$ 和 $(x_2、y_2)$,由斜率与截距求出活化能 Ea 及频率因子 k_0。

$$\tan\theta = \frac{y_2 - y_1}{x_2 - x_1} = \frac{Ea}{R} \tag{8}$$

测定反应速率的方法很多,可以直接分析反应物或产物的浓度变化;也可以利用反应前后颜色变化所导致的光学性质的差异;或反应前后离子个数和离子电荷数的变化,导致溶液

导电性的变化等进行测定。本实验测定 $(NH_4)_2S_2O_8$ 和 KI 的反应速率,是利用一个计时反应测定反应物 $S_2O_8^{2-}$ 浓度变化来确定。概括地说,任何性质只要它与反应物或产物的浓度有函数关系,便可用来测定反应速率。但是对于反应速率很高的反应,如在 10^{-1} s 以下的反应,(或半衰期 $T_{1/2}$ 在 10^{-3} s 以下的反应)其速率需用特殊方法测定。

【仪器与试剂】

仪器:烧杯(50 mL);试管;吸量管(5 mL、10 mL);玻璃棒;温度计;恒温水浴;秒表;滴管。

试剂:$(NH_4)_2S_2O_8$($0.1\ mol/dm^3$);KI($0.1\ mol/dm^3$);$Na_2S_2O_3$($0.001\ mol/dm^3$);KNO_3($0.1\ mol/dm^3$);$(NH_4)_2SO_4$($0.1\ mol/dm^3$);淀粉溶液(8‰);$Cu(NO_3)_2$($0.02\ mol/dm^3$)或 $CuCl_2$。

【实验内容】

1. 浓度对反应速率的影响

将五只烧杯编号,再将六支吸量管贴上标签,专用。

室温下,用贴好标签的吸量管分别量取 5 mL $0.1\ mol/dm^3$ KI,5 mL $0.001\ mol/dm^3$ $Na_2S_2O_3$,2.0 mL 8‰淀粉溶液,均加到 1 号 50 mL 烧杯中,用玻璃棒搅匀。为了使每次实验中溶液的总体积和离子强度保持不变,分别加入不同体积的 $0.1\ mol/dm^3$ KNO_3 溶液和 $0.1\ mol/dm^3$ $(NH_4)_2SO_4$ 溶液调整到一致。

再用另一支专用吸量管量取 5 mL $0.1\ mol/dm^3$ $(NH_4)_2S_2O_8$ 溶液,迅速加到 1 号烧杯中,立即按下秒表计时,并不断用玻璃棒搅拌。当溶液刚出现蓝色时,立即停秒表,记下反应时间 Δt 和室温。

以同种方法按照表 5 – 3 中的用量进行 2 ~ 5 号实验。

计算出各次实验中的反应速率 v,反应速率常数 k,并将结果填入表 5 – 3 中。总结浓度对反应速率的影响的结论。

表 5 – 3　浓度对反应速率的影响　　　　　反应温度(室温)_____℃

	实验序号	1	2	3	4	5
试剂用量/mL	$0.1\ mol/dm^3$ $(NH_4)_2S_2O_8$	5.0	5.0	10.0	10.0	15.0
	$0.1\ mol/dm^3$ KI	5.0	10.0	10.0	5.0	5.0
	$0.001\ mol/dm^3$ $Na_2S_2O_3$	5.0	5.0	5.0	5.0	5.0
	8‰淀粉溶液	2.0	2.0	2.0	2.0	2.0
	$0.1\ mol/dm^3$ KNO_3	5.0	0	0	5.0	5.0
	$0.1\ mol/dm^3$ $(NH_4)_2SO_4$	10.0	10.0	5.0	5.0	0
混合溶液中反应物起始浓度/(mol·dm^{-3})	$(NH_4)_2S_2O_8$					
	KI 溶液					
	$Na_2S_2O_3$ 溶液					
	反应时间 Δt/s					

续表

实验序号	1	2	3	4	5
反应速率 $v/$ (mol·L^{-1}·s^{-1})					
反应速率常数 k					
反应速率常数的平均值					

2. 温度对反应速率的影响

按表 5-3 中实验序号 5 的用量，分别量取 KI、Na$_2$S$_2$O$_3$、KNO$_3$ 和淀粉溶液，均加入 50 mL 烧杯中，搅匀混合液。再量取规定量的 (NH$_4$)$_2$S$_2$O$_8$ 溶液于另一烧杯中。将两只烧杯都放入冰水浴中冷却到低于室温 10 ℃ 时，快速将 (NH$_4$)$_2$S$_2$O$_8$ 溶液加入到 KI 等混合溶液中，立即按下秒表计时，不断搅拌，当溶液刚出现蓝色时，停止记时，记下反应时间。

利用热水浴在高于室温 10 ℃ 和 20 ℃ 的条件下，分别重复实验序号 5 的实验，记下反应时间（注意尽量在一次实验中保持温度不变）。

将上述三个温度下的反应时间 Δt 和实验序号 5 测得的室温下的反应时间 Δt 一并填入表 5-4 中，并计算反应速率和反应速率常数。

表 5-4　温度对反应速率的影响

实验序号	1	2	3	4
反应温度 t/℃				
反应时间 Δt/s				
反应速率 $v/$ (mol·L^{-1}·s^{-1})				
反应速率常数 k				
lg$k$				
$\frac{1}{T}$/K^{-1}				

由计算结果总结温度对反应速率的影响的结论。并验证反应温度每升高 10 ℃，反应速率加快 2~3 倍或速率常数值增大 2~10 倍的规律性。

3. 催化剂对反应速率的影响

催化剂可以改变反应机理，降低反应活化能，增大活化分子分数，加快反应速率。催化剂有选择性，不同反应常采用不同的催化剂。Cu^{2+} 可作为本实验的催化剂。

表 5-2 中序号 1 的用量，在混合溶液中加入 2 滴 0.02 mol/dm^3 Cu(NO$_3$)$_2$ 溶液，搅拌均匀后，迅速加入 5 mL 0.1 mol/dm^3 (NH$_4$)$_2$S$_2$O$_8$ 溶液，搅拌，记录反应时间 Δt，与前面没有加 Cu(NO$_3$)$_2$ 的结果比较，说明催化剂对反应速率的影响。

【数据处理】

1. 反应级数的计算

先由式（5）确定实验序号 1~5 的各个反应速率值 v。

将表 5-2 中实验序号 1 和 2 的结果代入下式

$$\frac{\Delta c(S_2O_8^{2-})}{\Delta t} = kc^\alpha(S_2O_8^{2-})c^\beta(I^-)$$

可得到

$$\frac{\nu_1}{\nu_2} = \frac{\Delta t_2}{\Delta t_1} = \frac{kc_1^\alpha(S_2O_8^{2-})c_1^\beta(I^-)}{kc_2^\alpha(S_2O_8^{2-})c_2^\beta(I^-)}$$

由于

$$c_1^\alpha(S_2O_8^{2-}) = c_2^\alpha(S_2O_8^{2-})$$

所以

$$\frac{\nu_1}{\nu_2} = \frac{c_1^\beta(I^-)}{c_2^\beta(I^-)}$$

ν_1、ν_2、$c_1^\beta(I^-)$ 和 $c_2^\beta(I^-)$ 都是已知数,由此可求出 β。
用同样方法把实验序号 2 和 3 的结果代入,可得到

$$\frac{\nu_2}{\nu_3} = \frac{kc_2^\alpha(S_2O_8^{2-})c_2^\beta(I^-)}{kc_3^\alpha(S_2O_8^{2-})c_3^\beta(I^-)}$$

$$c_2^\beta(I^-) = c_3^\beta(I^-)$$

$$\frac{\nu_2}{\nu_3} = \frac{k_2^\alpha(S_2O_8^{2-})}{k_3^\alpha(S_2O_8^{2-})}$$

由上式可求出 α。再由 α 和 β 求得总反应级数

$$总反应级数 = \alpha + \beta$$

写出此反应的速率方程式。

2. 计算反应速率常数 k

$$\nu = \frac{-\Delta c(S_2O_8^{2-})}{\Delta t} = kc^\alpha(S_2O_8^{2-})c^\beta(I^-)$$

已知 ν、α、β 和溶液浓度,就可以求出 k 值。将计算所得 k 值填入表 5-3 中。

3. 活化能的计算

依据表 5-3 的结果,以 $\frac{1}{T}$ 为横坐标,$\lg k$ 为纵坐标作图,得一直线,此直线的斜率为:$-\frac{Ea}{2.303R}$,用式(8),求出该反应的活化能 Ea。

4. 相对误差和误差分析

由文献查得

$$S_2O_8^{2-} + 3I^- \xrightarrow{H^+} 2SO_4^{2-} + I_3^-$$

$$Ea(文献) = 56.7 \text{ kJ} \cdot \text{mol}^{-1}$$

根据实验测得的活化能 Ea(实验)计算相对误差,分析产生误差的原因。

【思考题】

(1) 根据实验结果,总结浓度、温度、催化剂对反应速率的影响。
(2) 实验中反应溶液出现蓝色是否反应就终止了?
(3) 实验中 $Na_2S_2O_3$ 溶液用量(过多或过少)对实验结果有何影响?
(4) 将 $(NH_4)_2S_2O_8$ 溶液加入混合溶液时,为什么要迅速?

(5) 根据反应方程式能否直接确定反应级数？为什么？试用本实验结果说明。

(6) 本实验测出的 v 是瞬时速率，还是平均速率？两种速率近似相等的条件是什么？

(7) 本实验误差产生的主要原因是什么？

(8) $(NH_4)_2S_2O_8$ 氧化 I^- 而没有氧化 $S_2O_3^{2-}$ 的实验事实与电极电势值有无矛盾？为什么？

实验 6 化学反应摩尔焓变的测定

【实验目的】

(1) 了解测定化学反应焓变的原理和方法。

(2) 巩固电子（电光分析）天平的正确使用和容量瓶、移液管的正确使用，巩固准确浓度溶液的配制。

(3) 学习用作图外推法处理实验数据。

【实验原理】

化学反应总是伴随着能量变化。若在恒压不作非体积功条件下，化学反应的热效应称为等压热效应。在化学热力学中用焓变 ΔrH_m 来表示。放热反应 ΔrH_m 为负值，吸热反应 ΔrH_m 为正值。

测定反应热效应的实验方法很多。本实验是在绝热条件下使反应物在量热计中反应。量热计中溶液温度升高的同时也使量热计的温度相应提高。

本实验中锌粉和硫酸铜溶液的反应，说明热效应的测定过程

$$Zn + CuSO_4 \longrightarrow ZnSO_4 + Cu$$

该反应是放热反应。测定时，先在量热计中放入稍过量的锌粉及已知浓度和体积的硫酸铜溶液。随着反应进行，不时地记录溶液温度变化。当温度不再升高，并且开始下降时，说明反应结束。本实验采用普通保温杯和精密温度计作为简易量热计来测量。

使用量热计测定反应热效应，首先要知道量热计的热容，即量热计温度升高 1 K 所需要的热量。因为在量热计中进行的化学反应所产生的热量，可以使量热计的温度升高，所以在测定反应焓变之前必须先确定所用量热计的热容，否则 ΔrH_m 测定值偏低。因此在恒压下反应产生的热效应或焓变，应为

$$\Delta rH_m = \pm \left[\Delta T \cdot C \cdot V \cdot \rho \cdot \left(\frac{l}{n}\right) + \Delta T \cdot C' \cdot \left(\frac{l}{n}\right) \right] \tag{1}$$

式中，ΔrH_m 为化学反应的摩尔焓变，kJ/mol；ΔT 为反应前后溶液温度的变化，K；C 为溶液的比热容，J/(g·K)；V 为溶液的体积，cm³；ρ 为溶液的密度，g/cm；n 为 V（cm³）溶液中溶质的物质的量，mol；C' 为量热计的热容，J/K；± 为 " ± " 号表示反应是放热，还是吸热。

量热计的热容的测定方法根据提供能量方式不同，一般可分为化学方法和物理方法两种。化学方法是将已知热效应的标准样品放在量热计中反应（使用溶液或先加一定溶剂），使其放出一定热量，测定系统的温度，然后根据已知热量和测得的温度，计算出量热计的热容。本实验采用物理方法测定量热计的热容，具体测定方法大致如下：首先在量热计中加一

定质量 m（如 50 g）的冷水，待温度平衡后，测定系统温度为 T_1，然后加入相同量的热水（比 T_1 温度高 20~30 ℃），温度为 T_2，测得混合后的系统温度为 T_3。则

$$热水失热 = (T_2 - T_3) \times m \times C$$
$$冷水得热 = (T_3 - T_1) \times m \times C$$
$$量热计得热 = (T_3 - T_1) \times C'$$

因为热水失热与冷水得热之差即为量热计得热，故量热计的热容 C' 为

$$C' = \frac{[(T_2 - T_3) - (T_3 - T_1)]m}{T_3 - T_1}$$
$$= \frac{[(T_2 - T_3) - (T_3 - T_1)] \times 50 \times 4.18}{T_3 - T_1} \tag{2}$$

本实验成败的关键在于能否测得准确的温度值。为获得较准确的温度变化 ΔT，除了仔细观察反应始末的温度外，还要对影响 ΔT 的因素进行校定。

对于一般溶液反应的焓变测定，使用的简易量热计并非严格绝热系统，在实验时间内，量热计不可避免地会与环境发生少量热交换，实验测定的最高温度不能客观地反映由反应热引起的真正温差，影响对 ΔT 的准确测定。因此，在反应过程中，每间隔一段时间记录一次温度，然后采用外推法用温度对时间作图，可在一定程度上消除这一影响。

【仪器与试剂】

仪器：电子天平；托盘天平；量热计；磁力搅拌器；温度计（-5~+50 ℃、1/10 刻度）；容量瓶（250 mL）；称液管（50 mL）；秒表；电炉；烧杯（100 mL）；吸耳球；滤纸条。

试剂：硫酸铜 $CuSO_4 \cdot 5H_2O$（s、AR）；锌粉（CP）。

【实验内容】

1. 配制准确浓度的硫酸铜溶液

实验前计算好配制 250.00 mL，0.2 mol/dm³ $CuSO_4$ 溶液所需 $CuSO_4 \cdot 5H_2O$ 的质量（要求 3 位有效数字）。

在电子天平上称取所需的 $CuSO_4 \cdot 5H_2O$，将它倒入烧杯，加入约 30 mL 去离子水，用玻璃棒搅拌至硫酸铜完全溶解，将此溶液沿玻璃棒注入 250 mL 容量瓶中，再用少量去离子水淋洗烧杯及玻璃棒数次，将此淋洗液也注入容量瓶中。最后加水至刻度，盖好瓶盖，将瓶内溶液混合均匀备用，正确计算出 $CuSO_4$ 溶液的浓度。

2. 测定量热计热容 C'

（1）按图 5-7 装配简易量计热，用量筒取 50 mL 自来水放入干燥的量热计，盖好盖子，缓缓搅拌，几分钟后观察温度，若连续 3 min 温度无变化，说明系统温度已达到平衡，记下此时温度 T_1（精确到 0.1 ℃）。

（2）准备好 50 mL 比 T_1 高 20~30 ℃ 的热水，准确读出此热水温度 T_2[①]，迅速将此热水

[①] 测量此温度的温度计应与量热计中使用的温度计进行校对，为此将两支温度计放入盛水的烧杯中，待平衡后观查两者的差值，并记下来，在计算时加以考虑。

倒入量热计中，盖好盖子，并不断搅拌。在倒热水的同时，按动秒表。开始时，每 15 s 记录温度一次，当温度升到最高点后，每 30 s 记录一次，连续观察 3 min。如图 5-8 所示，作出温度-时间的曲线图，求出 ΔT（$\Delta T = T_3 - T_1$）。

图 5-7　保温杯式量热计

图 5-8　温度-时间曲线

3. 化学反应焓变的测定

（1）用托盘天平称取 2 g 锌粉。

（2）用已配好的 $CuSO_4$ 溶液洗涤移液管 2~3 次，再用 50 mL 移液管准确量取 100 mL $CuSO_4$ 溶液，注入已经用水洗净且干燥的量热计中，将插有温度计的盖盖紧，然后将量热计放在电磁搅拌器上。

（3）打开电磁搅拌器，每隔 15 s 记录一次温度。直至溶液与量热计间温度达到平衡且温度保持恒定（一般需 2~3 min）。

（4）迅速向 $CuSO_4$ 溶液中加入 2 g 锌粉，立即盖好盖子，仍不断搅拌并继续每隔 15 s 记录一次温度。记录到最高温度后，再继续测定 3 min。

（5）实验结束后，小心打开量热计的盖子，注意动作不能过猛，切勿折断温度计。倒出量热计中反应后的溶液，注意不要丢失磁搅拌子。将实验中用过的仪器洗净，放回原处。

【数据记录和处理】

（1）数据记录。

（2）根据表 5-5 数据和图 5-8，以温度 T 对时间 t 作图。曲线上 C 点为反应前温度，D 点为反应后温度，M 点为反应前后之间的平均温度。由 M 点引垂线，此垂线相交于曲线由外推法得到的反应后最高温度 A 点与反应前最低温度 B 点，A、B 两点所示的温度差即为所求的较准确的溶液温升 ΔT。用坐标纸作图，横坐标表示时间 t，每隔 15 s 用 1 cm，纵坐标表示温度 T，每开用 1 cm。用作图外推法求出 ΔT。

表 5-5　化学反应焓变测定数据

时间 t/s	
温度 T/K	

（3）根据式（1）计算反应的焓变 $\Delta_r H_m$，其中溶液比热容 C 可近似用水的比热容代替，其值为 4.18 J/(g·K)；反应后溶液的密度 ρ 可取 1.00 g/cm³（或 1 kg/dm³）。

(4) 计算实验误差

$$百分误差 = \frac{[\Delta rH_m(实验值) - \Delta rH_m(理论值)]}{\Delta rH_m(理论值)} \times 100\%$$

式中，ΔH（理论值）可近似用 ΔrH_m（298 K）代替。

【思考题】

(1) 为什么实验中所用的锌粉只需托盘天平称取，而对所用的 $CuSO_4$ 溶液的浓度与体积则要求精确？

(2) 如何配制 250 mL 0.200 0 mol/dm^3 浓度的 $CuSO_4$ 溶液？操作中应注意什么？

(3) 实验所用的量热计为什么需要干燥？

(4) 若称量或移液操作不准确，对热效应测定有何影响？

(5) 为什么不取反应物混合后溶液的最高温度与刚混合时的温度之差，作为实验中测定的 ΔT 数值，而需要采用作图外推的方法求得？

(6) 试分析本实验结果产生误差的原因。

实验7 弱电解质解离常数的测定

Ⅰ：电导率法测定醋酸的解离常数和解离度

【实验目的】

(1) 学会电导率法测定弱电解质解离常数和解离度的原理和方法。

(2) 了解电导率仪的使用方法。

(3) 掌握各种浓度溶液的配制方法和正确使用滴定管、移液管的方法。

【实验原理】

醋酸是一元弱酸，在水溶液中的浓度 C、解离平衡常数 K 和解离度 α 存在如下关系

$$HAc(aq) + H_2O(l) \rightleftharpoons H_3O^+(aq) + Ac^-(aq)$$

起始浓度/mol·dm^{-3}　　　c　　　　　　　　　　0　　　　　0

平衡浓度/mol·dm^{-3}　　$c - c\alpha$　　　　　　　$c\alpha$　　　$c\alpha$

$$K^\ominus(HAc) = \frac{[c(H_3O^+)/c^\ominus][c(Ac^-)/c^\ominus]}{[c(HAc)/c^\ominus]}$$

或：
$$K^\ominus(HAc) = \frac{c(H_3O^+)c(Ac^-)}{c(HAc)} = \frac{c\alpha \cdot c\alpha}{c - c\alpha} = \frac{c\alpha^2}{1-\alpha} \tag{1}$$

故通过实验求得一定浓度下 HAc 溶液的解离度 α，解离度可由测定溶液的电导率来求得，从而可计算出解离常数 K。

物质导电能力的大小，一般以电阻 R 或电导 G 表示，二者互为倒数，即

$$G = 1/R \tag{2}$$

电阻的 SI 单位为欧［姆］（Ω），电导的 SI 单位为西［门子］（S），$1\ S = 1\ \Omega^{-1}$。

导体的电阻与其长度 l 成正比，与其横截面积 A 成反比。同理，在温度一定时，两极间溶液的电阻与两极间距离 l 成正比，与电极面积 A 成反比，即

$$R \propto \frac{l}{A} \quad \text{或} \quad R = \rho\left(\frac{l}{A}\right) \tag{3}$$

式中，ρ 为比例常数，称为电阻率，$\Omega \cdot m$。

电阻率 ρ 与电导率 κ 互为倒数，即

$$\kappa = \frac{1}{\rho} \tag{4}$$

电导率的 SI 单位为：西［门子］每米，符号为：S/m。

将式（3）、式（4）代入式（2），得

$$G = \kappa \frac{A}{l} \quad \text{或} \quad \kappa = G \frac{l}{A} \tag{5}$$

由式（5）可知，对于导体，电导率 κ 是长 1 m，截面积为 1 m² 的导体的电导，单位是 S/m。对于电解质溶液，当 $l/A = 1$ 时，$\kappa = G$，所以 κ 在数值上实际等于相距为 1 单位长度和大小为 1 单位面积的两个电极间的溶液的电导。因为在电导池中，对某一特定电极来说，两电极间距离 l 和电极面积 A 是一定的，所以，l/A 是常数，称为电导常数（此常数的数值在每支电极上已具体标示出）。

电解质溶液是靠正、负离子迁移传递电流，因此电解质溶液的导电能力与溶液中离子数目多少，离子电荷大小和离子运动速率有关。对于同一电解质，结构相同，故在一定温度时，对同一电解质不同浓度溶液的导电能力，只与电解质的总量和溶液的解离度有关。在研究溶液电导时，把电解质 B 的电导率 κ 除以物质的量浓度 C 称为摩尔电导率 $\varLambda_m$，即

$$\varLambda_m = \frac{\kappa}{c} (S \cdot m^2 \cdot mol^{-1}) \tag{6}$$

也就是说，溶液的摩尔电导率为单位（物质的量）浓度时的电导率。同一物质不同浓度的摩尔电导率只与电解质的解离度有关。

对于弱电解质来说，在无限稀释时，可看作完全解离，此时溶液的摩尔电导率称为极限摩尔电导率 $\varLambda_m^\infty$。在一定温度下，弱电解的 $\varLambda_m^\infty$ 是一定的。根据离子独立运动定律，可由离子电导计算出 $\varLambda_m^\infty$ 值。表 5-6 列出了无限稀释时醋酸溶液的极限摩尔电导率 $\varLambda_m^\infty$。

表 5-6　醋酸溶液的极限摩尔电导率

温度/℃	0	18	25	30
$\varLambda_m^\infty / (S \cdot m^2 \cdot mol^{-1})$	0.024 5	0.034 9	0.039 07	0.042 18

根据电解质溶液理论，一定温度时，一定浓度的某弱电解质，其解离度 α 近似等于该浓度 c 时的摩尔电导率 $\varLambda_m$ 与无限稀释时的极限摩尔电导率 $\varLambda_m^\infty$ 之比，即

$$\alpha = \frac{\varLambda_m}{\varLambda_m^\infty} \tag{7}$$

将式（7）代入式（1），得

$$K^{\ominus}(\text{HAc}) = \frac{c\alpha^2}{1-\alpha} = \frac{c(\Lambda_m)^2}{\Lambda_m^{\infty}(\Lambda_m^{\infty} - \Lambda_m)} \tag{8}$$

这样，可由实验测定浓度 c 的醋酸溶液的电导率 κ，将 κ 值代入（6）式中计算出摩尔电导率 Λ_m，Λ_m^{∞} 可由查表得到。故将 Λ_m 与 Λ_m^{∞} 代入式（8），即可近似求得 $K(\text{HAc})$。

【仪器、试剂与材料】

仪器：DDSJ-308 型电导率仪（或 DDS-11A 型电导率仪）；酸式滴定管（50 mL 2 支）；
碱式滴定管（50 mL 1 支）；烧杯（100 mL 5 只，洁净、干燥）；锥形瓶（250 mL 3 只）；量筒（50 mL 1 个）；玻璃搅拌棒 4 支；洗瓶 1 个；移液管（25 mL 1 支）。

试剂：NaOH（0.1 mol/dm³）；HAc（0.1 mol/dm³ 已标定）；
邻苯二甲酸氢钾（$KHC_8H_4O_4$ 固体，在 100~125 ℃ 干燥后备用）；酚酞（0.2% 的 90% 乙醇溶液）。

材料：滤纸片。

【实验内容】

（1）0.1 mol/dm³ NaOH 溶液的标定（也可由实验室教师事先标定）。准确称取 0.4~0.5 g 基准试剂 $KHC_8H_4O_4$ 三份，分别置于 250 mL 锥形瓶中，加 20~30 mL 去离子水溶解后，各加入 2~3 滴酚酞指示剂，用约 0.1 mol/dm³ 的 NaOH 溶液滴定至呈微红色，30 s 不褪色即为终点。3 次滴定消耗碱量之差应小于 0.04 mL。计算 NaOH 溶液的浓度。

（2）0.1 mol/dm³ HAc 溶液的标定（也可由实验室教师事先标定）。用移液管准确取 25 mL 0.1 mol/dm³ HAc 溶液三份，分别置于 250 mL 锥形瓶中，各加 2~3 滴酚酞指示剂，用上述已标定过的标准 NaOH 溶液滴定至微红色，30 s 不褪色即为终点，3 次滴定消耗碱量之差应小于 0.04 mL，计算此 HAc 溶液的浓度。（注意每次滴定时滴定管都从 0.001 mL 开始）。

（3）配制不同浓度的醋酸溶液。将 5 只烘干了的 100 mL 烧杯按 1~5 号顺序编号，然后按照表 5-7 中用量，用两支酸式滴定管分别准确放入已标定的 0.1 mol/dm³ HAc 溶液和去离子水于烧杯中，配制不同浓度的 HAc 溶液。

表 5-7 醋酸溶液的配制与电导率测定

烧杯编号	HAc 的体积/mL（浓度已标定）	H_2O 的体积/mL	配制 HAc 溶液的浓度/（mol·dm⁻³）	电导率 κ/（S·m⁻¹）
1	3.00	45.00		
2	6.00	42.00		
3	12.00	36.00		
4	24.00	24.00		
5	48.00	0.00		

（4）测定不同浓度 HAc 溶液的电导率。用少量去离子水冲洗电极三次，再用待测溶液冲洗三次。用电导率仪（电导率仪使用方法参见第 2 章四）由稀到浓分别测定 1~5 号 HAc 溶液的电导率，数据记录在表 5-8 中。

表 5–8 HAc 溶液解离度和解离常数的测定

烧杯编号	HAc 的浓度/ (mol·dm^{-3})	κ/ (S·m^{-1})	Λ_m/ (S·m^2·mol^{-1})	解离度 α	$c\alpha^2$	$K(HAc)$	$K(HAc)$ 平均值
1							
2							
3							
4							
5							

【数据记录和结果处理】

电极常数_____；室温_____℃

在实验温度下，查表得 HAc 的极限摩尔电导率：

Λ_m^∞ _____ S·m^2·mol^{-1}。

298 K 时，HAc 的解离常数的文献值为 1.76×10^{-5}，求本实验测得值的相对误差，并分析产生误差的原因。

注：若实验时温度不同于表 5–5 中的温度，极限摩尔电导率可用内插法计算得到。例如室温为 28 ℃（301 K）介于表 5–5 中 25 ℃和 30 ℃之间，HAc 的极限摩尔电导率为

$$\Lambda_m^\infty = \left\{ 0.039\,07 + \frac{0.042\,18 - 0.039\,07}{30 - 25} \times (28 - 25) \right\} = 0.040\,936 \text{ S·m}^2\cdot\text{mol}^{-1}$$

【思考题】

(1) 什么是溶液的电导、电导率，摩尔电导率和极限摩尔电导率？
(2) 本实验所用的 HAc 溶液为什么要标定？
(3) 弱电解质溶液的摩尔电导率与浓度的关系如何？
(4) 弱电解质的解离度 α 与哪些因素有关？
(5) 影响本实验精度的因素有哪些？
(6) 金属导电与电解质溶液导电有何不同？
(7) 测定 HAc 溶液的电导率时，测定顺序为什么由稀到浓进行？
(8) 强、弱电解质溶液的摩尔电导率与浓度的关系有何不同？
(9) 如两电极不平行或面积不等，对测量结果有无影响？
(10) 下列说法是否正确？为什么？
① HAc 稀释一倍，其解离度也增加 1 倍。
② HAc 溶液越稀，其解离度越大，H^+ 浓度也越大。

Ⅱ：pH 计法测定醋酸的解离常数和解离度

【实验目的】

(1) 学会 pH 计法测定 HAc 的解离度和解离常数的原理和方法。
(2) 了解 pH 计的使用方法。
(3) 进一步熟悉滴定管、移液管的正确使用方法。

(4) 掌握各种浓度溶液的配制方法。
(5) 加深对解离平衡基本概念的理解。

【实验原理】

测定醋酸解离常数的方法很多,有电导率法、pH 法、半中和法、目视比色法,光度法和电动势法。本实验介绍 pH 法。

醋酸 HAc 是弱电解质,在溶液中存在下列解离平衡

$$HAc(aq) \rightarrow H^+(aq) + Ac^-(aq)$$

起始浓度/mol/dm³　　　c　　　　　0　　　　　0
平衡浓度/mol/dm³　　$c(HAc)$　　$c(H^+)$　　$c(Ac^-)$

其解离常数表达式为

$$K^\ominus(HAc) = \frac{\{c(H^+)/c^\ominus\} \cdot \{c(Ac^-)/c^\ominus\}}{c(HAc)/c^\ominus} \quad (1)$$

设 HAc 的起始浓度为 c,若忽略由水解离所提供的 H^+ 量,则达平衡时:有

$$c(H^+) = c(Ac^-) = x$$
$$c(HAc) = c - c(H^+) \quad (为简便式中省略 c^\ominus)$$

代入式 (1) 中得

$$K^\ominus(HAc) = \frac{c^2(H^+)}{c - c(H^+)} = \frac{x^2}{c - x}$$

当 $\alpha < 5\%$ 时,$K^\ominus(HAc) \approx \dfrac{c^2(H^+)}{c}$

严格地说,平衡常数表达式中应代入离子活度,但在 HAc 的稀溶液中,如果不存在其他强电解质,由于溶液中离子强度 I 很小,离子浓度与离子活度就近似相等。

配制一系列已知浓度的醋酸溶液,在一定温度下,用酸度计测定其 pH,然后根据 pH = $-\lg c(H^+)$,求算出 $c(H^+)$。将 $c(H^+)$ 代入式 (2) 中,可求得一系列对应的 $K^\ominus$(HAc)值,取其平均值即为该温度下 HAc 的解离常数。(实际上酸度计所测得的 pH 反映了溶液中 H^+ 的有效浓度,即 H^+ 的活度值。计算得到的 $K^\ominus$(HAc)是活度解离常数,但本实验忽略这个差别)。

【仪器与试剂】

仪器:pHS-3C 型精密 pH 计;酸式滴定管(50 mL 2 支);碱式滴定管(50 mL 1 支);烧杯(100 mL 5 只,洁净,干燥);锥形瓶(250 mL 3 只);量筒(50 mL 1 个);玻璃搅棒 4 支;洗瓶 1 个。

试剂:NaOH(0.1 ml/dm³);HAc(0.1 ml/dm³);酚酞(0.2% 的 90% 乙醇溶液);邻苯二甲酸氢钾(KHC₈H₄O₄ 固体,在 100~125 ℃干燥后备用)。

材料:滤纸片。

【实验内容】

(1) 0.1 ml/dm³ NaOH 溶液的标定(也可由实验室教师事先标定)参见实验 7,I 中的

实验内容。

(2) 0.1 ml/dm³ HAc 溶液的标定（也可由实验室教师事先标定）参见实验7，Ⅰ中的实验内容。

(3) 配制不同浓度的醋酸溶液。将五只洁净干燥的烧杯编成 1~5 号。按表 5-9 用量用酸式滴定管量取标准的 0.1 mol/dm³ HAc 溶液，配制不同浓度的醋酸溶液。

表 5-9 HAc 解离常数测定的数据纪录与处理

测定时溶液的温度：_____℃，标准 HAc 溶液的浓度：_____ mol/dm³

烧杯编号	HAc 的体积/dm³	H₂O 的体积/dm³	HAc 浓度/mol·dm³	测得的 pH	$c(H^+)$/(mol·dm⁻³)	解离常数 测定值	解离常数 平均值	解离度 α
1	3.00	45.00						
2	6.00	42.00						
3	12.00	36.00						
4	24.00	24.00						
5	48.00	0.00						

(4) 测定 HAc 溶液的 pH。用酸度计按由稀到浓的次序测定 1~5 号 HAc 溶液的 pH，将所测得的 pH 记录于表 5-9 中，计算解离度和解离常数（酸度计使用参见第 2 章四）。

(5) 数据处理：

① 根据 pH = $-\lg c(H^+)/c^\ominus$，计算出 $c(H^+)$。

② 根据 $K^\ominus(HAc) = \dfrac{c^2(H^+)}{c - c(H^+)}$ 计算 $K^\ominus(HAc)$ 值，并计算 $K^\ominus(HAc)$ 平均值。

③ 计算 HAc 的解离度，说明 HAc 浓度对 HAc 解离度的影响。

④ HAc 解离常数的文献值 $K^\ominus(HAc) = 1.76 \times 10^{-5}$，计算实验值的相对误差，并分析产生误差的原因。

【思考题】

(1) 配制不同浓度的 HAc 溶液时，玻璃烧杯为什么要保持干燥？

(2) 不同浓度的 HAc 溶液的解离度和解离常数是否相同？

(3) 实验时为什么要记录温度？

(4) HAc 的浓度与 HAc 溶液的酸度有无区别？

(5) 若 HAc 溶液浓度很稀，是否还可用近似公式 $K_a^\ominus \approx \dfrac{c^2(H^+)}{c(HAc)}$ 求解离常数？为什么？

实验8　溶度积的测定

Ⅰ：电导率法测定氯化银的溶度积

【实验目的】

(1) 学会用电导率仪测定 AgCl 溶度积的方法和原理。

(2) 巩固电导率仪的使用方法。

(3) 了解极稀溶液浓度的一种测量方法。
(4) 巩固多相离子平衡的概念及规律。
(5) 巩固活度、活度系数、浓度等概念，并进一步了解其相互关系。

【实验原理】

在一定温度下，一种难溶电解质的饱和溶液中形成一多相离子平衡，一般表示式为

$$A_nB_m(s) \rightleftharpoons nA^{m+}(aq) + mB^{n-}(aq)$$
$$K_{sp}^{\ominus} = \{c(A^{m+})/c^{\ominus}\} \cdot \{c(B^{n-})/c^{\ominus}\}$$

$K_{sp}^{\ominus}$ 称为溶度积常数，简称溶度积。$K_{sp}^{\ominus}$ 应为相应各离子活度的乘积，因为溶液中离子间有牵制作用。但考虑到难溶电解质饱和溶液中离子强度很小，可近似地用浓度代替活度。

在难溶电解质 AgCl 的饱和溶液中，存在下列平衡

$$AgCl(s) \rightleftharpoons Ag^+(aq) + Cl^-(aq)$$
$$K_{sp}^{\ominus}(AgCl) = \{c(Ag^+)/c^{\ominus}\} \cdot \{c(Cl^-)/c^{\ominus}\}$$

为简便，也可写为

$$K_{sp}^{\ominus}(AgCl) = c(Ag^+) \cdot c(Cl^-) = c^2(Ag^+) \tag{1}$$

式（1）可以看出，若能测出难溶电解质饱和溶液中相应离子浓度，就可计算出溶度积，即最终还是一个测量物质浓度的问题。由于难溶电解质的溶解度很小，很难直接测定，本实验利用浓度与电导率的关系，通过测定溶液的电导率，从而计算出 AgCl 的 $K_{sp}^{\ominus}$。

电解质溶液中摩尔电导率 Λ_m、电导率 κ 与浓度 c 之间存在下列关系

$$\Lambda_m = \frac{\kappa}{c} \tag{2}$$

对于难溶电解质来说，溶液极稀，它的饱和溶液可近似看成无限稀释溶液，离子间的影响可以忽略不计，这时溶液的摩尔电导率 Λ_m 可用极限摩尔电导率 Λ_m^{∞} 来代替，极限摩尔电导率 Λ_m^{∞} 可由物理化学手册查得。因此，只要测得 AgCl 饱和溶液的电导率 κ，根据式（2）就可以计算出 AgCl 的摩尔溶解度 c，进而求出 $K_{sp}^{\ominus}(AgCl)$。此时，式（2）可改写为

$$\Lambda_m^{\infty} = \frac{\kappa}{c} \quad \text{或} \quad c = \frac{\kappa}{\Lambda_m^{\infty}} \tag{3}$$

溶液的极限摩尔电导率可视为阳离子和阴离子的极限摩尔电导率之和，对于 AgCl 则有

$$\Lambda_m^{\infty}(AgCl) = \Lambda_m^{\infty}(Ag^+) + \Lambda_m^{\infty}(Cl^-)$$

当温度一定时，$\Lambda_m^{\infty}(Ag^+)$ 和 $\Lambda_m^{\infty}(Cl^-)$ 一定，查表即可，代入式（3）。

需要注意的是，实验所测的 AgCl 饱和溶液的电导率以 κ' 表示，其中，包括了 H_2O 解离的 H^+ 和 OH^- 的电导率，在这种稀溶液中，它们是不可忽略的，所以有

$$\kappa = \kappa' - \kappa(H_2O)$$

合并上述各式得

$$c = \frac{\kappa' - \kappa(H_2O)}{\Lambda_m^\infty}(\text{mol/dm}^3)$$

则
$$K_{sp}^\ominus(AgCl) = \left(\frac{\kappa' - \kappa(H_2O)}{\Lambda_m^\infty(AgCl)}\right)^2 \tag{4}$$

【仪器与试剂】

仪器：DDSJ-308 型电导率仪；恒温水浴；温度计(0~100 ℃ 2 支)；烧杯(100 mL, 2 只, 以塑料质的为宜)；量筒(50 mL 2 个)；点滴板(白色)。

试剂：$AgNO_3$（0.05 mol/dm³）；HCl（0.05 mol/dm³）；去离子水；二苯胺的浓 H_2SO_4 溶液。

【实验内容】

（1）AgCl 饱和溶液的制备。量取 20 mL 0.05 mol/dm³ HCl 溶液和 20 mL 0.05 mol/dm³ $AgNO_3$ 溶液分别置于 100 mL 烧杯中，在搅拌下将 $AgNO_3$ 溶液慢慢滴加到 HCl 溶液中（2~3 滴/s），然后将盛有沉淀的烧杯放置于沸水浴中加热（在通风橱中加热），并搅拌 10 min。静置冷却约 20 min，用倾析法去掉清液，再用近沸的去离子水洗涤 AgCl 沉淀，重复洗涤沉淀 3~4 次，直到用二苯胺的硫酸溶液检验清液中无 NO_3^- 为止。最后在洗净的 AgCl 沉淀中加入 40 mL 去离子水，煮沸 3~5 min，并不断搅拌，冷却至室温。

（2）调准电导率仪（电导率仪的使用见第 2 章四）。

（3）测定去离子水的电导率 $\kappa(H_2O)$（恒温）。

（4）测定上面制得的 AgCl 饱和溶液的电导率 $\kappa'(AgCl)$。为了保证 AgCl 饱和溶液的饱和度，在测定 $\kappa'(AgCl)$ 时一定要使盛 AgCl 饱和溶液的小烧杯底部有 AgCl 晶体，上层是澄清液。

【实验数据记录及处理】

见表 5-10。

表 5-10 实验数据及处理

室温/℃			
$\kappa(H_2O)/(S \cdot m^{-1})$			
$\kappa'(AgCl)/(S \cdot m^{-1})$			
$\kappa(AgCl)/(S \cdot m^{-1})$			
$\Lambda_m^\infty(AgCl)/(S \cdot m^2 \cdot mol)$			
$c(AgCl)/(mol \cdot dm^{-3})$			
$K_{sp}^\ominus(AgCl)$			
$K_{sp}^\ominus(AgCl)$ 平均值			

【思考题】

（1）什么是活度，活度系数，浓度？

（2）在什么条件下，溶液中离子浓度可以代替活度进行有关计算？

（3）为什么在制得的 AgCl 沉淀中要反复洗涤至溶液中无 NO_3^- 存在？若不这样洗涤对实验结果有何影响？

（4）在测定 AgCl 饱和溶液电导率时，水的电导率为什么不能忽略？在测定 HAc 溶液水的电导率时又该如何处理？

附：无限稀释溶液中离子的极限摩尔电导率，见表 5–11。

KCl 溶液的电导率 κ，见表 5–12。

表 5–11　无限稀释溶液中离子的极限摩尔电导率（298 K）

阳离子	$10^4 \Lambda_m^\infty / (S \cdot m^2 \cdot mol^{-1})$	阴离子	$10^4 \Lambda_m^\infty / (S \cdot m^2 \cdot mol^{-1})$
H_3O^+	349.82	OH^-	199.0
Li^+	38.69	Cl^-	76.34
Na^+	50.11	Br^-	78.40
K^+	73.52	I^-	76.80
NH_4^+	73.40	NO_3^-	71.44
Ag^+	61.92	ClO_4^-	57.30
$\frac{1}{2}Mg^{2+}$	53.60	CH_3COO^-	40.7
$\frac{1}{2}Ca^{2+}$	59.50	$\frac{1}{2}SO_4^{2-}$	80.0
$\frac{1}{2}Ba^{2+}$	63.64	$\frac{1}{2}CO_3^{2-}$	69.80
$\frac{1}{3}Fe^{3+}$	68.0	$\frac{1}{2}C_2O_4^{2-}$	74.20

表 5–12　KCl 溶液的电导率 κ

电导率/($S \cdot m^{-1}$)　　　浓度/($mol \cdot dm^{-3}$)　　温度/℃	1	0.1	0.02
10	0.083 19	0.009 33	0.001 994
11	0.085 04	0.009 56	0.002 043
12	0.086 87	0.009 79	0.002 093
13	0.088 76	0.010 02	0.002 142
14	0.090 63	0.010 25	0.002 193
15	0.092 52	0.010 48	0.002 243
16	0.094 41	0.010 72	0.002 294
17	0.096 31	0.010 95	0.002 345
18	0.098 22	0.011 19	0.002 397
19	0.100 14	0.011 43	0.002 449

续表

电导率/(S·m⁻¹) 浓度/(mol·dm⁻³) 温度/℃	1	0.1	0.02
20	0.102 07	0.011 67	0.002 501
21	0.104 00	0.011 91	0.002 553
22	0.105 54	0.012 15	0.002 606
23	0.107 89	0.012 39	0.002 659
24	0.109 84	0.012 64	0.002 712
25	0.111 80	0.012 88	0.002 765
26	0.113 77	0.013 13	0.002 819
27	0.115 74	0.013 37	0.002 875

Ⅱ：离子交换法测定碘化铅的溶度积

【实验目的】

（1）了解离子交换法的一般原理和使用离子交换树脂的基本方法。

（2）了解用离子交换法测定碘化铅溶度积的原理。

（3）进一步掌握酸度计的使用方法。

【实验原理】

在一定温度下，一种难溶电解质的饱和溶液中形成一种多相离子平衡，可表示为

$$A_nB_m(s) \rightleftharpoons nA^{m+}(aq) + mB^{n-}(aq)$$

$$K_{sp}^{\ominus} = c^n(A^{m+}) \cdot c^m(B^{n-})$$

$K_{sp}^{\ominus}$ 称为溶度积常数，简称溶度积（参见实验 8：Ⅰ实验原理）。

在微溶电解质 PbI_2 的饱和溶液中，存在下列平衡

$$PbI_2(s) \rightleftharpoons Pb^{2+}(aq) + 2I^-(aq) \tag{1}$$

其溶度积为

$$K_{sp}^{\ominus}(PbI_2) = c(Pb^{2+}) \cdot c^2(I^-) \tag{2}$$

本实验利用离子交换树脂与饱和 PbI_2 溶液进行离子交换，测定室温下 PbI_2 的溶解度，从而确定其溶度积。

离子交换树脂是一种含有能与其他的物质进行离子交换的活性基团的功能高分子化合物。含有酸性基团（如磺酸基 $-SO_3H$、羧基 $-COOH$、伯胺基 $-NH_3-$，仲胺基 $=NH_2-$ 等）而能与其他物质交换阳离子的称为阳离子交换树脂。含有碱性基团（如伯胺基 $-NH_2-$、仲胺基 $=NH_2-$ 等）能与其他物质交换阴离子的称为阴离子交换树脂。根据交换树脂这一特性，广泛用来进行水的净化、金属的回收以及离子分离等。本实验采用强酸型阳离子交换树脂与 PbI_2 饱和溶液中的 Pb^{2+} 进行交换。其交换反应如下

$$2R\text{—}SO_3H + Pb^{2+} \rightleftharpoons (R\text{—}SO_3)_2Pb + 2H^+$$

当一定体积的 PbI_2 饱和溶液流经阳离子交换树脂时,树脂上的 H^+ 即与 Pb^{2+} 进行交换。交换后, H^+ 随流出液流出。式(1)平衡向右移动, PbI_2 解离,结果全部 Pb^{2+} 被交换为 H^+,从流出液的 $c(H^+)$,可计算出通过离子交换树脂的碘化铅饱和溶液中的 Pb^{2+} 浓度,从而得到 PbI_2 饱和溶液的浓度,然后求出碘化铅的溶度积。

从流出液的 $c(H^+)$ 可计算 PbI_2 的溶解度 S

$$S = c(Pb^{2+}) = \frac{c(H^+)}{2} \tag{3}$$

流出液中的 $c(H^+)$ 可用标准 NaOH 溶液滴定,也可用 pH 计测定。本实验采用 pH 计测定溶液中的 $c(H^+)$。

计算方法如下:

取 25 mL 饱和 PbI_2 溶液,经过阳离子交换柱,其流出液注入 100 mL 容量瓶,用去离子水淋洗柱内阳离子交换树脂,洗涤水并入容量瓶,至 100 mL 刻度为止,容量瓶内溶液混合均匀后测定 pH 或 $c(H^+)$。

$$c(H^+)_{25} \times 25 = c(H^+)_{100} \times 100$$

式中, $c(H^+)_{25}$ 为 25 mL 溶液完全交换后的 $c(H^+)$; $c(H^+)_{100}$ 为稀释至 100 mL 后测定的 $c(H^+)$。

根据式(3),因此

$$S = c(Pb^{2+}) = \frac{c(H^+)_{25}}{2} = \frac{c(H^+)_{100}}{2} \times \frac{100}{25}$$

设饱和 PbI_2 溶液中 $\qquad c(Pb^{2+}) = c$

则 $\qquad c(I^-) = 2c$

则式(2) $\qquad K_{sp}^{\ominus}(PbI_2) = c(Pb^{2+}) \cdot c^2(I^-) = c(2c)^2 = 4c^3 = 4S^3$

$$K_{sp}^{\ominus}(PbI_2) = 4\left[\frac{c(H^+)_{100}}{2} \times \frac{100}{25}\right]^3 = 32 \times c^3(H^+)_{100}$$

【仪器与试剂】

仪器:离子交换柱(可用一支直径约为 2 cm,下口较细的玻璃管代替。下端细口处填少许玻璃棉,并连接一段乳胶管,夹上螺旋夹);移液管 1 支(25 mL);吸耳球;容量瓶(100 mL);烧杯(50 mL);pH 计;锥形瓶(干净、干燥);玻璃漏斗(干净、干燥)。

试剂: PbI_2 固体(AR);强酸型阳离子交换树脂(型号 732,柱内氢型湿树脂约 65 mL);HCl(2 mol/dm³)。

材料:玻璃棉;pH 试纸;滤纸;玻璃(干净、干燥)。

【实验内容】

(1)碘化铅饱和溶液的制备(由实验教师制备)。将过量的碘化铅固体溶于经煮沸除去

CO_2 的去离子水中，充分搅动并放置过夜，使其溶解，达成沉淀溶解平衡。

若无试剂碘化铅，可用硝酸铅溶液与过量的碘化钾溶液反应而制得。制成的碘化铅沉淀需用去离子水反复洗涤，以防过量的铅离子存在。过滤，得到碘化铅固体，再配成饱和溶液。

PbI_2 的溶解度见表 5-13。

表 5-13　PbI_2 的溶解度

温度/℃	0	20	25	30	40	50
溶解度/g·(100 g 水)	0.044 2	0.068	0.076	0.090	0.125	0.164

（2）装柱（由实验教师装好）。预先将阳离子交换树脂用去离子水浸泡 24～48 h。

在交换柱底部先填入少量玻璃纤维，（见图 5-9）以防止离子交换树脂随流出液流出。然后将浸泡过的阳离子交换树脂约 40 g 随同去离子水一齐注入交换柱中。为防止离子交换树脂中有气泡，可用长玻璃棒插入交换柱的树脂内搅动，以赶尽树脂中的气泡。在装柱和以后树脂的转型和交换的整个过程中，要注意液面始终要高出树脂，避免空气进入树脂层，以致影响交换结果。

（3）转型（由实验教师准备）。为保证 Pb^{2+} 完全转换成 H^+，在进行离子交换前，必须将钠型树脂完全转变成氢型，否则实验结果将偏低（为什么?）。可用 130 mL 2 mol/dm^3 HCl 以 30～40 滴/min 的流速流过离子交换树脂。然后用去离子水淋洗树脂，至淋洗液呈中性（用 pH 试纸检验）。

图 5-9　离子交换柱

（4）交换和洗涤。离子交换前，将碘化铅饱和溶液过滤到一只干净的干燥的锥形瓶中（过滤所用漏斗、锥形瓶、玻璃棒必须是干净、干燥的。滤纸可用 PbI_2 饱和溶液润湿）。测量并记录饱和溶液的温度。用移液管准确量取 25 mL PbI_2 饱和溶液，放入一小烧杯中，分几次将其转移至离子交换柱内。流出液用 100 mL 容量瓶承接，流出速度控制在 20～25 滴/min，不宜太快。当液面下降至略高于树脂时，加 25 mL 去离子水洗涤，流速同前。再次用 25 mL 去离子水继续洗涤时，流出速度可适当加快，控制在 40～50 滴/min，继续洗涤，在流出液接近 100 mL 时，用 pH 试纸测试，流出液的 pH 应接近于 7。旋紧螺旋夹，移走容量瓶。每次加液体前，液面都应略高于树脂 2～3 mm，这样不会带进气泡，又可减少溶液的混合，以提高交换和洗涤效果。在交换和洗涤过程中，注意流出液不要损失。

（5）氢离子浓度的测定。用滴管将去离子水加至盛有流出液的 100 mL 容量瓶中至刻度，充分摇匀。用酸度计测定溶液的 pH 值，计算出流出液稀释至 100 mL 后测出的 $c(H^+)$，用 $c(H^+)_{100}$ 表示。

（6）离子交换树脂的后处理。用过的离子交换树脂，先用去离子水洗涤，再用 2 mol/dm^3 的 HCl 约 100 mL 淋洗。然后用去离子水洗涤至流出液为中性后，即可再使用。

【数据记录和处理】

PbI_2 饱和溶液的温度/℃ ＿＿＿＿＿＿；

通过交换柱的饱和溶液的体积/mL _____；

流出液的 pH _____；

流出液的 $c(H^+)_{100}$ _____；

PbI_2 的溶解度 S _____；

PbI_2 的 $K_{sp}^{\ominus}$ _____。

数据的计算过程要求写入实验报告。对照 $K_{sp}^{\ominus}(PbI_2)$ 的文献值，计算实验误差，并讨论误差原因。

【思考题】

(1) 在离子交换树脂的转型中，如果加入盐酸的量不够，树脂没完全转变成氢型，会对实验结果造成什么影响？

(2) 在交换和洗涤过程中，如果流出液有一少部分损失掉，会对实验结果造成什么影响？

(3) 在进行离子交换操作过程中，为什么要控制流出液的流速？如果流速太快，将会产生什么后果？

(4) 为什么交换前与交换洗涤后的流出液都要呈中性？为什么要将洗涤液合并到容量瓶中？

Ⅲ：分光光度法测定碘酸铜溶度积

【实验目的】

(1) 了解分光光度法测定难溶电解质溶度积的原理和方法。

(2) 学习分光光度计的使用方法。

(3) 熟悉溶液配制、移液、沉淀的洗涤及抽滤操作。

(4) 了解工作曲线的作用及学习工作曲线的绘制。

【实验原理】

常用的难溶电解质溶度积测定方法有电导率法、离子交换法、分光光度法、离子计法、佛尔哈德（沉淀滴定）法等。其实质都是在一定温度下，测定溶液中相关离子的浓度，从而求得 $K_{sp}^{\ominus}$。本实验采用分光光度法测定难溶强电解质碘酸铜的溶度积。

$Cu(IO_3)_2$ 在其水溶液中存在下述动态平衡

$$Cu(IO_3)_2(s) \rightleftharpoons Cu^{2+}(aq) + 2IO_3^-(aq)$$

上式的平衡常数为 $Cu(IO_3)_2$ 的溶度积常数

$$K_{sp}^{\ominus}[Cu(IO_3)_2] = \frac{c(Cu^{2+})}{c^{\ominus}} \times \left(\frac{c(IO_3^-)}{c^{\ominus}}\right)^2 = 4\left(\frac{c(Cu^{2+})}{c^{\ominus}}\right)^3$$

溶液中，Cu^{2+} 的浓度与 IO_3^- 的浓度关系为

$$c(Cu^{2+}) = \frac{1}{2}c(IO_3^-)$$

平衡时的溶液为饱和溶液，测定 $Cu(IO_3)_2$ 饱和溶液中的 $c(Cu^{2+})$，便可计算出碘酸铜

的溶度积常数 $K_{sp}^{\ominus}$。

$c(Cu^{2+})$ 的测定通过分光光度法进行，采用一系列已知浓度的 Cu^{2+} 溶液，加入氨水，使 Cu^{2+} 生成蓝色 $[Cu(NH_3)_4]^{2+}$ 配离子，用分光光度计在 610 nm 处，测定有色液的一系列相应吸光度 A（有效溶液浓度范围为 $1\sim0.01$ mol/dm³），以吸光度 A 为纵坐标，以 $c(Cu^{2+})$ 为横坐标，描绘 $A-c(Cu^{2+})$ 的关系曲线（称为标准曲线）。然后在同样条件下，吸取一定量 $Cu(IO_3)_2$ 饱和溶液与等量氨水作用，测定所得蓝色溶液的吸光度 A'，在标准曲线上找出与 A' 相对应的 Cu^{2+} 的浓度，即为 $Cu(IO_3)_2$ 饱和溶液中的 $c(Cu^{2+})$。最后由此 $c(Cu^{2+})$ 便可求算出 $Cu(IO_3)_2$ 的溶度积常数 $K_{sp}^{\ominus}(Cu(IO_3)_2)$。

【仪器与试剂】

仪器：托盘天平；烧杯（50 mL 6 只、100 mL）；抽滤装置；滤纸；吸量管；容量瓶（50 mL 5 个）；锥形瓶（250 mL）；量筒（50 mL、100 mL）；721 型分光光度计（或 722 型或 752 型）。

试剂：$CuSO_4$（固体、AR）；KIO_3（固体、AR）；氨水（1 mol/dm³）；磁加热搅拌器；$CuSO_4$ 标准溶液（0.100 0 mol/dm³）。

【实验内容】

1. $Cu(IO_3)_2$ 固体的制备

托盘天平称取 2.7 g KIO_3 晶体，放于 100 mL 烧杯中，加入 50 mL 去离子水。再称取 1.5 g $CuSO_4 \cdot 5H_2O$ 晶体置于 50 mL 烧杯中，加入 20 mL 去离子水，待晶体完全溶解后，把 $CuSO_4$ 溶液倒入 KIO_3 溶液，搅拌加热至沸腾，然后静置冷却，待沉淀完全沉降后，倒去清液，所得 $Cu(IO_3)_2$ 沉淀用去离子水洗涤至无 SO_4^{2-}，抽滤沉淀，得到洁净的 $Cu(IO_3)_2$ 固体，烘干待用（需制备 $1\sim2$ g 干燥 $Cu(IO_3)_2$ 固体，查 $Cu(IO_3)_2$ 的分解温度）。

2. 配制 $Cu(IO_3)_2$ 饱和溶液

称取上述制备的 $Cu(IO_3)_2$ 固体 1.5 g，放入 250 mL 的锥形瓶中，加入 150 mL 去离子水，在磁力加热搅拌器上，边搅拌边加热至 343~353 K，保持此温度，搅拌 15 min，冷却，室温下静置 2~3 h。

3. 标准曲线制作

（1）用 $CuSO_4$ 标准溶液制备工作曲线。取五个 50 mL 容量瓶，用吸量管分别加入 0.5 mL，1.0 mL，2.5 mL，5.0 mL，7.5 mL 标准 $CuSO_4$ 溶液（0.100 0 mol/dm³），用去离子水稀释至刻度，摇匀。

取上述五种浓度的溶液各 10.00 mL 分别放入五只 50 mL 的干燥小烧杯中，再各加入 10.00 mL 1 mol/dm³ $NH_3 \cdot H_2O$，将小烧杯中溶液摇匀。

另取一只小烧杯，加入 10.00 mL 去离子水和 10.00 mL 1 mol/dm³ $NH_3 \cdot H_2O$，也将烧杯中溶液摇匀，做空白溶液实验。

（2）标准曲线数据测定。在 610 nm 波长下，用 2 cm（1 cm）比色皿，用 721 型分光光度计（分光光度计的使用参见第 2 章四）测出上面配制的各溶液的吸光度，填入表 5-14。以 $c(Cu^{2+})$ 对吸光度 A 作出 $A-c(Cu^{2+})$ 标准曲线图。

表 5-14 数据测定

测量编号	1	2	3	4	5	待测 1	待测 2
$V(CuSO_4)$/mL	0.5	1.0	2.5	5.0	7.5		
$c(Cu^{2+})$/(mol·dm^{-3})							
A							

4. Cu(IO$_3$)$_2$ 饱和溶液中 $c(Cu^{2+})$ 的测定

从准备好的 Cu(IO$_3$)$_2$ 饱和溶液中，分别吸取 10.00 mL 上层清液两份（不能吸入沉淀）于 50 mL 干燥小烧杯中，各加入 10 mL 1 mol/dm^3 氨水溶液，混合均匀后，在与测定标准曲线相同的条件下，测定吸光度 A'，填入表 5-14 中。

5. 求算 $K_{sp}^{\ominus}[Cu(IO_3)_2]$

（1）根据测得的 A' 值，在工作曲线上查出相应的 Cu^{2+} 浓度。

（2）由 $c(Cu^{2+})$，计算 $K_{sp}^{\ominus}[Cu(IO_3)_2]$ 的数值。

（3）以 7.4×10^{-8} 为标准值计算相对误差，并进行误差分析。

【思考题】

（1）加入 1 mol/dm^3 NH$_3$·H$_2$O 量是否要准确？能否用量筒量取？

（2）吸取 Cu(IO$_3$)$_2$ 饱和溶液时，若吸取少量固体，对测定结果有无影响？

（3）为什么在配制制作标准曲线的系列溶液及测定 Cu(IO$_3$)$_2$ 饱和溶液的吸光度时都要求容器干燥？否则对实验结果有何影响？

实验 9　电极电势的测定

【实验目的】

（1）了解测定电极电势的原理和方法。

（2）掌握用 pH 计测定原电池电动势的方法。

（3）了解影响电极电势的因素。

（4）学会（或巩固）正确使用移液管、容量瓶配制溶液。

（5）学会（或巩固）作图法处理数据。

【实验原理】

电极电势是在讨论氧化还原反应时经常要用到的数据。目前，所有氧化还原电对的电极电势绝对值还无法测得，通常用其相对值代替。通常所用的某电极的标准电极电势是由某电对与标准氢电极构成原电池时所测出的电动势而求得的。

原电池是由电解质、电极和盐桥组成，如果用两种不同金属组成原电池，一般来说，相对活泼的金属为负极，相对不活泼的金属为正极。放电时负极上发生氧化反应，不断输出电子，电子通过外电路流入正极，正极不断得到电子，发生还原反应，当外电路连接上检流时，可以粗略地测出原电池的电动势 E 为

$$E = E(+) - E(-) \tag{1}$$

当某电对与标准氢电极组成原电池时，标准氢电极是作为参比电极，但这种气体电极使用时控制的条件很严，使用不方便。因此，测定电极电势时，常用一些制备工艺简单、易于复制、电极电势稳定、使用方便的电极作参比电极。如甘汞电极：Pt, Hg(1), $Hg_2Cl_2(s)$, KCl(aq)作为参比电极，用来替代标准氢电极，与待测电极组成原电池，用检流计（或酸度计）测定该原电池的电动势 E，然后计算出待测电极的电极电势，再根据能斯特方程式求出待测电极的标准电极电势，有

$$E(氧/还) = E^{\ominus}(氧/还) + \frac{RT}{zF}\ln\frac{c(氧化型)/c^{\ominus}}{c(还原型)/c^{\ominus}} \tag{2}$$

式中对数项应该用各物种活度（即溶液的有效浓度）。活度 a 与真实浓度 m 之间的关系为

$$a = fm$$

式中，f 为活度系数。$ZnSO_4$，$CuSO_4$ 溶液的 f 值见表 5–16。

例如，当测定锌电极的电极电势时，将锌电极与饱和甘汞电极组成原电池，测定其电动势 E，其原电池符号为

$$(-)Zn|ZnSO_4(c)||KCl(饱和)|Hg_2Cl_2(S), Hg(l), Pt(+)$$

当甘汞电极中 KCl 饱和溶液温度在 25 ℃时，其电极电势 $E^{\ominus}(Hg_2Cl_2/Hg) = 0.2415\ V$，该电池的电动势 E 可以确定锌电极的电极电势 $E(Zn^{2+}/Zn)$。因为根据 $E = E(+) - E(-)$，可得

$$E = E(Hg_2Cl_2/Hg) - E(Zn^{2+}/Zn)$$

则
$$E(Zn^{2+}/Zn) = E(Hg_2Cl_2/Hg) - E = 0.2415\ V - E \tag{3}$$

若锌电极为标准锌电极，且在标准态下进行，则测定的电势为标准电极电势 $E^{\ominus}(Zn^{2+}/Zn)$。若锌电极与其测定条件为非标准态，则需将式（3）的结果代入 Nernst 方程式求算 $E^{\ominus}(Zn^{2+}/Zn)$ 即

$$E(Zn^{2+}/Zn) = E^{\ominus}(Zn^{2+}/Zn) + 2.303\frac{RT}{2F}\lg a(Zn^{2+}) \tag{4}$$

因此，测定一系列不同 $a(Zn^{2+})$ 的 $E(Zn^{2+}/Zn)$，再以 $E(Zn^{2+}/Zn)$ 值为纵坐标，以 $\lg a(Zn^{2+})/c^{\ominus}$ 为横坐标作 $E(Zn^{2+}/Zn) - \lg\frac{a(Zn^{2+})}{1\ mol\cdot kg^{-1}}$ 图应得一直线，据此可检查出实验水平。同时也可利用 $E(Zn^{2+}/Zn) - \lg\frac{a(Zn^{2+})}{1\ mol\cdot kg^{-1}}$ 图，直接查出未知 $a(Zn^{2+})$ 溶液的 $E(Zn^{2+}/Zn)$，以及从 $E(Zn^{2+}/Zn) - \lg\frac{a(Zn^{2+})}{1\ mol\cdot kg^{-1}}$ 图的直线斜率，求气体常数 R 或法拉第常数 F 等。

本实验采用饱和甘汞电极作为参比电极，常用的参比电极除甘汞电极外，还有氯化银电极等。甘汞电极的电极反应为

$$Hg_2Cl_2(s) + 2e^- \rightleftharpoons 2Hg(l) + 2Cl^-$$

$$E(\mathrm{Hg_2Cl_2/Hg}) = E^{\ominus}(\mathrm{Hg_2Cl_2/Hg}) - \frac{RT}{2F}\ln\left[\frac{a(\mathrm{Cl^-})}{1\ \mathrm{mol\cdot kg^{-1}}}\right]^2$$

从上式中可看出，甘汞电极的电势大小与 Cl⁻ 活度有关，也就是与 KCl 溶液的浓度有关。

常用的甘汞电极有三种，而饱和甘汞电极是最常用的。甘汞电极的电极电势见表 5–15。

表 5–15 甘汞电极的电极电势

KCl 溶液	名称	$E(\mathrm{Hg_2Cl_2/Hg})/\mathrm{V}$ (25 ℃)	温度影响
0.1 mol/dm³	0.1 mol 甘汞电极	0.333 8	$E(\mathrm{Hg_2Cl_2/Hg}) = 0.333\ 8 - 7\times10^{-5}(t-25)$
1.0 mol/dm³	1.0 mol 甘汞电极	0.280 2	$E(\mathrm{Hg_2Cl_2/Hg}) = 0.280\ 2 - 2.4\times10^{-4}(t-25)$
饱和	饱和甘汞电极	0.241 5	$E(\mathrm{Hg_2Cl_2/Hg}) = 0.241\ 5 - 7.6\times10^{-4}(t-25)$

表 5–16 CuSO₄、ZnSO₄ 溶液的活度系数 (25 ℃)

溶液 \ $m/(\mathrm{mol\cdot kg^{-1}})$ f	0.100 0	0.200 0	0.400 0	0.500 0	0.800 0	1.000
CuSO₄	0.150	0.104	0.071	0.062	0.048	0.043
ZnSO₄	0.150	0.104	0.071	0.063	0.048	0.043

从 Nernst 方程式可看出，温度对电极电势有一定影响，除了温度外，原电池正、负极的氧化型物质或还原型物质的浓度改变对电极电势的影响更大。例如，生成配合物或生成沉淀都会使正、负极物质浓度变化，导致原电池的电动势发生改变。

【仪器、试剂与材料】

仪器：PHS–3C 型精密酸度计；复合电极 1 支；Cu 电极；Zn 电极；电极管（半电极管）；容量瓶（50 mL 4 个）；移液管（25 mL 4 支）；烧杯（100 mL 2 只，5~10 mL 1 只）；吸耳球 2 个；洗瓶 1 个。

试剂：CnSO₄（0.800 0 mol/dm³，0.200 0 mol/dm³）；ZnSO₄（0.800 0 mol/dm³，0.200 0 mol/dm³）；饱和 KCl 溶液；HCl（2 mol/dm³）；H₂SO₄（0.1 mol/dm³）；NH₃·H₂O（6 mol/dm³）；ZnSO₄（1 mol/dm³）；Na₂S（0.1 mol/dm³）。

材料：导线；细砂纸；滤纸条；盐桥。

【实验内容】

1. 测定电对 $\mathrm{Cu^{2+}/Cu}$、$\mathrm{Zn^{2+}/Zn}$ 的标准电极电势

1）装置原电池

（1）电极的活化。将待测电极用细砂纸打磨光亮（必要时可在 2 mol/dm³ HCl 或 0.1 mol/dm³ H₂SO₄ 溶液内浸洗 5 s）后，用去离子水洗净，并用滤纸吸干备用。

（2）配制已知浓度的电解质溶液。用 25 mL 移液管吸取实验室配制的 0.800 0 mol/dm³ 及 0.200 0 mol/dm³ CuSO₄ 溶液配制 0.400 0 mol/dm³ 及 0.100 0 mol/dm³ CuSO₄ 溶液置于 50 mL 容量瓶中。

用 25 mL 移液管吸取实验室配制的 0.800 0 mol/dm³ 及 0.200 0 mol/dm³ ZnSO₄ 溶液配制 0.400 0 mol/dm³ 及 0.100 0 mol/dm³ ZnSO₄ 溶液置于 50 mL 容量瓶中。

（3）电池的组合。用少量配好的电解质溶液将电极及电极管冲洗两次后，再将电解质溶液倒入电极管内（液面高度为容器的 2/3 处，应超过弯管顶部），把待测电极插入电极管内并塞紧橡皮塞，使其不得漏气。装好的电极，其虹吸管（包括管口）不能有气泡，也不能有漏液现象。按图 5-10 在 5~10 mL 烧杯中加入约容量 2/3 的饱和 KCl 溶液，将待测电极与饱和甘汞电极一同插入其中，组成原电池。

2）测量电动势

图 5-10 电极电势测定装置图

将饱和甘汞电极接到酸度计的正极，锌电极接酸度计的负极。测量锌电极分别在 0.100 0 mol/dm³、0.200 0 mol/dm³、0.400 0 mol/dm³、0.800 0 mol/dm³ ZnSO₄ 溶液中与饱和甘汞电极组成原电池的电动势。再测定铜电极分别在与上述同样的四种不同浓度的 CuSO₄ 溶液与饱和甘汞电极组成的原电池的电动势。

3）数据记录

将数据填入表 5-17 中。

表 5-17 数据记录

待测电池 \ E/mV \ 浓度/(mol/dm³)	0.100 0	0.200 0	0.400 0	0.800 0
Zn - 甘汞（饱和）				
Cu - 甘汞（饱和）				

4）结果处理

（1）根据测量结果按式（1）和式（2）式计算出待测电对的电极电势 E（氧/还）和标准电极电势 $E^{\ominus}$（氧/还）。

图 5-11 铜锌原电池

（2）分别以 $\lg \dfrac{a(Cu^{2+})}{1\ mol \cdot kg^{-1}}$、$\lg \dfrac{a(Zn^{2+})}{1\ mol \cdot kg^{-1}}$ 为横坐标，以电对的电极电势 E（氧/还）为纵坐标作图。

（3）由图中找出待测电对的标准电极电势，再与由公式计算出标准电极电势进行比较得出结论。

（4）分析误差原因。

2. 形成配合物对电极电势的影响

（1）在两只 50 mL 烧杯中，按图 5-11 所示分别倒入 20 mL 0.1 mol/dm³ CuSO₄ 和 20 mL 0.1 mol/dm³ ZnSO₄ 溶液，并将铜电极和锌电极分别插入 CuSO₄ 和 ZnSO₄ 溶液

中，放入盐桥组成原电池，用导线将原电池与酸度计相连，测定：$ZnSO_4/Zn$、$CuSO_4/Cu$ 原电池电动势。

(2) 取出盐桥，在 $CuSO_4$ 溶液中慢慢滴入 6 mol/dm³ $NH_3·H_2O$，不断搅拌，直到生成的沉淀又溶解为止。然后放入盐桥，测此时 Cu-Zn 原电池的电动势。形成配合物对 $E(Cu^{2+}/Cu)$ 有何影响？

3. 浓度对电极电势的影响

将本实验内容 2 中 Cu-Zn 原电池的 $ZnSO_4$ 溶液换为 1.0 mol/dm³，测定：$ZnSO_4/Zn$、$CuSO_4/Cu$ 原电池的电动势，并与实验内容 2 的电动势比较，试说明 $c(Zn^{2+})$ 增大对 $E(Zn^{2+}/Zn)$ 有何影响？

4. 形成沉淀对电极电势的影响

在 Cu($CuSO_4$(0.1 mol/dm³)半电池的 $CuSO_4$ 溶液中（取出盐桥），逐滴加入 0.1 mol/dm³ 的 Na_2S 溶液，搅拌，静置，待沉淀后（插入盐桥），与 $ZnSO_4$(0.1 mol/dm³))、Zn 组成原电池，测定电动势。试说明生成沉淀对 $E(Cu^{2+}/Cu)$ 有何影响？

【思考题】
(1) 盐桥的作用是什么？能否不用？
(2) 哪些因素影响电极电势？
(3) 应选用何种仪器测电极电势？
(4) 电极不进行活化对实验结果有何影响？
(5) Nernst 方程式中 $\lg c$(氧化型)、$\lg c$(还原型) 为什么不能直接用所测溶液的浓度？
(6) 测定生成配合物对电极电势的影响时，在加 $NH_3·H_2O$ 之前为什么要先取出盐桥？

附：严格地说，电化学中所用的浓度应是质量摩尔浓度，即 1 000 g 溶剂中所溶解的溶质的物质的量，单位为 mol/kg。但稀溶液中 1 mol/kg 与 1 mol/dm³ 相差不太大，本实验也可近似用 mol/dm³ 代替 mol/kg。

实验 10 分光光度法测定磺基水杨酸铜配合物的组成和稳定常数

【实验目的】
(1) 了解用分光光度法测定有色物质浓度的方法。
(2) 了解用分光光度法测定配合物的组成和稳定常数的原理和方法。
(3) 熟悉分光光度计和 pH 计的使用。
(4) 巩固溶液配制操作，以及利用参数方程和作图处理数据的方法。

【实验原理】
有色物质溶液颜色的深浅与浓度有关，溶液越浓，颜色越深。因而可以用比较溶液颜色的深浅来测定溶液中该种有色物质的浓度，这种测定方法称为比色分析。用分光光度计进行比色分析的方法称为分光光度法。

(1) 朗柏-比尔定律。比色分析的原理是：当一束一定波长的单色光通过有色溶液时，一部分光被溶液吸收，一部分光透过溶液。被吸收的光量和溶液的浓度、溶液的厚度以及入射光的强度等因素有关（见图 5-12）。

如果入射光的强度为 I_0，吸收光的强度为 I_a，透过光的强度为 I_t，则

$$I_0 = I_a + I_t$$

图 5 – 12　光的吸收示意图

当 I_0 一定时，吸收光的强度 I_a 越大，透过光的强度 I_t 越小。

对光的吸收和透过程度，通常有两种表示方法：

透光度。透过光的强度 I_t 与入射光的强度 I_0 之比称为透光度，常用 T 表示

$$T = I_t/I_0$$

T 越大，溶液的透光程度越大，而对光的吸收程度越小。

吸光度（又称光密度或消光值）。吸光度是透光度的负对数，用 A 表示

$$A = -\lg T = -\lg(I_t/I_0) = \lg(I_0/I_t)$$

A 大，I_0/I_t 也大，即溶液吸收光的程度也大。反之，溶液吸收光的程度小。

根据实验结果证明：有色溶液对光的吸收程度与溶液中有色物质的浓度 c 和液层厚度 l 的乘积成正比。这就是朗柏－比尔定律，其数学表达式为

$$A = \varepsilon c l$$

式中，ε 为一常数，称摩尔吸光系数，其数值大小与入射光的波长以及溶液的性质、温度有关。

对同一种有色物质，当入射光的波长、溶液温度和比色皿（溶液的厚度）一定时，吸光度 A 只与溶液的浓度 c 成正比。则有

$$A_1/c_1 = A_2/c_2 = \cdots = A_i/c_i = \varepsilon l = B$$

通常测定某有色物质的一系列已知浓度的吸光度，以吸光度 A 为纵坐标，以浓度 c 为横坐标，绘出 A – c 标准曲线，曲线的斜率即为 $B = \varepsilon l$。如果测得该物质的未知浓度 c_i，溶液的吸光度 A_i，则由 $c_i = A_i/B$，或从标准曲线上可立即求出 c_i。这就是比色分析的依据。

（2）等物质的量系列法求配合物的组成和稳定常数。所谓等物质的量系列法，就是保持溶液中的中心离子 M 和配体 R（M、R 都略去电荷）二者的总物质的量不变，将中心离子和配体按不同物质的量比混合，配成一系列等体积的溶液（即配一系列保持中心离子浓度 $c(M)$ 和配体浓度 $c(R)$ 之和不变的溶液），分别测定它们的吸光度。在这一系列溶液中，虽然总物质的量相等，但 M 和 R 物质的量比不同（即：在这一系列溶液中，有一些溶液的金属离子是过量的，而另一些溶液的配体是过量的。只有当溶液中金属离子（中心离子）与配体的物质的量之比与配离子的组成一致时，配离子的浓度才最大）。当溶液中只生成一种配合物时，随着 M 物质的量由小到大（R 物质的量则由大到小），配合物的浓度将是先递增后又递减，相应的吸光度也作同样的变化。若以吸光度 A 为纵坐标，以 M/R 的不同物质的量比（或配位体与中心离子的物质的量分数）为横坐标作图，所得的"吸光度 – 物质的量比"曲线，一定会出现极大值，如图 5 – 13

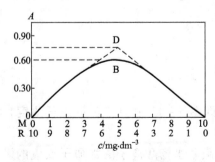

图 5 – 13　吸光度 – 物质的量比图

本实验选择测定磺基水杨酸（HO—⬡—SO₃H / COOH，简式为 H_3R）与 Cu^{2+} 形成的配合物的组成和稳定常数。在溶液中，pH 值不同则形成的配合物的组成也不同。pH 在 3~5.5 时，形成黄绿色的 $[CuR]^-$ 型配合物

$$Cu^{2+} + {}^-O_3S\text{—}⬡\text{—}OH/COOH \rightleftharpoons [{}^-O_3S\text{—}⬡\text{—}O\text{—}Cu\text{—}O\text{—}C=O] + 2H^+$$

磺基水杨酸与磺基水杨酸铜

pH > 8.5 时，形成蓝绿色的 $[CuR_2]^{4-}$ 型配合物。本实验控制溶液的 pH = 5.0，用等物质的量系列法研究此时生成的磺基水杨酸铜配合物的组成和稳定常数。

配合物组成的确定：上述所测的一系列溶液中，中心离子和配体的总物质的量相同，如果 M 和 R 全部形成了配合物，没有过量的 M 和 R，即溶液中中心离子与配体的物质的量之比与配合物（或配离子）的组成一致时，配合物的浓度最大，吸光度 - 物质的量比曲线呈现极大。因此，与曲线极大处相应的溶液的组成（M 和 R 的物质的量之比）即为该配合物的组成。对于图 5-13 所示的结果，与吸光度极大点对应的 M 和 R 的物质的量之比为 1:1，故该化合物的组成为 MR 型。如果实验结果表明，与吸光度 A 极大点对应的溶液中，M 与 R 的物质的量之比为 1:2，则配合物为 MR_2 型。

配合物稳定常数的确定：按照朗柏 - 比尔定律，如果 M 和 R 全部形成了配合物 MR_n，吸光度 - 物质的量比图应是一条折线，有明显的最大值 D，如图 5-13 中的虚线所示。与 D 处对应的吸光度是 A_1，是 MR_n 不离解时的最大吸光度。实测的与 B 处对应的吸光度 A_2 是由于配合物发生部分解离后剩下的那部分配合物的吸光度。因此，配合物的解离度 α 表示为

$$\alpha = \frac{A_1 - A_2}{A_1} \tag{1}$$

而对组成为 1:1 的配合物 MR 的稳定常数可这样求出

$$\text{MR} \rightleftharpoons \text{M} + \text{R}$$

起始浓度 c 0   0

平衡浓度 $c - c\alpha$ $c\alpha$ $c\alpha$

$$K(\text{稳}) = \frac{c(\text{MR})}{c(\text{M}) \cdot c(\text{R})} = \frac{1-\alpha}{c\alpha^2} \tag{2}$$

式中，c 是假设配合物 MR 不发生任何解离时的浓度（即图 5-13 中 D 点的配离子浓度）。将按式（1）求得的 α 值代入式（2）中即得 $K(\text{稳})$。

但这样所得的 $K(\text{稳})$ 与文献值差别较大。这可能是磺基水杨酸离子的加质子反应的影响，因为在 25 ℃时，磺基水杨酸的羧基上氢的解离常数和酚基上的解离常数分别为

$K''_a = 5.37 \times 10^{-3}$、$K'''_a = 3.98 \times 10^{-12}$,故其加质子程度很大。所以式(2)中的配体 R 浓度需加以校正。即

$$c(R) = c\alpha - c(HR) - c(H_2R) = c\alpha - \frac{1}{K'''_a}c(H) \cdot c(R) - \frac{1}{K''_a K'''_a}c(R)c^2(H)$$

化简得

$$c(R) = \frac{c\alpha}{1 + \frac{c(H)}{K'''_a} + \frac{c^2(H)}{K''_a \cdot K'''_a}} \tag{3}$$

而 $c(M) = c\alpha$,$c(MR) = c - c\alpha$

所以 $\lg K(稳) = \frac{c(MR)}{c(M)c(R)} = \frac{1-\alpha}{c\alpha^2}\left[1 + \frac{c(H)}{K'''_a} + \frac{c(H)^2}{K'''_a \cdot K''_a}\right]$ (4)

按式(4)计算结果接近文献值。比较结果见表 5-18。

表 5-18 $\lg K$(稳)的实验值与文献值

	本实验结果		文献值
	按式(2)计算	按式(4)计算	
$\lg K$(稳)	3.27	9.67	9.27 9.52 9.43±0.09

【仪器与试剂】

仪器:分光光度计;酸度计;电磁搅拌器;酸式滴定管(10 mL 2 支);容量瓶(50 mL 9 个编号);烧杯(50 mL 9 只编号);镜头纸;滤纸条。

试剂:Cu(NO$_3$)$_2$(0.05 mol/dm^3,已标定好);NaOH(1 mol/dm^3、0.05 mol/dm^3);磺基水杨酸(0.05 mol/dm^3,已标定好);HNO$_3$(0.1 mol/dm^3);KNO$_3$ 0.1 (mol/dm^3)。

【实验内容】

1. 等物质的量系列溶液的配制

(1)用 10 mL 滴定管按表 5-19 所示体积比,量取已标定好的 Cu(NO$_3$)$_2$① 和磺基水杨酸溶液②(两者浓度相等),分别放入 9 只编有号码的 50 mL 烧杯中,配成混合溶液。

---

① Cu(NO$_3$)$_2$ (0.05 mol/dm^3) 溶液配制。称取 Cu(NO$_3$)$_2$ · 3H$_2$O,用 0.1 mol/dm^3 的 KNO$_3$ 溶液配制成 0.05 mol/dm^3 的溶液,然后按下法进行标定:用移液管吸取 0.200 0 mol/dm^3 的 EDTA 标准溶液 15 mL,加热到 80 ℃(有气泡向上跑),加 1-(2-吡啶偶氮)-2 萘酚(简称 PAN)指示剂 2 滴,用待定的 Cu(NO$_3$)$_2$ 溶液滴定至溶液由蓝色转变为紫色即为终点。根据用量计算出 Cu(NO$_3$)$_2$ 溶液的准确浓度。

② 磺基水杨酸(0.05 mol/dm^3)溶液的配制。先按计量称取磺基水杨酸,用 0.1 mol/dm^3 KNO$_3$ 溶液配制成约 0.3 mol/dm^3 溶液。然后以酚酞作指示剂,用标准 NaOH 溶液标定,确定其准确浓度。再用 0.1 mol/dm^3 KNO$_3$ 稀释之,使磺基水杨酸的浓度与 Cu(NO$_3$)$_2$ 溶液浓度相同。

表 5-19 等物质的量系列溶液的配制与吸光度测定

溶液编号	1	2	3	4	5	6	7	8	9
$Cu(NO_3)_2$ 溶液体积/mL	1	2	3	4	5	6	7	8	9
H_3R 溶液体积/mL	9	8	7	6	5	4	3	2	1
吸光度									

（2）依次调节每号混合溶液的 pH。取 1 号溶液，用酸度计试测其 pH，然后在搅拌下，先慢慢滴加 1 mol/dm³ NaOH 溶液（以不生成沉淀为宜，若有沉淀生成则应待沉淀消失后再继续加 NaOH），将溶液的 pH 调到 4.5 左右，再用 0.05 mol/dm³ NaOH 准确调节，使溶液 pH 为 5.0（此时溶液的颜色为黄绿色）。若溶液的 pH 超过 5.0，则用 0.1 mol/dm³ 的 HNO_3 溶液调回，注意溶液的总体积不超过 40 mL。其他各号溶液照此处理。

（3）将调好 pH 的溶液转移到预先编有号码的 50 mL 容量瓶中，用 pH = 5 的 0.1 mol/dm³ KNO_3 溶液稀释至标线，摇匀待测。

2. 吸光度的测定

用分光光度计进行测定。选用槽长为 1 cm 的比色皿，以 pH = 5 的 0.1 mol/dm³ KNO_3 溶液①作空白，用 400 nm 波长分别测定每号混合溶液的吸光度②。

先将去离子水冲洗过的比色皿用待测溶液荡洗 3 遍，然后装入待测溶液至 2/3 体积处，并用镜头纸仔细地将比色皿透光面擦净（水滴较多时用滤纸吸去大部分水后，再用镜头纸擦净），按编号依次放入比色皿框内，进行测定。记下吸光度。分光光度计的使用及注意事项参看第 2 章四部分。

【结果处理】

（1）作图。以吸光度 A 为纵坐标，以物质的量分数（即分数 $V_M/(V_M + V_R)$）为横坐标作吸光度 - 物质的量比图，并将曲线两边的直线部分延长，求出最大的吸光度。

（2）求磺基水杨酸铜的组成和稳定常数。

【思考题】

（1）本实验中怎样确定配合物的组成？怎样求得 K(稳)？

（2）所用磺基水杨酸和硝酸铜的浓度相等是必要的吗？为什么？

（3）实验中：① 每个溶液的 pH 如果不一样；② 温度有较大变化；③ 比色皿的透光面

---

① KNO_3 (0.1 mol/dm³, pH = 5) 溶液配制。0.1 mol/dm³ 的 KNO_3 溶液用 HNO_3 准确调至 pH = 5。

② 实验波长选择。在本实验中除了形成的配合物 CuR 有颜色外，水合铜离子也有颜色。因此，实际所用波长应对配合物 CuR 有最大吸光度，而对水合铜离子有最小的吸光度。为此，测定两条吸收曲线作为选择合适波长的依据。

$Cu(NO_3)_2$ 溶液吸收曲线。取 0.050 mol/dm³ $Cu(NO_3)_2$（0.1 mol/dm³ KNO_3）溶液 10 mL 放入 50 mL 容量瓶，用 pH 为 5.0 的 0.1 mol/dm³ KNO_3 溶液稀释至刻度线。然后以 pH = 5 的 KNO_3 溶液做比色的空白液，在波长 300~800 nm 范围内测定 $Cu(NO_3)_2$ 溶液的吸光度。以所测的吸光度为纵坐标，波长为横坐标作图。

CuR 的吸收曲线。取 0.050 mol/dm³ $Cu(NO_3)_2$（0.1 mol/dm³ KNO_3）溶液 3 mL, 0.050 mol/dm³ 磺基水杨酸（H_3R）7 mL，调节 pH = 5.0，并用 pH = 5 的 0.1 mol/dm³ KNO_3 溶液稀释至 50 mL，按照 $Cu(NO_3)_2$ 溶液吸收曲线方法测其吸光度，并作图。

综合考虑上述两条曲线，选择波长为 400 nm 最适宜。

不洁净,将对结果有何影响?

实验 11　配合物的吸收光谱——分裂能的测定

【实验目的】

(1) 学习配合物分裂能的测定方法,加深对有关理论的理解。
(2) 熟悉分光光度计的使用。

【实验原理】

过渡金属形成配合物后,在晶体场的作用下,金属离子的五个简并的 d 轨道发生能级分裂。在八面体场中,d 轨道分裂为两组:e_g 轨道(两个简并轨道)和 t_{2g} 轨道(三个简并轨道),如图 5-14 所示。

图 5-14　正八面体场中 d 轨道的分裂

e_g 轨道和 t_{2g} 轨道之间的能量差称为分裂能,以 Δ_0 或 10Dq 表示,即

$$E(e_g) - E(t_{2g}) = \Delta_0 = 10\mathrm{Dq}$$

当分裂后的 d 轨道没有完全充满电子($d^1 \sim d^9$)时,电子就可在不同能量的 d 轨道之间跃迁,此种跃迁称为 d-d 跃迁。d-d 跃迁产生的光谱称为 d-d 跃迁光谱。d-d 跃迁的能量 10 000~30 000 cm^{-1},这种跃迁所需要的能量恰好等于较低能级与较高能级之间 d 轨道的分裂能。其中 14 000~25 000 cm^{-1} 相当于可见光区的能量范围,所以过渡金属的配合物常具有特征颜色。

d-d 跃迁的能量差可以通过实验测定。

根据

$$E_{光} = E(e_g) - E(t_{2g}) = \Delta_0 = h\nu$$

$$E_{光} = h\nu = \frac{hc}{\lambda} = hc\tilde{\nu} \tag{1}$$

式中,h 为普朗克常数,其值为 6.626×10^{-34} J·s (或 5.539×10^{-35} cm^{-1}·s);$E_{光}$ 为可见光光能(单位通常用 cm^{-1},J 或 kJ/mol);ν 为频率,s^{-1};c 为真空中光速,其值为 2.9989×10^{10} cm·s^{-1};λ 为波长,nm;$\tilde{\nu}$:波数,为 $\frac{1}{\lambda}$;Δ_0 为常用波数($1/\lambda$)的单位 cm^{-1} 表示。当波数为 1 cm^{-1} 时,光子的能量为

$$E_{光} = hc/\lambda = 6.626 \times 10^{-34} \mathrm{J \cdot s} \times 2.9989 \times 10^{10} \mathrm{cm \cdot s^{-1}} \times 1 \mathrm{cm^{-1}}$$
$$= 1.987 \times 10^{-23} \mathrm{J}$$

因为 h 和 c 都是常数,当 1 mol 电子跃迁时,有

$$hc = 6.626 \times 10^{-34} \mathrm{J \cdot s} \times 2.9989 \times 10^{10} \mathrm{cm \cdot s^{-1}} \times (1.987 \times 10^{-23} \mathrm{J}) = 1$$

这样,式(1)可化简为

$$\Delta_0 = \frac{hc}{\lambda} = \frac{1}{\lambda} \quad (2)$$

当 λ 单位为 nm 时，则有

$$\Delta_0 = \frac{1}{\lambda} \times 10^7 \text{ cm}^{-1} \quad (3)$$

式中，Δ_0 的单位为 cm^{-1}。

在光谱测定中，由于发生了 d–d 跃迁，则将在吸光度 A 与波长 λ 曲线中出现最大吸收峰，根据式（3），由最大吸收峰的 λ 值，可直接得到 Δ_0 值。即

$$\Delta_0 = \frac{1}{\lambda_{\text{最大}}} \times 10^7$$

分裂能的大小与中心离子的电荷、d 轨道的主量子数 n、价层电子构型以及配位体的结构和性质有关。

（1）配体相同，分裂能 Δ 按下列次序递减：

平面正方形场 > 八面体场 > 四面体场

（2）八面体场中，同一元素与相同配位体形成的配合物，中心离子电荷数多的比电荷数少的 Δ_0 值大。

例如　　　　　　　$[Cr(H_2O)_6]^{3+}$　　$\Delta_0 = 17\,600 \text{ cm}^{-1}$
　　　　　　　　　$[Cr(H_2O)_6]^{2+}$　　$\Delta_0 = 14\,000 \text{ cm}^{-1}$

（3）同族、相同电荷的过渡金属离子的八面体场配合物，随着主量子数 n 增加，其 Δ_0 值也增大。Δ_0 值从第一过渡系到第二过渡系增加 40% ~ 50%，由第二过渡系到第三过渡系增加 25% ~ 30%。

例如　　　　　　　$[CrCl_6]^{3-}$　　$\Delta_0 = 13\,600 \text{ cm}^{-1}$
　　　　　　　　　$[MoCl_6]^{3-}$　　$\Delta_0 = 19\,200 \text{ cm}^{-1}$

本实验测定 $[Ti(H_2O)_6]^{3+}$、$[Cr(H_2O)_6]^{3+}$ 和 $[Cr(EDTA)]^-$ 的分裂能。

在 $[Ti(H_2O)_6]^{3+}$ 中，中心 Ti^{3+} 离子含 d^1 电子，基态时这个 d 电子位于能级较低的 t_{2g} 轨道，当它吸收一定波长的光后，这个电子从基态 t_{2g} 轨道跃迁到 e_g 轨道，这个跃迁的能量 $h\nu$ 就相当于 $[Ti(H_2O)_6]^{3+}$ 的分裂能 Δ_0。

在 $[Cr(H_2O)_6]^{3+}$ 和 $[Cr(EDTA)]^-$ 中，中心 Cr^{3+} 含有 d^3 电子，三个 d 电子受八面体场的影响，电子间的相互作用使 d 轨道产生如图 5–14 所示的能级分裂，所以这两个配离子吸收了可见光的能量后，分别都有三个相应的电子跃迁吸收峰，由最大波长的吸收峰位置的波长来计算 Δ_0 值。其中电子从 t_{2g} 轨道跃迁到 e_g 轨道所需要的能量等于 10Dq。

【仪器与试剂】

仪器：721 型（或 722 型）分光光度计；容量瓶（50 mL 2 个）；烧杯（50 mL）；洗瓶；托盘天平；移液管（5 mL）。

试剂：$TiCl_3$（15%）水溶液；$CrCl_3 \cdot 6H_2O$（s、AR）；EDTA 二钠盐（s、AR）。

【实验内容】

（1）$[Ti(H_2O)_6]^{3+}$ 溶液的配制：用移液管吸取 5 mL 15% $TiCl_3$ 水溶液于 50 mL 容量瓶中，稀释至刻度，摇匀。

（2）$[Cr(H_2O)_6]^{3+}$ 溶液的配制：称取 0.3 g $CrCl_3·6H_2O$ 于 50 mL 烧杯中，加少量去离子水溶解，转移至 50 mL 容量瓶中，稀释至刻度，摇匀。

（3）$[Cr(EDTA)]^-$ 溶液的配制：称取 0.5 g EDTA 二钠盐于 50 mL 烧杯中，用 30 mL 去离子水加热溶解后，加入约 0.05 g $CrCl_3·6H_2O$，稍加热得紫色的 $[Cr(EDTA)]^-$ 溶液。

（4）电子光谱的测定：在分光光度计的波长范围（420~700 nm）内，以去离子水作参比液，用 1 cm 比色皿，每隔 10 nm 测定上述溶液的吸光度，在最大吸收波长附近，适当缩小波长间隔，可以比较精确的测定最大吸收波长。

以吸光度 A 为纵坐标，波长 λ 为横坐标，绘制出上述配合物的 $A-\lambda$ 吸收曲线，由最大吸收波长，应用式（3）求出分裂能 Δ_0。

【实验数据记录和处理】

（1）以表格形式记录实验有关数据。

（2）由实验测得的吸光度 A 和波长 λ 绘制 $A-\lambda$ 吸收曲线，分别计算出配离子的 Δ_0 值。

注：每个配合物有一条吸收曲线。可采用不同连线方式，如……，·-·-·- 等在一张图上绘出三条曲线。

【思考题】

（1）用于配合物电子光谱测定的溶液的浓度是否要很准确？为什么？

（2）Ti^{3+} 配合物的吸收光谱是如何产生的？

（3）八面体场配合物的分裂能 Δ_0（10Dq）受哪些因素影响？

实验 12　配合物磁化率的测定

【实验目的】

（1）了解磁化率的意义及其与配合物结构的内在联系。

（2）熟悉古埃（Gouy）法测定磁化率的实验原理和计算方法。

（3）学会测定物质的磁化率，进而推算中心离子未成对电子数并判断分子的空间构型。

（4）了解不同配体对相同中心离子的晶体场的影响。

【实验原理】

磁性是物质的基本性质之一，物质的性质可以反映物质的内部结构。测定磁性是研究物质结构的基本方法之一。在配合物化学中，通过测定物质的磁性，可以计算配合物分子中未成对的电子数，为研究配合物的化学键、空间构型及配合物的稳定性提供重要依据。

1. 物质的磁性

把一个待研究的物质放在一个非均匀的外磁场中，根据物质在外磁场中的不同表现将物质分为三类：

（1）顺磁性。含有未成对电子的物质能被一个磁体吸引，该物质即是顺磁性的，所含的成单电子数越多则被磁场吸引的力越大。

(2) 反磁性。物质中各个电子的电子自旋磁矩和轨迹磁矩彼此相互抵消,总磁矩为零,该物质即为反磁性。或者说:如果物质中正自旋电子数和反自旋电子数相等(即电子皆已成对),电子自旋所产生的磁效应相互抵消,该物质就表现为反磁性。所有的物质,内层轨道被成对电子占满,所以反磁性存在于所有物质中。顺磁性或反磁性物质又称为非铁磁性物质。

(3) 铁磁性。铁磁性物质与顺磁性物质一样也含有单电子,但这种物质的附加磁场强度 H' 比外磁场强度 H 大得多。当外磁场消失时,这种物质的磁性并不消失,呈现出滞后现象。我们熟悉的铁磁性物质有 Fe、Ni 等金属及其合金。

凡是能被磁场磁化的物质或能够对磁场发生影响的物质称为磁介质。磁介质一般分为非铁磁性物质和铁磁性物质。

2. 物质的磁化率和磁矩

(1) 磁化强度。假如一个物质放到外磁场中,物质内部的磁场和外部的磁场不同。物质置于磁场强度为 H 的外磁场中,物质被磁化,可以产生一种附加磁场,这种现象称为介质的磁化。磁介质被磁化后,物质内部的磁场强度 B(即磁感应强度)的大小取决于外磁场强度 H 和附加磁场强度 H',即

$$B = H + H' \tag{1}$$

H 与 H' 的方向可以相同,也可以不同。在均匀的磁介质中若两者方向相同(实验的 $H' > 0$),此磁介质为顺磁性物质;若两者方面相反(实验的 $H' < 0$),此磁介质为反磁性物质。一般反磁性物质与大多数顺磁性物质的 H' 小于 H。

磁介质的磁化是用磁化强度 H_i 来描述的

$$H' = 4\pi H_i \tag{2}$$

因此式(1)可写为

$$B = H + 4\pi H_i \tag{3}$$

式中,H_i 等于单位体积的诱导磁矩,是在物质中被外磁场诱导的单位体积总磁矩。

(2) 体积磁化率。对于非铁磁性物质,磁化强度 H_i 与外加磁场强度 H 成正比。即

$$H_i = KH \qquad K = \frac{H_i}{H}$$

式中,K 为比例常数,是衡量磁介质是否易于磁化的一种量度,称为单位体积磁化率,简称磁化率。顺磁性物质 $K>0$,反磁性物质 $K<0$。K 可以直接用实验方法测量出来。

(3) 物质的磁化率。在化学上表征物质磁性通常用摩尔磁化率 χ_M 和单位质量磁化率(又称比磁化率)χ,它们的定义是

$$\chi_M = \chi \cdot M \tag{4}$$

式中,M 为物质的相对分子质量。

$$\chi = \frac{K}{\rho} \tag{5}$$

式中,ρ 为物质的密度,g/cm³。

由此，可以定义化学中常用的摩尔磁化率为

$$\chi_M = K\frac{M}{\rho} \tag{6}$$

摩尔磁化率 χ_M 的单位是：cm^3/mol；单位质量磁化率的单位是：cm^3/g。

$\chi_M > 0$ 的物质为顺磁性物质，$\chi_M < 0$ 的物质为反磁性物质。

物质的摩尔磁化率是摩尔顺磁磁化率 χ_μ 与摩尔反磁磁化率 χ_D 之和。另外，反磁磁化率 χ_D 与温度无关，但是具有加合性。例：在一个配合物中，化合物总的摩尔磁化率 χ_M 是化合物中未成对电子顺磁磁化率 χ_μ 与金属、配位基、离子（酸根）上成对电子的反磁磁化率之和

$$\chi_M = \chi_\mu + \chi_D(金属) + \chi_D(配位基) + \chi_D(酸根)$$

后三项之和为配合物的反磁磁化率。

实验测得的摩尔磁化率 χ_M 是摩尔顺磁磁化率 χ_μ 和摩尔反磁磁化率 χ_D 之和

$$\chi_M = \chi_\mu + \chi_D$$

但是 χ_μ 比 χ_D 大得多，故顺磁性物质的 $\chi_M > 0$。因此在粗略的研究顺磁性物质时，可近似地把 χ_M 当作 χ_μ，即有

$$\chi_M \approx \chi_\mu$$

但在精确计算中，χ_D 的影响应给予校正。校正后的值

$$\chi'_M = \chi_M + \chi_D$$

对于有机化合物，其反磁磁化率由帕斯卡（Pascal）总结出下述规律：每一化学键有一定磁化率值，称为键的反磁磁化率，而有机分子的磁化率就等于每个原子和各个键（如：双键、三键、苯环等）的磁化率的总和。

（4）磁化率和磁矩的关系。含有一个或一个以上未成对电子的顺磁性物质具有永久磁矩。其物质有效磁矩 μ（有效）为

$$\mu(有效) = \sqrt{4S(S+1) + L(L+1)} \tag{7}$$

式中，S 为总的电子自旋角动量量子数；L 为总的轨道角动量量子数。

对于过渡金属的配离子，它的未填满 d 层中的电子处在最外层，因此在配离子或晶体中强烈地受到周围配体所产生电场的微扰，使轨道运动对磁矩的贡献几乎完全消失，而顺磁性物质的磁矩主要是金属离子的电子自旋的贡献，轨道运动的贡献通常可以忽略。因此，式（7）是可以简化为

$$\mu(有效) = \sqrt{4S(S+1)} \tag{8}$$

因为 $S = \sum m_s$，m_s 为电子自旋量子数，$m_s = \pm\frac{1}{2}$，当配合物的中心离子的未成对电子数为 n 时，则 $S = \frac{n}{2}$，代入式（8），得到

$$\mu(\text{有效}) = \sqrt{n(n+2)} \tag{9}$$

由式（9）可知，为了推算未成对电子数，必须先求出有效磁矩 $\mu(\text{有效})$，但 $\mu(\text{有效})$ 是一个微观的物理量，无法从实验直接测出，还需将它与宏观物理性质磁化率联系起来。

根据朗之万—德拜方程得知顺磁物质的摩尔顺磁磁化率 χ_μ 与温度 T 成反比，与物质磁矩的平方 μ^2 成正比

$$\chi_\mu = \frac{N_A \cdot \mu^2 \cdot \mu_0}{3kT} \tag{10}$$

式中，N_A 为阿伏加德罗常数 $6.022 \times 10^{23}\ \text{mol}^{-1}$；$\mu$ 为分子的磁矩；μ_0 为真空磁导率 $\mu_0 = 4\pi \times 10^{-7}\ \text{H/m}$；$k$ 为玻耳兹曼常数 $1.380\,658 \times 10^{-23}\ \text{J/K}$；$T$ 为热力学温度。

式（10）把宏观的磁化率和微观的分子磁矩联系起来了。

$$\mu = \mu_B \cdot \mu(\text{有效})$$

式中，μ_B 为玻尔磁子 $9.274\,015\,4 \times 10^{-24}$，单位为 $\text{A} \cdot \text{m}^2$。

因此有

$$\chi_\mu = \frac{N_A \cdot \mu_B^2 \cdot \mu^2(\text{有效}) \cdot \mu_0}{3kT} \tag{11}$$

则

$$\mu(\text{有效}) = \sqrt{\frac{3kT\chi_\mu}{N_A \cdot \mu_B^2 \cdot \mu_0}} \tag{12}$$

将 k、N_A、μ_B、μ_0 各项数值代入式（12），得到

$$\mu(\text{有效}) = 7.894\,6 \times 10^{-21} \sqrt{\chi_\mu \cdot T} \cdot \text{A} \cdot \text{m}^2$$
$$= 797.7 \sqrt{\chi_\mu \cdot T} \quad (\mu_B \text{ 的单位}) \tag{13}$$

本实验通过测定单位体积磁化率 K 后，再由式（5）和式（6）分别求出比磁化率 χ、摩尔磁化率 χ_M；然后再根据式（13）计算出 $\mu(\text{有效})$；最后应用式（9）计算出配合物中未成对电子数 n。反之，若已知未成对电子数，也可计算出 $\mu(\text{有效})$。

3. 古埃（Gouy）法测量磁化率的简单原理

将体积为 dV（或质量为 dm）的均匀物体放在不均匀的磁场 H 中，设 y 为沿着样品管上下方向的坐标，规定样品管的最低点为 y 的零点，则沿磁场梯度 $\dfrac{dH}{dy}$ 方向上所受的力 dF_y 为

$$dF_y = KH \frac{dH}{dy} dV = \chi \cdot H \frac{dH}{dy} dm \tag{14}$$

如将截面积为 A 的样品放在圆柱形的挂于天平的臂上的样品管中（见图 5-15），悬在两磁极中间。样品管下端位于极间磁场强度 H 最大的区域，另一端位于磁场强度很弱的 H_0 区域（磁极边缘附近）。顺磁性物质会被不均匀外磁场强的一端吸引，则样品管上升，使磁力线尽量多的通过样品，因此需要减去右盘砝码，以保持天平平衡。反之，对于反磁性物质，会被排斥，样品管下降，使尽量少的磁力线通过样品，因此必须增加右盘的砝码，来保持天平的平衡。这样在加磁场前后称量样品有一质量差 ΔW，则样品所受的力 F_y 为

$$F_y = \Delta W \cdot g \qquad (15)$$

式中，g 为重力加速度。

对式（14）磁场梯度积分可求得作用在整个样品管上总的力 F_y

$$\begin{aligned} F_y &= K \int_V \boldsymbol{H} \frac{\mathrm{d}\boldsymbol{H}}{\mathrm{d}y} \mathrm{d}V \\ &= KA \int_{y_1}^{y_2} \boldsymbol{H} \frac{\mathrm{d}\boldsymbol{H}}{\mathrm{d}y} \cdot \mathrm{d}y = \frac{1}{2} K (\boldsymbol{H}^2 - \boldsymbol{H}_0^2) A \end{aligned}$$

即

$$F_y = \frac{1}{2} K (\boldsymbol{H}^2 - \boldsymbol{H}_0^2) A = \Delta W \cdot g \qquad (16)$$

在实际测量时，还必须考虑两个校正。首先在空气中进行测定，必须对样品取代出去的具有一定磁化率的空气加以校正，也就是说样品周围气体的磁化率 K_0 不能忽略不计时，所观察到的力应该是

$$F_y = \frac{1}{2} (\boldsymbol{H}^2 - \boldsymbol{H}_0^2)(K - K_0) A \qquad (17)$$

式中，K_0 为空气的体积磁化率，20 ℃时有 $K_0 = +3.64 \times 10^{-7}$。

一般由于样品上端所在位置是弱磁场，$\boldsymbol{H}_0$ 趋近于零，可以忽略不计。如果周围气体不是空气，是 H_2(g) 或 N_2(g)，则 K_0 也可以忽略不计，这样，(17) 式就可简化为

图 5 – 15 古埃磁天平示意图
1—分析天平；2—样品管；3—电磁铁；4—霍尔探头；
5—电源开关；6—调节电位器；7—电流表；8—电压表；
9—特斯拉计；10—温度计

$$F_y = \frac{1}{2} \boldsymbol{H}^2 KA = \Delta W \cdot g$$

即

$$K = \frac{2 \Delta W \cdot g}{\boldsymbol{H}^2 A} \qquad (18)$$

若已知磁场强度 $\boldsymbol{H}$（可由仪器高斯计直接读出）及样品的截面积 A 和重力加速度 g，由测出的加磁场前后、加减砝码的质量差 ΔW，就可求出磁化率 K。

其次要考虑校正的是，样品管本身是一个空心玻璃管，玻璃管是反磁性物质，因而也总是受到作用力 δ，在磁场作用下会有质量变化，产生的力 δ 为负值，计算时必须从观察到的力中减去，才能得到真正作用在样品上的力。于是

$$F_y = \frac{1}{2} (\boldsymbol{H}^2 - \boldsymbol{H}_0^2)(K - K_0) A + \delta \qquad (19)$$

若外磁场一定，样品管长度 L 和截面积 A 一定（即固定体积）则在同一磁场强度 $\boldsymbol{H}$，同一样品管中测定时，$(\boldsymbol{H}^2 - \boldsymbol{H}_0^2) A$ 为常数，再通过样品的密度 ρ 及质量 m，式 (19) 可以改写为单位质量的磁化率（比磁化率）χ 为

$$\chi = \frac{+3.64 \cdot 10^{-7}}{\rho} + \frac{\beta(F-\delta)}{W} = \frac{3.64 \cdot 10^{-7}V + \beta(F-\delta)}{W} \quad (20)$$

式中，W 为样品的质量；V 为不加磁场时样品的体积（可从质量/密度求得）；β 为样品管校正系数；F 为试样在有、无磁场下的质量差；δ 为空管在有、无磁场下的质量差；ρ 为样品的密度。

实际测量时，用已知比磁化率的标准样（见表 5-20）测出玻璃样品管的校正系数 β 值，最后根据此 β 值以及试样测得的其他数据按式（20）就可计算出试样的比磁化率 χ。

表 5-20 固体试样通常采用的标准物

标准物质	χ	适用范围
$(NH_4)_2Fe(SO_4)_2 \cdot 6H_2O$	$+4.06 \times 10^{-9}$ (20 ℃)	测顺磁性物质
$Hg[Co(CNS)_4]$	$+206.6 \times 10^{-9}$ (20 ℃)	测顺磁性物质
$CuSO_4 \cdot 5H_2O$	$+74.4 \times 10^{-9}$ (20 ℃)	测顺磁性物质
Pt	$+12.20 \times 10^{-9}$ (20 ℃)	测顺磁性物质

测定物质 χ_M 的实验方法很多。本实验采用古埃磁天平测定物质磁化率。该方法的主要优点是装置简单，易于操作，样品的放置不困难。缺点是样品用量大，粉末样品如装填不均匀引起的测量误差较大。

【仪器与试剂】

仪器：古埃磁天平 1 套（电光天平、电磁铁、励磁电源、电子稳压器等）；玻璃样品管 2 支（$\phi 8$ mm，L 100~120 mm）；筛子（60~100 目）；研钵；角匙；一端烧平的玻璃棒；电吹风一台（冷、热两用风机）。

试剂：$(NH_4)_2Fe(SO_4)_2 \cdot 6H_2O$（AR），相对分子质量 $M = 392.15$；$K_3[Fe(CN)_6]$（AR），相对分子质量 $M = 329.25$；$K_3[Fe(C_2O_4)_3] \cdot 3H_2O$（AR），相对分子质量 $M = 389.34$；无水乙醇；丙酮；洗液。

【实验内容】

（1）清除样品管中永磁性杂质。用洗液浸泡样品管，然后用水冲洗干净，再用去离子水、无水乙醇、丙酮各洗一次，用电吹风的冷风吹干。

（2）测定样品管质量。把干燥的空样品管挂在左边天平盘下悬线的挂钩处装上套管（为使称量时不受外界流动空气的影响）。空样品管要位于磁极正中，其底部要注意位于磁场强度最大的区域（调节磁极距离为 27 mm，磁极距离固定后，测量时不要再变动）。当悬线不在摇动后，就可在不加磁场下称重为 A。

接通电流，（电子稳压器预热 15 min）调节调压变压器，使电流表指示 4 A，电磁铁在稳定电流作用下，产生一个稳定磁场，样品管在外加磁场下称重为 B_1。用同样方法将电流调至 6 A，再称重为 B_2。根据加磁场和不加磁场时的质量就可算出样品管在两种条件下的质量差 δ，即 $\delta = B - A$。

（3）样品管体积的测量。干净样品管装入煮沸后冷却的去离子水至管的刻度处，在不加磁场下称量水的质量为 W(水)，从水的质量计算水的体积 V(水)，得到样品管在刻度以下的体积。

（4）标准物的测定。在干净的样品管中用小漏斗或纸条装入事先研细过筛的标准样品$(NH_4)_2Fe(SO_4)_2 \cdot 6H_2O$。填装时不断将样品管垂直地在桌上轻轻蹾实，直装到刻度线的高度为止。在不加磁场下称重为 D(标)，在加磁场下称重为 E(标)，同时记录实验温度。

（5）试样的测定。倒出标准样品，用自来水冲洗样品管，再依次用少量去离子水、无水乙醇、丙酮洗净，电吹风吹干，冷却至室温，然后装入待测的事先研细过筛的$K_3[Fe(CN)_6]$试样，装样方法同标准物，保持与标准样品装的紧密程度基本一致（如均匀性和紧密程度与标准样品相差太大，会产生较大误差）。然后在不加磁场下称重为 D(样)，加磁场下称重为 E(样)。记录实验温度。重复上述操作，测量 $K_3[Fe(CN)_6] \cdot 3H_2O$ 的 D(样)和 E(样)。

为使测得数据可靠，重现性好，可反复测两次。另外还要保持电流强度恒定，注意电压的波动，随时调整电压，使电流大小稳定为 4 A 或 6 A。特别要注意装入的标准样品，试样和水要体积一致。

实验操作很简单，但必须认真调节，控制实验条件，任何细小环节都不能疏忽大意，只有这样，才能取得满意结果。

【实验数据记录及计算】

1. 实验数据记录

实验数据记录在表 5-21 中

表 5-21 实验数据　　　　　实验温度：_____ K

实验项目		无外磁场下称重	有外磁场下称重
		输入电流 4 A	输入电流 6 A
样品管（空）	第一次读数		
	第二次读数		
	平均值		
样品管 +（标准样品）	第一次读数		
	第二次读数		
	平均值		
样品管 +（试样）	第一次读数		
	第二次读数		
	平均值		
样品管 +（试样）	第一次读数		
	第二次读数		
	平均值		
样品管 +（水）	第一次读数		
	第二次读数		
	平均值		

2. 结果计算

（1）根据测得数据求算

$$F = E - D, \quad m = D - A, \quad \delta = B - A$$

$$V = \frac{W(水) - A}{\rho(水)} \qquad \rho(水):为水的密度$$

(2) 根据式（20）用标准物一套数据求出样品管的校正系数 β。已知 $(NH_4)_2Fe(SO_4)_2 \cdot 6H_2O$ 的比磁化率 $\chi = \dfrac{+4.06 \cdot 10^{-9}}{T+1}$，式中 T 为热力学温度。

(3) 上面求得的 β，用测得的试样的一套数据，由式（20）计算出试样的比磁化率 χ。

(4) 根据定义，$\chi_M = \chi \cdot M$，分别求出 $K_3[Fe(CN)_6]$ 和 $K_3[Fe(C_2O_4)_3] \cdot 3H_2O$ 的摩尔磁化率 χ_M。

(5) 根据
$$\chi_\mu = \chi_M + [\chi_0(Fe^{3+}) + 6\chi_0(CN^-)]$$
$$\chi_\mu = \chi_M + [\chi_0(Fe^{3+}) + 3\chi_0(C_2O_4^{2-})]$$
求出顺磁磁化率 χ_μ。（反磁磁化率 χ_D 可以从书后附录查）

(6) 由式（13）$\mu(有效) = 797.7\sqrt{\chi_\mu \cdot T}$ 求出有效磁矩 $\mu(有效)$。

(7) 由 $\mu(有效) = \sqrt{n(n+2)}$ 求出未成对电子数 n。

(8) 根据上面计算出的 n 值，讨论 $[Fe(CN)_6]^{3-}$ 和 $[Fe(C_2O_4)_3]^{3-}$ 中 Fe^{3+} 的电子结构，试用价键理论和晶体场理论分析这两个配离子的成键情况。

【思考题】

(1) 在计算配合物中心离子（或原子）有效磁矩之前，为什么必须先做反磁磁化率的校正？

(2) 被测样品填充样品管的高度及测定时的磁场强度，与标准物测定时的高度及磁场强度是否要相同？为什么？

(3) 对同一样品，在不同电流下测得的摩尔磁化率 χ_M 是否一致？为什么？

(4) 本实验在计算磁矩时，忽略了轨道所作的贡献；若考虑轨道贡献时，实验结果将如何处理？

实验中注意事项：

为避免磁化，进入本实验室的人员不要戴手表、手机。

二、基本化学原理实验

实验13　电解质溶液与酸碱平衡

【实验目的】

(1) 通过实验巩固溶液中酸碱平衡的有关概念（平衡条件、特点、移动的规律）。

(2) 了解不同化合物在水中解离度的差别。

(3) 掌握影响弱电解质解离平衡的因素。

(4) 学习缓冲溶液的配制方法并了解缓冲溶液的性质。

(5) 掌握盐类水解情况及影响盐类水解的主要因素。

(6) 掌握用酸度计和精密试纸测定溶液 pH 的方法。

(7) 练习或巩固固体或液体试剂的取用方法。

【实验原理】

根据电解质导电能力大小把电解质分为强电解质和弱电解质。弱电解质在水溶液中的解离过程是可逆的,在一定条件下将建立平衡,称为解离平衡,如

$$H_2O(l) + HAc(aq) \rightleftharpoons H_3O^+(aq) + Ac^-(aq)$$

$$K_a^{\ominus}(HAc) = \frac{[c(H_3O^+)/c^{\ominus}][c(Ac^-)/c^{\ominus}]}{c(HAc)/c^{\ominus}}$$

$$NH_3 \cdot H_2O(aq) \rightleftharpoons NH_4^+(aq) + OH^-(aq)$$

$$K_b^{\ominus} = \frac{[c(NH_4^+)/c^{\ominus}][c(OH^-)/c^{\ominus}]}{c(NH_3 \cdot H_2O)/c^{\ominus}}$$

解离平衡是化学平衡的一种,有关化学平衡的原理都适用于解离平衡。

解离平衡移动中常表现为一种同离子效应,这是在弱电解质溶液中,加入含有相同离子的另一种强电解质时,使弱电解质的解离程度减小的效应。如

$$NH_3 \cdot H_2O \rightleftharpoons NH_4^+ + OH^- \tag{1}$$

向 $NH_3 \cdot H_2O$ 溶液中加入 NH_4Ac 固体:

$$NH_4Ac \longrightarrow NH_4^+(aq) + Ac^-(aq) \tag{2}$$

后,使式(1)平衡向左移动,结果 $NH_3 \cdot H_2O$ 溶液中 OH^- 离子浓度降低,抑制了它的解离。

在上述这种弱碱(酸)及其盐的混合溶液中,加入少量的酸、碱或将其稀释时,溶液的 pH 值改变很小,这种溶液称为缓冲溶液。

酸的水溶液显酸性,碱的水溶液显碱性,盐对水的解离平衡的破坏,则称为盐的水解。由于盐的水解致使不同盐的水溶液具有不同的酸碱性。利用水解反应可以进行合成新化合物和进行物质的分离。

【仪器、试剂与材料】

仪器:酸度计;电动离心机;pH 试纸(广泛,精密);试管;离心试管。

试剂:HCl(0.1 mol/dm³、6 mol/dm³);HAc(0.1 mol/dm³、0.2 mol/dm³、1 mol/dm³、2 mol/dm³);HCOOH(0.1 mol/dm³);NaOH(0.1 mol/dm³) Zn 粒;氨水(0.1 mol/dm³);酚酞溶液;NaAc(s);PbI₂(饱和溶液、0.2 mol/dm³);NH₄Cl(0.1 mol/dm³、1 mol/dm³);NaCl(0.1 mol/dm³);NH₄Ac(s、0.1 mol/dm³);NaAc(0.1 mol/dm³、0.2 mol/dm³、1 mol/dm³、2 mol/dm³);Bi(NO₃)₃(s);BiCl₃(s);Al₂(SO₄)₃(0.1 mol/dm³);NaHCO₃(0.5 mol/dm³);Na₂SiO₃(0.5 mol/dm³);KI(0.2 mol/dm³)

【实验内容】

1. 酸碱溶液的 pH

(1) 用广泛 pH 试纸测定 0.1 mol/dm³ 的 HCl、HAc、HCOOH、NaOH 和 $NH_3 \cdot H_2O$ 等溶液的 pH,并与计算值(实验前计算出的理论值)相比较。

(2) 取两支试管各加入 1 粒 Zn 粒,分别加入 5 滴 0.1 mol/dm³ HCl 和 0.1 mol/dm³ HAc,观察现象,根据实验结果,比较两者酸性有何不同,为什么?

2. 同离子效应

（1）在试管中加入 5 滴 0.1 mol/dm³ $NH_3 \cdot H_2O$，再加入 1 滴酚酞溶液，溶液显什么颜色？作记录。再向其中加入少量 NH_4Ac 固体，摇动试管使其溶解，观察溶液颜色有何变化？说明其原因。

（2）在试管中加饱和 PbI_2 溶液 3 滴，然后加 0.2 mol/dm³ KI_2 溶液 1~2 滴，振荡试管观察有何现象？说明为什么。

（3）参照（1）设计另一实验，证明同离子效应。

3. 盐类的水解及影响水解的因素

（1）几种盐类的水解情况。用酸度计或精密 pH 试纸分别测定 0.1 mol/dm³ NaAc 溶液、0.1 mol/dm³ NH_4Cl 溶液和 0.1 mol/dm³ NaCl 及 0.1 mol/dm³ NH_4Ac 溶液的 pH。分别与实验前计算出的 pH 进行比较，解释观察到的现象，并作出结论。

（2）影响盐类水解的因素：

① 温度对水解的影响。在试管中加入 2 mL 1 mol/dm³ NaAc 溶液和 1 滴酚酞试液，摇动均匀后，分成两份，一份留待对照用，另一份加热至沸，观察溶液颜色变化，解释现象。

② 浓度对水解的影响。取适量 $Bi(NO_3)_3$ 晶体放入离心试管里，加入适量去离子水溶解之，用玻璃棒充分搅动，离心分离，用吸管小心地吸取上层澄清液注入盛有去离子水的试管里，观察发生的现象，写出反应方程式。

③ 介质酸度对水解的影响。取米粒大小的固体三氯化铋，用少量去离子水溶解，观察现象，测定该溶液的 pH。再滴加 6 mol/dm³ 的 HCl 溶液，振荡试管，至沉淀刚好溶解。再加水稀释，又有何现象？写出反应方程式并加以解释。

4. 能水解的盐类间的相互反应

（1）在 1 mL 0.1 mol/dm³ $Al_2(SO_4)_3$ 溶液中加入 1 mL 0.5 mol/dm³ $NaHCO_3$ 溶液，观察现象，用水解平衡移动的观点来解释，写出反应的离子方程式。

（2）在 1 mL 0.5 mol/dm³ Na_2SiO_3 溶液中，加入 1 mL 1 mol/dm³ NH_4Cl 溶液，稍待片刻或微热后，观察有何现象发生，解释原因，并写出反应的离子方程式。

5. 缓冲溶液

（1）缓冲溶液的配制。根据所提供的试剂设计出两种 pH 不同的缓冲溶液，各配制 10 mL 并设法测定这些缓冲液溶的 pH。

HAc	1 mol/dm³	0.1 mol/dm³
NaAc	0.1 mol/dm³	1 mol/dm³

（2）缓冲溶液的性质。选择上面配制好的一种缓冲溶液，分为三份。第一份加入 2 滴 0.1 mol/dm³ 的 HCl 溶液，第二份加入 2 滴 0.1 mol/dm³ 的 NaOH 溶液，第三份加入 2 滴去离子水。分别用酸度计或精密试纸测定它们的 pH，填入表 5-22 中并与实验前的计算值比较。

表 5-22 测定结果

溶液组成	pH 值	
	计算值	测量值
缓冲溶液		

溶液组成	pH 值	
	计算值	测量值
缓冲溶液中加 2 滴 0.1 mol/dm³ HCl		
缓冲溶液中加 2 滴 0.1 mol/dm³ NaOH		
缓冲溶液中加 2 滴去离子水		

根据实验观察,说明缓冲溶液具有什么性质。

(3) 缓冲容量。以 2 mL 0.2 mol/dm³ HAc 和 2 mL 0.2 mol/dm³ NaAc 的混合溶液,再以 2 mL 2 mol/dm³ HAc 和 2 mL 2 mol/dm³ NaAc 的混合溶液代替去离子水按上述方法进行试验。并比较这两种混合溶液的缓冲容量。

【思考题】

(1) 什么是同离子效应?你能设计出的同离子效应有哪些?
(2) 盐的水解有哪些类型?试用实例加以总结,并用反应式表示。
(3) 试举例说明对盐的水解的利用和抑制?
(4) 什么是缓冲溶液?它有几种类型?如何配制一定 pH 范围的缓冲溶液?
(5) 用酚酞是否能正确指示 HAc 或 NH_4Cl 溶液的 pH?为什么?
(6) 实验室由固体 $BiCl_3$ 配制 $BiCl_3$ 溶液时,能否直接溶于去离子水中?应如何配制?
(7) 使用 pH 试纸测定溶液的 pH 时,如何操作才是正确的?
(8) 如何用 0.2 mol/dm³ HAc 和 0.2 mol/dm³ NaAc 溶液,配制成 10 mL pH = 4.1 的缓冲溶液?
(9) 将下面的两种溶液混合,是否能形成缓冲溶液?为什么?
① 10 mL 0.1 mol/dm³ 盐酸与 10 mL 0.2 mol/dm³ 氨水。
② 10 mL 0.2 mol/dm³ 盐酸与 10 mL 0.1 mol/dm³ 氨水。

实验 14 沉淀——溶解平衡

【实验目的】

(1) 通过实验巩固溶度积、同离子效应、盐效应等概念及溶度积规则。
(2) 学会用溶度积规则判断。① 沉淀的生成和溶解;② 分步沉淀和沉淀的转化。
(3) 学会利用沉淀反应分离混合离子。
(4) 巩固取用固(液)体试剂的方法。
(5) 培养观察实验现象和分析、解决问题的能力。

【实验原理】

(1) 难溶电解质在一定温度下,其饱和溶液中未溶解固体和已溶解离子之间的多相离子平衡,称为沉淀平衡。若以 A_mB_n 代表难溶电解质,A^{n+}、B^{m-} 代表溶解的离子,其平衡可用下列方程式表示

$$A_mB_n(s) \rightleftharpoons mA^{n+}(aq) + nB^{m-}(aq)$$

溶度积的通式为 $K_{sp}^{\ominus}(A_mB_n) = \{c(A^{n+})\}^m\{c(B^{m-})\}^n$

$K_{sp}^{\ominus}(A_mB_n)$ 称为溶度积，$K_{sp}^{\ominus}$ 的大小是判断水溶液中能否生成沉淀和沉淀是否溶解的主要依据。

在实际溶液中，其反应商（又称为难溶电解质的离子积）可用 J 表示

$$J = \{c(A^{n+})\}^m\{c(B^{m-})\}^n$$

根据平衡移动原理，将 J 与 $K_{sp}^{\ominus}$ 比较：

$J > K_{sp}^{\ominus}$：平衡向左移动，沉淀从溶液中析出。

$J = K_{sp}^{\ominus}$：溶液为饱和溶液，处于沉淀溶解平衡。

$J < K_{sp}^{\ominus}$：溶液为不饱和溶液，沉淀溶解。

以上三点被称为溶度积规则，能够判断沉淀的生成和溶解。

(2) 如果溶液中含有多种离子，并且都能与所加沉淀剂生成沉淀，所形成的沉淀的溶解度又相差较大，此时，若在溶液中滴入沉淀剂，不同离子沉淀的先后次序不同，反应商 J 先达到 $K_{sp}^{\ominus}$ 的离子先沉淀出来，这种现象称为分步沉淀。因此，在实际工作中适当控制条件，就可利用分步沉淀进行离子分离（沉淀的先后顺序还与电解质的类型、溶度积的大小、离子的浓度有关）。

(3) 在实践中有时还会遇到不能用一般方法溶解的沉淀（如不溶于酸或碱），但可借助于某种试剂将其转化为另一种沉淀，然后再用一般方法溶解。这种将一种沉淀转化为另一种沉淀的方法称为沉淀的转化。如不溶于酸的天青石，可先转化为碳酸锶，再用酸溶解。

$$SrSO_4(s) + CO_3^{2-} \rightleftharpoons SrCO_3(s) + SO_4^{2-}$$

沉淀转化的难易程度可由平衡常数大小来判断。上例中

$$K^{\ominus} = \frac{c(SO_4^{2-})}{c(CO_3^{2-})} = \frac{\{c(Sr^{2+})\}\{c(SO_4^{2-})\}}{\{c(Sr^{2+})\}\{c(CO_3^{2-})\}} = \frac{K_{sp}^{\ominus}(SrSO_4)}{K_{sp}^{\ominus}(SrCO_3)}$$

查手册 $K_{sp}^{\ominus}(SrSO_4) = 3.4 \times 10^{-7}$，$K_{sp}^{\ominus}(SrCO_3) = 5.6 \times 10^{-10}$

所以 $K^{\ominus} = \dfrac{c(SO_4^{2-})}{c(CO_3^{2-})} = \dfrac{3.4 \times 10^{-7}}{5.6 \times 10^{-10}} = 6.07 \times 10^2$

显然，转化程度是很大的。或者说，这个反应的转化条件是

$$c(CO_3^{2-}) > 1.65 \times 10^{-3} c(SO_4^{2-})$$

【仪器与试剂】

仪器：离心机；离心试管；普通试管。

试剂：HCl（2 mol/dm³、6 mol/dm³）；NH₃·H₂O（2 mol/dm³）；ZnCl₂（0.1 mol/dm³）；Pb(Ac)₂（0.01 mol/dm³）；KI（0.02 mol/dm³）；MgCl₂（0.1 mol/dm³）；K₂CrO₄（0.1 mol/dm³、0.01 mol/dm³）；NH₄Cl（1 mol/dm³）；CuSO₄（0.1 mol/dm³）；AgNO₃（0.1 mol/dm³、0.02 mol/dm³）；NaNO₃（s） HNO₃（6 mol/dm³）；Na₂S（0.1 mol/dm³、0.01 mol/dm³）；NaCl（0.1 mol/dm³）；Hg(NO₃)₂（0.1 mol/dm³）；Pb(NO₃)₂（0.1 mol/dm³）；Na₂SO₄（0.1 mol/dm³）。

【实验内容】

1. 沉淀的生成

(1) 取适量 0.01 mol/dm³ Pb(Ac)₂ 溶液于试管中，加入等量的 0.02 mol/dm³ KI 溶液，振荡试管，观察有无沉淀产生？试计算说明之。写出反应方程式。

将上述试剂冲稀 10 倍后重复试验，结果如何？

(2) 取下列试剂：AgNO₃ 0.1 mol/dm³，NaCl 0.1 mol/dm³，K₂CrO₄ 0.1 mol/dm³，参考本实验 (1) 的方法，进行两个沉淀反应，仔细观察现象。通过计算说明沉淀生成的原因，写出反应方程式。

2. 沉淀的溶解

(1) 取 0.1 mol/dm³ MgCl₂ 溶液 2 mL 置于试管中，加入 2 mol/dm³ NH₃·H₂O 数滴，此时生成的沉淀是什么？再向此溶液中加入数滴 1 mol/dm³ NH₄Cl 溶液，观察沉淀是否溶解？用平衡移动的观点解释上述现象。

(2) 取两支试管，分别加入 0.1 mol/dm³ 的 ZnCl₂ 溶液和 CuSO₄ 溶液各 5 滴，在两支试管中分别滴入 0.1 mol/dm³ 的 Na₂S 溶液，此时各生成什么沉淀？在盛有 ZnCl₂ 的试管中滴加 6 mol/dm³ HCl 溶液，在盛有 CuSO₄ 的试管中滴加 6 mol/dm³ HNO₃ 溶液，振荡试管，观察沉淀是否溶解？解释现象。

(3) 仿照本实验 1 制备 PbI₂ 沉淀，在有 PbI₂ 沉淀的溶液中加入少量固体 NaNO₃，振荡试管，观察现象并解释现象。

(4) 取 5 滴 0.1 mol/dm³ 的 Hg(NO₃)₂ 溶液于试管中，滴加 0.02 mol/dm³ KI 溶液，观察沉淀的生成，在有沉淀的溶液中再加入 0.02 mol/dm³ 的 KI 溶液，振荡试管，观察沉淀是否溶解？

写出上述沉淀溶解的全部反应方程式。根据实验现象，小结沉淀溶解的常用方法有几种。

3. 分步沉淀

(1) 取 2 滴 0.1 mol/dm³ AgNO₃ 溶液和 2 滴 0.1 mol/dm³ Pb(NO₃)₂ 溶液置于同一试管中，加入 5 mL 去离子水稀释，摇匀后，逐滴加入 0.1 mol/dm³ K₂CrO₄ 溶液，不断振荡试管，观察沉淀的颜色。当继续滴加 0.1 mol/dm³ K₂CrO₄ 溶液时，沉淀颜色有无变化？根据沉淀颜色的变化和溶度积的计算（实验之前计算），说明先后沉淀的难溶物质各是什么？由此得出什么结论？写出反应方程式。

(2) 在试管中加入 5 滴 0.1 mol/dm³ NaCl 溶液和 5 滴 0.1 mol/dm³ K₂CrO₄ 溶液，混匀后，逐滴加入 0.1 mol/dm³ AgNO₃ 溶液，不断振荡试管，观察沉淀颜色；继续滴加 0.1 mol/dm³ AgNO₃ 溶液，观察沉淀颜色有何变化？根据沉淀颜色和溶度积规则判断先后沉淀物是什么物质。并写出反应方程式。

4. 沉淀的转化

(1) 取 2 滴 0.1 mol/dm³ AgNO₃ 和等量的 0.1 mol/dm³ K₂CrO₄ 溶液置于一试管中，振荡，观察溶液和沉淀的颜色。再往其中加入 0.1 mol/dm³ NaCl 溶液，边加边振荡，直至砖红色沉淀消失，白色沉淀生成为止。试解释所观察到的现象，由此得出什么结论？计算本转化反应的平衡常数。

(2) 在试管中加入 5 滴 0.1 mol/dm³ Pb(NO₃)₂ 溶液和 5 滴 0.1 mol/dm³ K₂CrO₄ 溶液，振荡，观察沉淀的颜色；再滴加 0.1 mol/dm³ Na₂S 溶液，振荡，观察沉淀的颜色变化，解释所观察到的现象。

5. 沉淀法分离混合离子溶液

试液中可能含有 Cu^{2+}、Ba^{2+}、Mg^{2+}，试分离鉴定。方案如下

【思考题】

（1）举实例说明什么是分步沉淀和沉淀的转化？

操作步骤：取 Cu^{2+}、Ba^{2+}、Mg^{2+} 混合溶液 1 mL 于离心试管中，滴加 0.1 mol/dm³ Na₂SO₄ 溶液数滴，直至大量白色沉淀生成为止，离心沉降，检查沉淀是否完全后，用吸管小心吸出上层清液于另一离心试管中，滴加 2 mol/dm³ NH₃·H₂O 至白色沉淀和蓝色溶液生成。写出各分离、鉴定反应方程式。

（2）举实例说明沉淀的生成和溶解的条件是什么？

（3）设计 pH 值对沉淀的生成和溶解影响的实验。

（4）如何把 BaSO₄ 转化为 BaCO₃？与 Ag₂CrO₄ 转化为 AgCl 相比，哪一种转化比较容易，为什么？

实验 15 氧化还原平衡与电化学

【实验目的】

（1）掌握电极电势对氧化还原反应方向的影响。

（2）了解浓度、介质酸度、沉淀反应、配合反应和催化剂对氧化还原反应的影响。

（3）了解电化学腐蚀的基本原理及其防止方法。

（4）掌握离子分离、沉淀洗涤等基本操作。

【实验原理】

1. 氧化还原反应进行的方向

物质氧化还原能力的强弱与其本性有关，一般可以从电对的电极电势大小来判断，比较氧化剂和还原剂的相对强弱。电极电势愈高，表示氧化还原电对中氧化态物质的氧化性愈强，还原态物质的还原性愈弱。电极电势越低，表示电对中还原态物质的还原性愈强，氧化态物质的氧化性愈弱。

氧化还原反应进行的方向可以根据氧化还原反应的吉布斯函数变 ΔG 来判断。

当：$\Delta G < 0$ 反应能自发进行

$\Delta G = 0$ 平衡状态

$\Delta G > 0$ 反应不能自发进行

而吉布斯函数变 ΔG 与原电池电动势 E 之间存在下列关系

$$-\Delta G = nFE$$

若 $\Delta G < 0$，则电动势 $E > 0$，即 $E = E(+) - E(-) > 0$，则必须 $E(+) > E(-)$，氧化剂物质的电对的电极电势应大于还原剂物质的电对的电极电势，此时反应可自发进行。因此，根据氧化剂和还原剂所对应电对电极电势的相对大小可以判断氧化还原反应的方向、次序和程度。

当：$E > 0$　　反应能自发进行

$E = 0$　　反应处于平衡状态

$E < 0$　　反应不能自发进行

如果在某水溶液系统中同时存在多种氧化剂（或还原剂），都能与加入的还原剂（或氧化剂）发生氧化还原反应，氧化还原反应则首先发生在电极电势差值最大的两个电对所对应的氧化剂和还原剂之间，即最强氧化剂和最强还原剂之间首先发生氧化还原反应。当然在判断氧化还原次序时，除了从热力学讨论外，还应考虑反应速率的快慢（即动力学上的问题）。

2. 浓度对氧化还原反应的影响

当氧化剂和还原剂所对应电对的电极电势相差较大时，通常直接用标准电极电势 $E^{\ominus}$（氧/还）判断氧化还原反应能否发生。若两者的标准电极电势相差较小时，又有可能生成沉淀或者形成配离子而显著地影响有关离子的浓度时，则必须考虑离子浓度对电极电势的影响，需用非标准态的电极电势 E（氧/还）判断氧化还原反应能否发生。浓度与电极电势的关系可用 Nernst 方程式来表示

$$E(氧/还) = E^{\ominus}(氧/还) + \frac{2.303RT}{zF} \lg \frac{c(氧化型)/c^{\ominus}}{c(还原型)/c^{\ominus}}$$

在 298.15K 时

$$E(氧/还) = E^{\ominus}(氧/还) + \frac{0.05917}{z} \lg \frac{c(氧化型)/c^{\ominus}}{c(还原型)/c^{\ominus}}$$

当离子浓度发生改变时，E（氧/还）值也发生变化，电动势 E 也随之发生改变。

3. 酸度对氧化还原反应的影响

对有 H^+ 或 OH^- 参加电极反应的电对，还必须参考 pH 对电极电势和氧化还原反应的影响。介质的酸碱性对含氧酸盐的电极电势和氧化性的影响特别大。如 $KMnO_4$ 在酸性、中性、碱性介质中被还原剂还原的产物各不相同。一般，含氧酸盐离子在酸性介质中，其电极电势 E（氧/还）值比较大，表现出强氧化性，但在中性或碱性介质中，E（氧/还）值较小，氧化性也变弱。

4. 氧化还原的相对性

中间价态物质既可以与其低价态物质组成氧化还原电对而作为氧化剂，也可以与其高价态物质组成氧化还原电对而作为还原剂，因此它既有获得电子又有失去电子的能力，表现出氧化还原的相对性。

5. 氧化还原反应速率

有些氧化还原反应，电动势较大，反应可以进行，但实际看不出变化现象，说明反应速率较慢，但如果加入少量某种离子便可加快反应速率，即对此反应有催化作用。有时也可不外加少量某种离子，利用反应本身产生此种离子，加快反应，起到催化作用。

6. 电化学腐蚀及防止

电化学腐蚀是由于金属在电解质溶液中发生与原电池相似的电化学过程而引起的一种腐蚀。腐蚀电池中较活泼的金属作为阳极（即负极）被氧化；而阴极（即正极）仅起传递电子作用，本身不被腐蚀。由于氧气浓度不同而引起的腐蚀称为差异充气腐蚀，实际上也是一种吸氧腐蚀。

在腐蚀介质中，加入少量能防止或延缓腐蚀过程的物质称为缓蚀剂，如乌洛托品（六次甲基四胺，商业上又称 H 促进剂），可用作钢铁在酸性介质中的缓蚀剂。

【试剂与材料】

试剂：酸：HNO_3（浓，$2\ mol/dm^3$）；H_2SO_4（$1\ mol/dm^3$、$3\ mol/dm^3$）；$H_2C_2O_4$（$0.2\ mol/dm^3$）；HCl（$0.1\ mol/dm^3$）。

碱：$NaOH$（$6\ mol/dm^3$）。

盐：KI（$0.1\ mol/dm^3$，$0.5\ mol/dm^3$）；$FeCl_3$（$0.1\ mol/dm^3$）；$K_2Cr_2O_7$（$0.5\ mol/dm^3$）；KBr（$0.1\ mol/dm^3$）；$FeSO_4$（$0.1\ mol/dm^3$）；$K_3[Fe(CN)_6]$（$0.1\ mol/dm^3$，$0.01\ mol/dm^3$）；$KMnO_4$（$0.1\ mol/dm^3$，$0.01\ mol/dm^3$）；$ZnSO_4$（$0.2\ mol/dm^3$）；$SnCl_2$（$0.1\ mol/dm^3$）；$Fe_2(SO_4)_3$（$0.1\ mol/dm^3$）；$KSCN$（$0.1\ mol/dm^3$）；KIO_3（$0.1\ mol/dm^3$，$0.2\ mol/dm^3$）；Na_2SO_3（s）；NaF（$2\ mol/dm^3$，$1\ mol/dm^3$）；$(NH_4)_2S_2O_8$（s）；$NaCl$（$1\ mol/dm^3$）；$Pb(NO_3)_2$（$0.1\ mol/dm^3$）；$MnSO_4$（$0.002\ mol/dm^3$）；Na_2S（$0.1\ mol/dm^3$）；$AgNO_3$（$0.1\ mol/dm^3$）。

其他：酚酞（1%）；H_2O_2（3%，12.3%）；铁片；Cu 丝；Zn 条；Zn 粒；丙二酸 - $MnSO_4$ - 淀粉混合液；乌洛托品（20%）；CCl_4；淀粉溶液；小铁钉；砂纸。

【实验内容】

1. 电极电势与氧化还原反应的关系

（1）在试管中加入 0.5 mL 0.1 mol/dm^3 KI 溶液和 2~3 滴 0.1 mol/dm^3 $FeCl_3$ 溶液，观察现象。再加入 0.5 mL CCl_4，充分振荡后观察 CCl_4 层的颜色。写出离子反应方程式。

（2）用 0.1 mol/dm^3 KBr 溶液代替 0.1 mol/dm^3 KI 溶液，进行同样的实验，观察现象，写出离子反应方程式。

（3）在两支试管中分别加入 Br_2 水、I_2 水各 0.5 mL，再加入 0.1 mol/dm^3 $FeSO_4$ 溶液数滴及 0.5 mL CCl_4，摇匀后观察现象，写出有关反应的离子方程式。

根据（1）、（2）、（3）实验结果，比较 Br_2/Br^-、I_2/I^-、Fe^{3+}/Fe^{2+} 三个电对电极电势的相对大小，并指出哪个电对的氧化态是最强的氧化剂，哪个电对的还原态是最强的还原剂。说明电极电势与氧化还原反应的关系。

（4）在试管中加入 4 滴 0.1 mol/dm^3 $FeCl_3$ 溶液和 2 滴 0.1 mol/dm^3 $KMnO_4$ 溶液，摇匀后往试管中逐滴加入 0.1 mol/dm^3 $SnCl_2$ 溶液，并不断摇动试管。待 $KMnO_4$ 溶液刚褪色后，加

入 1 滴 KSCN 溶液，观察现象，再继续滴加 0.1 mol/dm³ SnCl₂ 溶液，观察溶液颜色的变化。解释实验现象，并写出离子反应式。

2. 浓度对氧化还原反应的影响

（1）取两支试管分别加入 0.5 mL 0.1 mol/dm³ $K_2Cr_2O_7$ 溶液，再各加 3~5 滴淀粉溶液和 1~2 滴 1 mol/dm³ H_2SO_4，然后向一支试管中加入 3~5 滴 0.5 mol/dm³ KI 溶液，另一支试管中加入 3~5 滴 0.1 mol/dm³ KI 溶液，混合均匀，静置，观察比较两支试管中蓝色出现的快慢。解释现象并写出反应式。

（2）在两支试管中各加入 1 粒锌，然后分别加入 2 mL 2 mol/dm³ HNO_3 和浓 HNO_3，观察所发生的现象。两者的反应速率和产物有何不同？

浓 HNO_3 被还原的主要产物可通过观察气体产物的颜色来判断。稀 HNO_3 的还原产物可用气室法检验溶液中是否有 NH_4^+ 生成来确定（气室法检验 NH_4^+，参见第 3 章九）。

（3）于试管中加入 10 滴 0.1 mol/dm³ KI 和 5 滴 0.1 mol/dm³ $K_3[Fe(CN)_6]$ 溶液，摇匀后再加入 2 滴淀粉溶液，充分振荡，观察淀粉的颜色有无变化。然后再加入 5 滴 0.2 mol/dm³ $ZnSO_4$ 溶液，充分振荡，静置数分钟，观察现象并解释现象。根据 $E^\ominus$（氧/还）判断 I^- 是否能还原 $[Fe(CN)_6]^{3-}$，加入 Zn^{2+} 的作用是什么？反应式如下

$$2I^- + 2[Fe(CN)_6]^{3-} = I_2 + 2[Fe(CN)_6]^{4-}$$
$$[Fe(CN)_6]^{4-} + 2Zn^{2+} \longrightarrow Zn_2[Fe(CN)_6](s) \text{白色}$$

（4）取两支试管，分别各加入 5 滴 0.1 mol/dm³ $Fe_2(SO_4)_3$ 溶液和 0.5 mL CCl_4。其中一支试管中加入 5 滴 0.1 mol/dm³ KI 溶液；另一支试管中加入 5 滴 2 mol/dm³ NH_4F 溶液后，再加入 5 滴 0.1 mol/dm³ KI 溶液。充分振荡两支试管，观察两支试管中 CCl_4 层的颜色有何不同。写出离子反应方程式并解释实验现象。

3. 酸度对氧化还原反应的影响

（1）根据碘的元素电势图判断下述反应

$$5I^- + IO_3^- + 6H^+ = 3I_2 + 3H_2O$$

在什么介质中反应向正方向进行？在什么介质中向逆方向进行？

在试管中加入 0.5 mL 0.1 mol/dm³ KI 溶液和 2~3 滴 0.1 mol/dm³ KIO_3 溶液，再加入几滴淀粉液，混匀后观察溶液颜色有无变化。再滴加 1 mol/dm³ H_2SO_4 溶液酸化混合物，观察有何变化？再滴加 6 mol/dm³ NaOH 溶液使混合物显碱性，又有何变化？解释实验现象。

（2）根据所给试剂，设计一组（三个）实验，证明 $KMnO_4$ 在不同介质中（酸性、碱性、中性）被还原的产物各不同。记录实验现象，写出离子反应方程式。

提供试剂：$KMnO_4$ (0.01 mol/dm³)；Na_2SO_3 (s)；H_2SO_4 (3 mol/dm³)；NaOH (6 mol/dm³)

4. 氧化还原的相对性

（1）在离心试管中加入 0.5 mL 0.1 mol/dm³ $Pb(NO_3)$ 溶液，再加入 0.1 mol/dm³ Na_2S 溶液 1~2 滴，振荡，观察沉淀颜色。离心分离，弃去溶液，用去离子水洗涤沉淀 1~2 次，滴加 3% H_2O_2，边加边振荡，观察沉淀颜色的变化。写出离子反应方程式，说明 H_2O_2 在反应中起什么作用？

（2）根据给出的试剂，设计一个实验证明 H_2O_2 还具有还原性。写出离子反应方程式。

提供试剂：$KMnO_4$（0.01 mol/dm^3）；H_2SO_4（3 mol/dm^3）；H_2O_2（3%）。

总结以上实验，说明 H_2O_2 在什么条件下作氧化剂，在什么条件下作还原剂。

（3）选作：在小烧杯中先加入 12.3% H_2O_2 溶液 10 mL，然后再同时加入等体积的 0.2 mol/dm^3 KIO_3（酸性溶液）和丙二酸 – $MnSO_4$ – 淀粉混合液（调至 22~23℃），观察溶液颜色的变化（先变蓝紫色，几秒后变为无色或淡琥珀色，再经几秒又变蓝紫色，而后又变无色，反复变化）。说明 H_2O_2 在变化中起什么作用，为什么？

（4）用本实验提供的试剂，设计实验验证 $NaNO_2$ 的氧化还原性。

5. 催化剂对氧化还原反应的影响

（1）取少量 $(NH_4)_2S_2O_8$ 固体于试管中，加入约 4 mL 2 mol/dm^3 HNO_3 溶液（加盐酸可否？），再加 2 滴 0.002 mol/dm^3 $MnSO_4$ 溶液，观察溶液颜色有无变化。将此溶液分成两份，向其中一份中加 1 滴 0.1 mol/dm^3 $AgNO_3$ 溶液。然后将这两支试管同时置于水浴中加热。注意观察两试管中的区别。根据实验结果得出什么结论？若实验中加入 $MnSO_4$ 过多，又会有什么现象？为什么？有关反应式如下

$$2Mn^{2+} + 5S_2O_8^{2-} + 8H_2O \xrightarrow[\Delta]{Ag^+} 2MnO_4^- + 10SO_4^{2-} + 16H^+$$

（2）在三支试管中分别加入 10 滴 0.2 mol/dm^3 $H_2C_2O_4$ 和数滴 1 mol/dm^3 H_2SO_4 溶液。在 1 号试管中加入 2 滴 0.002 mol/dm^3 $MnSO_4$ 溶液，在 3 号试管中加入 2 滴 1 mol/dm^3 NaF 溶液。然后向三支试管中各加入 2 滴 0.1 mol/dm^3 $KMnO_4$ 溶液，振荡，静置，观察三支试管中红色褪去的快慢。必要时可水浴加热。解释反应现象。

$KMnO_4$ 溶液和 $H_2C_2O_4$ 溶液在酸性介质中能发生下述反应

$$2MnO_4^- + 5H_2C_2O_4 + 6H^+ \rightleftharpoons 2Mn^{2+} + 10CO_2(g) + 8H_2O$$

此反应中，Mn^{2+} 起催化作用。Mn^{2+} 可外加，也可利用反应自身产生的 Mn^{2+} 起催化作用。如果加入 F^-，它与 Mn^{2+} 形成难解离的配离子，反应会进行地较慢。

6. 电化学腐蚀及防止

（1）腐蚀液的配制。离心试管中加入 1 mL 1mol/dm^3 $NaCl$ 溶液，再滴加 4 滴 0.1 mol/dm^3 $K_3[Fe(CN)_6]$ 和 4 滴 1% 酚酞溶液，振荡摇匀，即得腐蚀液。

（2）原电池腐蚀。在表面皿（其下衬一张白纸）上滴加 1 滴腐蚀液，再加入少量的去离子水，搅拌摇匀。然后取两根用砂纸打磨干净过的小铁钉，在一根铁钉中部绕紧一根铜丝，另一根铁钉绕紧一根锌条。将它们隔一定距离放置于表面皿上，并浸没在表面皿的溶液中，经过一定时间后观察有何现象，简单解释之。表面皿中发生如下反应

$$3Zn^{2+} + 2[Fe(CN)_6]^{3-} \rightleftharpoons Zn_3[Fe(CN)_6]_2(s)\text{黄色}$$

（3）差异充气腐蚀。在砂纸擦光的铁片上，滴 1~2 滴腐蚀液，观察现象。静置 20~30 min 后，再仔细观察液滴不同部位所产生的颜色，并解释现象。

（4）缓蚀剂法。在两支离心试管中各加入一根无锈小铁钉，并往其中一支离心试管中再滴加 20% 的乌洛托品，最好浸没铁钉。然后在两支离心试管中各加入等量约 0.1 mol/dm^3

HCl 和几滴 0.01 mol/dm³ 的 $K_3[Fe(CN)_6]$ 溶液。观察、比较试管中现象有何不同，简单解释。

【思考题】

（1）氧化还原反应进行程度大小和反应速率的快慢是否必然一致？为什么？

（2）如何将 Mn^{2+} 氧化成 MnO_4^-？实验中为什么 Mn^{2+} 不能过量？$KMnO_4$ 在不同酸度下被还原的产物各是什么？并用电极电势予以说明。

（3）金属在大气中有哪几种最常见的化学腐蚀？

（4）H_2O_2 在何种情况下可作氧化剂？在何情况下可作还原剂？具有何种价态的物质既可作氧化剂又可作还原剂？

（5）介质的酸碱性对哪些氧化还原反应有影响？怎样影响？

（6）从实验结果讨论氧化还原反应的次序与什么因素有关？

（7）试总结影响氧化还原反应的因素有哪些？

注：（1）KIO_3（0.2 mol/dm³ 酸性溶液）溶液的配制：10.7 g KIO_3 加 2 mol/dm³ H_2SO_4 10 mL，稀释至 250 mL。

（2）H_2O_2（12.3%）溶液的配制：102.5 mL 30% H_2O_2 稀释至 250 mL。

（3）丙二酸 - $MnSO_4$ - 淀粉混合液溶液的配制：3.9 g 丙二酸 $CH_2(COOH)_2$ 加 0.845 g $MnSO_4 \cdot H_2O$，另加 0.075 g 淀粉（要将淀粉溶于热水中），稀释至 250 mL。

实验 16　配位反应与配位平衡

【实验目的】

（1）了解配离子的生成、组成和性质。
（2）比较不同配离子在溶液中的稳定性。
（3）掌握酸碱平衡、沉淀平衡、氧化还原平衡与配合平衡的相互影响。
（4）了解螯合物的形成及特性。
（5）了解配离子与简单离子、配合物与复盐在性质上的区别。

【实验原理】

由中心离子（或原子）与配位体按一定组成和空间构型以配位键结合所形成的化合物称为配位化合物（简称配合物）。大多数易溶配合物为强电解质，在水溶液中完全解离，如

$$[Ag(NH_3)_2]Cl(aq) \longrightarrow [Ag(NH_3)_2]^+(aq) + Cl^-(aq)$$

带正电荷的 $[Ag(NH_3)_2]^+$ 称为正配离子，带负电荷的称为负配离子，如：$[Ag(S_2O_3)_2]^{3-}$。

配离子相似于弱电解质，在水溶液中部分解离，如

$$[Ag(NH_3)_2]^+(aq) \rightleftharpoons Ag^+(aq) + 2NH_3(aq)$$

配合反应是分步进行的可逆反应，每一步反应都存在配位平衡。配离子、金属离子和配位体共存于配位——解离平衡系统中。配离子的稳定性由累积稳定常数 $K_f^{\ominus}$ 即稳定常数 $K^{\ominus}$（稳）表示，如

$$Ag^+(aq) + 2NH_3(aq) \rightleftharpoons [Ag(NH_3)_2]^+(aq)$$

$$K^{\ominus}(\text{稳}) = \frac{\{c([Ag(NH_3)_2]^+)\}}{\{c(Ag^+)\}\{c(NH_3)\}^2}$$

$K^{\ominus}$(稳)具有平衡常数的一般特性，$K^{\ominus}$(稳)越大，配合物越稳定。利用 $K^{\ominus}$(稳)可以判断配位反应的方向。一个系统中首先生成最稳定的配合物，稳定性小的配合物可以转化为稳定性大的配合物。

根据平衡移动原理，改变平衡系统中简单金属离子和配位体的浓度，如：改变溶液酸度、加入沉淀剂、氧化剂或还原剂等，均可使平衡移动，引起系统颜色、溶解度、电极电势以及 pH 值的变化。如：难溶于水的 AgCl 将溶于氨水中

$$AgCl(s) + 2NH_3(aq) \rightleftharpoons [Ag(NH_3)_2]^+(aq) + Cl^-(aq)$$

$$K^{\ominus} = \frac{\{c([Ag(NH_3)_2]^+)\}\{c(Cl^-)\}}{\{c(NH_3)\}^2}$$

实际上，上述溶液中存在着两个平衡

$$AgCl(s) \rightleftharpoons Ag^+(aq) + Cl^-(aq)$$
$$+) Ag^+(aq) + 2NH_3(aq) \rightleftharpoons [Ag(NH_3)_2]^+(aq)$$
$$\overline{AgCl(s) + 2NH_3(aq) \rightleftharpoons [Ag(NH_3)_2]^+(aq) + Cl^-(aq)}$$

即

$$K^{\ominus} = \frac{\{c([Ag(NH_3)_2]^+)\}\{c(Cl^-)\}}{\{c(NH_3)_2\}^2}$$

$$= \frac{\{c(c[Ag(NH_3)_2]^+)\}\{c(Cl^-)\}}{\{c(NH_3)_2\}^2} \times \frac{c(Ag^+)}{c(Ag^+)}$$

$$= K^{\ominus}(\text{稳})([Ag(NH_3)_2]^+) \times K^{\ominus}_{sp}(AgCl)$$

所以，有配合物生成时，相应的 $K^{\ominus}$(稳)越大，$K^{\ominus}_{sp}$ 越大，就越不容易生成沉淀。

又如：浅绿色的 $[Fe(H_2O)_6]^{2+}$ 与邻菲罗啉在微酸性溶液中反应生成橘红色的配离子

而在 Hg^{2+}/Hg 中加入 CN^-，由于形成 $[Hg(CN)_4]^{2-}$ 而减少 Hg^{2+} 浓度，故电极电势降低

$$Hg^{2+} + 2e^- \rightleftharpoons Hg(l), \quad E^{\ominus}(Hg^{2+}/Hg) = +0.85 \text{ V}$$
$$[Hg(CN)_4]^{2-} + 2e^- \rightleftharpoons Hg + 4CN^-, \quad E^{\ominus}([Hg(CN)_4]^{2-}/Hg) = -0.37 \text{ V}$$

同理

$$Co^{3+} + e^- \rightleftharpoons Co^{2+}, \quad E^{\ominus}(Co^{3+}/Co^{2+}) = +1.95 \text{ V}$$
$$[Co(NH_3)_6]^{3+} + e^- \rightleftharpoons [Co(NH_3)_6]^{2+}$$
$$E^{\ominus}([Co(NH_3)_6]^{3+}/[Co(NH_3)_6]^{2+}) = +0.1 \text{ V}$$

当同一配位体提供两个或两个以上的配位原子与一个中心离子配位时，可形成具有环状

结构的配位化合物,称为螯合物。螯合物比一般的配合物更加稳定。由于大多数金属的螯合物具有特征的颜色,且难溶于水,所以螯合物常被用于分析化学中金属离子的鉴定。

尽管复盐与配合物都属于较复杂的化合物,但复盐与配合物不同,它在水溶液中完全解离为简单离子,如

$$(NH_4)Fe(SO_4)_2 \longrightarrow NH_4^+ + Fe^{3+} + 2SO_4^{2-}$$

简单金属离子在形成配位离子后,在颜色、溶解度、氧化还原性等性质上都有较大的改变。

总之,利用配离子的生成和性质可以用来分离、鉴定某些金属离子,还可以掩蔽反应中的干扰离子。在药物分析、药物制剂和临床治疗等方面都有重要作用。

【仪器与试剂】

仪器:离心机;漏斗;漏斗架;滤纸。

试剂:$CuSO_4(0.1\ mol/dm^3)$;$NaOH(0.1\ mol/dm^3、2\ mol/dm^3、6\ mol/dm^3)$;$BaCl_2\ (0.1\ mol/dm^3)$;$NH_3 \cdot H_2O(0.1\ mol/dm^3、2\ mol/dm^3、6\ mol/dm^3)$;$Na_2S\ (0.1\ mol/dm^3)$;$AgNO_3(0.1\ mol/dm^3)$;$NaCl(0.1\ mol/dm^3)$;$KI(0.2\ mol/dm^3)$;$Na_2S_2O_3\ (0.5\ mol/dm^3)$;$KBr(0.1\ mol/dm^3)$;$Fe_2(SO_4)_3\ (0.1\ mol/dm^3)$;HCl(6 mol/dm³、浓);$KSCN\ (0.1\ mol/dm^3)$;$NH_4F\ (10\%)$;$FeCl_3(0.5\ mol/dm^3、0.1\ mol/dm^3)$;$H_2SO_4(6\ mol/dm^3)$;$(NH_4)_2C_2O_4(饱和)$;$CCl_4$;$CoCl_2 \cdot 6H_2O(s)$;$NiSO_4\ (0.1\ mol/dm^3)$;丁二酮肟(1%);$K_3[Fe(CN)_6]\ (0.1\ mol/dm^3)$;$(NH_4)_2Fe(SO_4)_2(0.1\ mol/dm^3)$;$K_4[Fe(CN)_6](0.1\ mol/dm^3)$;碘水;乙醇(95%);$Al(NO_3)_3\ (0.1\ mol/dm^3)$。

【实验内容】

1. 配合物的生成、离解及组成

(1) 含正配离子的配合物的生成。在两支试管中各加入 0.5 mL 0.1 mol/dm³ $CuSO_4$ 溶液,分别加入 2 滴 2 mol/dm³ NaOH 和 0.1 mol/dm³ $BaCl_2$,观察现象(是检验什么?)。

另取 5 mL 0.1 mol/dm³ 的 $CuSO_4$ 溶液于小烧杯中,逐滴加入 6 mol/dm³ 的氨水,观察溶液颜色的变化,至生成深蓝色溶液为止,这是什么?再多加几滴氨水,然后加入约 8 mL 95% 的酒精(使$[Cu(NH_3)_4]SO_4 \cdot H_2O$ 晶体溶解度降低而析出),观察晶体的颜色。过滤后,用酒精洗涤晶体 1~2 次,备用。写出有关反应方程式。

取上述制得的$[Cu(NH_3)_4]SO_4 \cdot H_2O$晶体用少量去离子水溶解后,分成三支试管,分别加入 2 滴 0.1 mol/dm³ 的 NaOH 溶液和 0.1 mol/dm³ 的 $BaCl_2$ 溶液及 0.1 mol/dm³ 的 Na_2S 溶液,观察现象。由实验结果验证铜氨配位化合物的内界和外界的组成。

(2) 含负配离子的配合物的生成。选择下列试剂制备一个负配离子,并实验它的离解情况。

给定试剂:$AgNO_3\ (0.1\ mol/dm^3)$;$NaCl\ (0.1\ mol/dm^3)$;$NH_3 \cdot H_2O\ (0.1\ mol/dm^3、2\ mol/dm^3)$;$KI(0.2\ mol/dm^3)$;$Na_2S_2O_3(0.5\ mol/dm^3)$;$NaOH(2\ mol/dm^3)$;$KBr(0.1\ mol/dm^3)$。

提示:Ag^+ 作为配合物的形成体与过量 $Na_2S_2O_3$ 可形成$[Ag(S_2O_3)_2]^{3-}$。

写出操作步骤及试剂用量,详细记录观察到的实验现象。写出有关的反应方程式,由实

验结果说明此配合物的组成。

2. 配离子稳定性的比较

Fe^{3+} 可与 Cl^-、SCN^-、F^- 等离子分别生成 $[FeCl_6]^{3-}$、$[Fe(NCS)_6]^{3-}$、$[FeF_6]^{3-}$（无色）等配离子。已知这些配离子的稳定性按下列次序增加

$$[FeCl_6]^{3-} < [Fe(NCS)_6]^{3-} < [FeF_6]^{3-}$$

设计一系列实验证实之。

给定试剂：$Fe_2(SO_4)_3(0.1\ mol/dm^3)$；$HCl(6\ mol/dm^3)$；$KSCN(0.1\ mol/dm^3)$；$NH_4F(10\%)$。

写出实验步骤（包括试剂用量），记录实验现象，写出有关反应方程式，并从实验得出结论。

3. 配位平衡的移动

（1）配位平衡与酸碱平衡。在试管中加入 1 mL 0.5 mol/dm^3 $FeCl_3$ 溶液，再逐滴加入 10% NH_4F 至溶液呈无色，将此溶液分成两份，分别滴入 2 mol/dm^3 NaOH 和 6 mol/dm^3 H_2SO_4，观察现象，写出有关反应式并解释之。

（2）配位平衡与沉淀溶解平衡。在试管中加入 0.5 mL 0.1 mol/dm^3 $AgNO_3$ 溶液，逐滴加入 0.1 mol/dm^3 NaCl 溶液生成白色沉淀，分出沉淀并洗涤，然后加入 2 mol/dm^3 $NH_3 \cdot H_2O$ 至沉淀刚好溶解后，将溶液分成两份，在一份中滴加 1 滴 0.1 mol/dm^3 NaCl 溶液，在另一份中滴加 1 滴 0.1 mol/dm^3 KBr 溶液，写出反应方程式并解释观察到的现象。

根据实验结果试判断 AgCl 与 AgBr 两难溶电解质溶度积的大小，并查出它们的溶度积来验证你的判断。

（3）配位平衡与氧化还原平衡。取两支试管各加入 2 滴 0.1 mol/dm^3 $FeCl_3$ 溶液，然后向一支试管中加入 5 滴饱和草酸铵溶液，另一支试管加 5 滴去离子水，再向两支试管中各加 3 滴 0.1 mol/dm^3、KI 溶液和 5 滴 CCl_4，振荡试管，观察两支试管中 CCl_4 层的颜色，解释实验现象。

（4）配离子的相互转化。取米粒大小的 $CoCl_2 \cdot 6H_2O$ 于试管中，加水溶解，观察现象。再往试管中滴加浓 HCl，观察颜色变化，再滴加去离子水，颜色又有何变化？解释现象。

$$[Co(H_2O)_6]^{2+} + 4Cl^- \rightleftharpoons [CoCl_4]^{2-} + 6H_2O$$

4. 螯合物的生成

在试管中加入 2 滴 0.1 mol/dm^3 $NiSO_4$ 溶液，再加入 1~2 滴 2 mol/dm^3 $NH_3 \cdot H_2O$ 和 1 滴丁二酮肟溶液，观察现象。此法是检验 Ni^{2+} 的灵敏反应，反应方程式如下

$$2\begin{array}{c}CH_3C=N-OH\\|\\CH_3C=N-OH\end{array} + Ni^{2+} + 2NH_3 \cdot H_2O \longrightarrow \begin{array}{c}\text{络合结构}\end{array} (S) + 2NH_4^+ + 2H_2O$$

5. 配离子与简单离子及复盐的区别

（1）配离子与简单离子的区别。取两支试管分别滴加 3 滴 0.1 mol/dm^3 $FeCl_3$ 和

0.1 mol/dm³ $K_3[Fe(CN)_6]$,然后各加 1 滴 0.1 mol/dm³ KSCN 溶液,观察溶液的颜色并解释现象。

(2) 配离子与复盐的区别。取两支试管分别滴加 2 滴 0.1 mol/dm³ 的 $(NH_4)_2Fe(SO_4)_2$ 溶液和 0.1 mol/dm³ 的 $K_4[Fe(CN)_6]$ 溶液,两支试管中各加入 5 滴碘水,观察两支试管中碘水是否都褪色。解释实验现象。

6. 利用配位反应分离混合离子

试液中可能含有 Al^{3+}、Cu^{2+} 和 Ag^+,试利用配位反应,设计分离方案并写出有关反应方程式。

【思考题】
(1) 配离子形成的条件和组成是什么?
(2) 同一金属离子的不同配离子可以相互转化的条件是什么?
(3) 总结本实验涉及几种溶液中的离子平衡,它们有何共性?
(4) 总结本实验中所观察到的现象,说明有哪些因素影响配合平衡?
(5) 螯合物有何特征?它为什么比一般配合物稳定?
(6) 配离子与简单离子和复盐有何区别?

三、元素及其化合物性质实验

实验 17 氮、磷、氧、硫实验

【实验目的】
(1) 熟悉 VA、VIA 族元素一些重要化合物的性质。
(2) 进行一些阴离子的分离和检出,进一步学会观察实验现象,判断反应结果,培养分析问题的能力。

【实验原理】
在 VA、VIA 族中 N、P、O、S 四个元素是典型的非金属,它们的电子构型为:

N　　$2S^2 2P^3$　　　　　　O　　$2S^2 2P^4$
P　　$3S^2 3P^3$　　　　　　S　　$3S^2 3P^4$

氧的常见氧化值是 -2,只有在 OF_2 中才显出正氧化值。另外还形成 O_2^-,O_2^{2-}(氧化值分别为 -0.5,-1)化合物。元素电势图如下(其中( )中数字表示 $E_A^\ominus$、[ ] 中数字表示 $E_B^\ominus$,下同):

$E^\ominus$/V　　　　　　　$O_2 \xrightarrow[[-0.076]]{(0.68)} \begin{array}{c} H_2O_2 \\ HO_2^- \end{array} \xrightarrow[[0.87]]{(1.77)} H_2O$

可见 H_2O_2 是一强氧化剂,也具还原性。

硫的常见氧化值除 -2 外,还有 +2、+4、+6 等。元素电势图如下:

$E^\ominus$/V

$$SO_4^{2-} \underline{\quad(-0.22)\quad} S_2O_6^{2-} \underline{\quad(0.57)\quad} \begin{matrix} H_2SO_3 \\ SO_3^{2-} \end{matrix} \begin{matrix} (0.51) & S_4O_6^{2-} & (0.09) \\ \underline{(-0.08)} & HS_2O_4^- & (0.88) \\ [-1.11] & S_2O_4^{2-} & [0.53] \end{matrix} S_2O_3^{2-} \begin{matrix} (0.50) \\ [-0.74] \end{matrix} S \begin{matrix} (0.14) \\ [-0.51] \end{matrix} \begin{matrix} H_2S \\ S^{2-} \end{matrix}$$

$$[-0.93] \qquad\qquad \begin{matrix}(0.400)\\ [-0.58]\end{matrix}$$

其中氧化值在 +6 与 -2 之间的化合物，既有氧化性，也有还原性，但一般以还原性为主，且在碱性介质中还原性更强。SO_3^{2-}、$S_2O_4^{2-}$、$S_2O_3^{2-}$、S^{2-} 的盐都是常用还原剂。如：

$$2MnO_4^- + 5SO_3^{2-} + 6H^+ \longrightarrow 2Mn^{2+} + 5SO_4^{2-} + 3H_2O$$
$$S_2O_3^{2-} + 4Cl_2 + 5H_2O \longrightarrow 2HSO_4^- + 8H^+ + 8Cl^-$$
$$S_2O_3^{2-} + Cl_2 + H_2O \longrightarrow SO_4^{2-} + S + 2H^+ + 2Cl^-$$
$$I_2 + 2S_2O_3^{2-} \longrightarrow S_4O_6^{2-} + 2I^-$$

$S_2O_4^{2-}$ 除了能将 MnO_4^-、I_2 还原外，还能把 Cu^{2+}、Ag^+ 还原为金属。

在硫的含氧酸中，过硫酸及其盐是常用氧化剂。它可视为 H—O—O—H 分子中的 H 被 —SO_3H（磺酸基）取代的结果。它能将 Mn^{2+} 氧化成 MnO_4^-。

$$5S_2O_8^{2-} + 2Mn^{2+} + 8H_2O \longrightarrow 10SO_4^{2-} + 2MnO_4^- + 16H^+$$

氮常见的负氧化值化合物为 N_2H_4 和 NH_3。与氧不同，氮还易形成氧化值为 +1、+2、+3、+4、+5 的化合物。如氮的氧化物有 N_2O、NO、N_2O_3、NO_2、N_2O_5 等。元素电势图如下

$$E^{\ominus}/V \quad N_2 \begin{matrix}(-0.23)\\ [-1.16]\end{matrix} \begin{matrix}N_2H_5^+\\ [N_2H_4]\end{matrix} \begin{matrix}(1.28)\\ [0.1]\end{matrix} \begin{matrix}NH_4^+\\ [NH_3 \cdot H_2O]\end{matrix}$$

$$\overset{(0.94)}{\overline{\qquad\qquad\qquad\qquad}}$$
$$NO_3^- \begin{matrix}(0.79)\\ [-0.86]\end{matrix} NO_2 \begin{matrix}(1.07)\\ [0.88]\end{matrix} \begin{matrix}HNO_2\\ NO_2^-\end{matrix} \begin{matrix}(1.00)\\ [-0.46]\end{matrix} NO \begin{matrix}(1.59)\\ [0.76]\end{matrix} N_2O \begin{matrix}(1.77)\\ [0.94]\end{matrix} N_2$$

在氮的化合物中，N_2H_4 是强还原剂。HNO_2 不稳定易分解成 HNO_3 和 NO。MNO_2 既有氧化性又有还原性，以氧化性为主，尤其在酸性介质中。HNO_3 是强氧化剂，并常与浓 HCl、HF、浓 H_2SO_4 等组成混酸使用。硝酸盐除 Ti^+、Ag^+ 盐见光分解外，常温下都比较稳定，但受热发生分解。

磷的含氧酸有 H_3PO_2（次磷酸）、H_3PO_3 及 H_3PO_4。在氧化值为 +5 的含氧酸中，因含水量不同又有正、偏、焦磷酸之分，其酸性依次递增。正磷酸可形成三种类型的盐：一取代盐、二取代盐、三取代盐。大多数磷酸二氢盐易溶于水，而磷酸一氢盐和正盐大多都难溶于水。

【仪器、试剂与材料】

仪器：离心机；点滴盘。

试剂：$CdCO_3(s)$；$Na_2SO_3(s)$；$NaNO_2(s)$；$PbCO_3(s)$；$FeSO_4(s)$；$KI(s、2\ mol/dm^3)$；
$HCl(2\ mol/dm^3,\ 6\ mol/dm^3)$；$H_2SO_4(3\ mol/dm^3,浓)$；$HNO_3(浓)$；$H_2S(饱和)$；

NaOH(2 mol/dm³、6 mol/dm³);NH₃·H₂O(2 mol/dm³);KMnO₄(0.01 mol/dm³);Pb(Ac)₂(0.1 mol/dm³);AgNO₃(0.1 mol/dm³);Sr(NO₃)₂(0.1 mol/dm³);SrCl₂(0.1 mol/dm³);K₄[Fe(CN)₆](0.25 mol/dm³);Na₂[Fe(CN)₅NO](1%);Na₂S(0.1 mol/dm³);Na₂SO₃(0.1 mol/dm³);标准 Na₂S₂O₃(约 0.1 mol/dm³);ZnSO₄(饱和);BaCl₂(0.1 mol/dm³);CaCl₂(0.1 mol/dm³);(NH₄)₂MoO₄(5%);K₂Cr₂O₇(0.1 mol/dm³);Cd(NO₃)₂(0.1 mol/dm³);标准 KIO₃(0.01 mol/dm³);乙醚;品红溶液;CCl₄;I₂ 水;H₂O₂(3%)。

材料:滤纸条;pH 试纸。

【实验内容】

(1) 选择所给试剂设计一些实验,验证亚硫酸及其盐的主要性质。

给定试剂:Na₂SO₃(s);H₂SO₄(3 mol/dm³);KMnO₄(0.01 mol/dm³);K₂Cr₂O₇(0.1 mol/dm³);品红溶液;H₂S 饱和溶液。

(2) 试液中含有 S^{2-}、$S_2O_3^{2-}$、SO_3^{2-} 离子,试分离和检出。

提示:S^{2-} 通常通过形成硫化物来检出,不受 $S_2O_3^{2-}$、SO_3^{2-} 影响。SO_3^{2-} 通过它的氧化还原性来检出,故 S^{2-}、$S_2O_3^{2-}$ 都有妨碍,$S_2O_3^{2-}$ 通常通过与 Ag^+ 和酸作用来检出,因此 S^{2-} 有影响,所以这三个离子的混合液的检出,一般要预先进行分离。

通常用 CdCO₃ 或 PbCO₃ 固体,利用沉淀转化的方法将 S^{2-} 分离出去,利用 Sr(NO₃)₂ 或 SrCl₂ 溶液使 SO_3^{2-} 转化为难溶的锶盐将 SO_3^{2-} 与 $S_2O_3^{2-}$ 分离。而 SrSO₃ 可溶于酸,SO_3^{2-} 易被氧化成 SO_4^{2-} 则可分别检出(为了正确判断分析的结果,可做空白实验和对照实验)。

按上述提示,设计好方案,写出各步反应式及实验现象,实验前送指导教师检查。可用离子分离鉴定框图表示。

给出试剂:HCl(2 mol/dm³);Pb(Ac)₂(0.1 mol/dm³);CdCO₃(s)或 PbCO₃(s);
Sr(NO₃)₂ 或 SrCl₂(0.1 mol/dm³);BaCl₂(0.1 mol/dm³);H₂O₂(3%);
AgNO₃(0.1 mol/dm³);KMnO₄(0.01 mol/dm³);Na₂[Fe(CN)₅NO](1%)。

(3) 有两个无色水溶液,可能是 N₂H₄ 和 H₂O₂,试检出之。

给出试剂:KMnO₄(0.01 mol/dm³);I₂ 水;AgNO₃(0.1 mol/dm³);KI(0.2 mol/dm³);
H₂SO₄(3 mol/dm³);K₂Cr₂O₇(0.1 mol/dm³);乙醚。

(4) SO₂ 是防干果和果汁变质的最有效抑制剂,误吃工业用盐 NaNO₂ 会中毒。可能含有 SO_3^{2-}、NO_2^- 的固体混合物如何检出?

(5) 今有 A、B、C 三种溶液,它们可能是 Na₃PO₄、Na₂HPO₄、NaH₂PO₄;选择所给试剂试用两种方法加以鉴定。说明利用它们的什么性质?写出有关反应式。

所出试剂 CaCl₂(0.1 mol/dm³);HNO₃(浓);HCl(2 mol/dm³);(NH₄)₂MoO₄ 溶液;精密 pH 试纸。

【思考题】

(1) 今有一试液,加 3 mol/dm³ H₂SO₄ 酸化后,溶液变浑,轻敲试管(或在水浴上加热),则有气泡发生,酸化后的试液既能使 KMnO₄ 褪色,也能使淀粉 - 碘溶液褪色。判断此溶液含有何种阴离子,写出上述有关反应式。

(2) S^{2-} 和 SO_3^{2-} 离子在何种介质中可以共存？为什么？长久放置 H_2S、Na_2SO_3 溶液会发生什么变化？

(3) 设计实验比较 $S_2O_8^{2-}$ 与 MnO_4^- 氧化性的强弱？

(4) 怎样检查亚硫酸中的 SO_4^{2-}？怎样检查硫酸盐中的 SO_3^{2-}？

附：几种阴离子的鉴定方法

1. S^{2-} 离子

(1) 试液中 S^{2-} 离子含量多时，可取试液少量于试管中，用 HCl 酸化试液后，将湿的 $Pb(Ac)_2$ 试纸放管口，若试纸变棕黑色，则表示 S^{2-} 存在。

(2) 试液中 S^{2-} 离子含量少时，取试液几滴于点滴盘中，加 NaOH 溶液使试液呈碱性，滴加新配置的 1% 亚硝酰铁氰化钠 $Na_2[Fe(CN)_5NO]$ 溶液，出现紫红色表示 S^{2-} 存在。

(3) 在含有 S^{2-} 的微酸性或中性溶液中，加入 $Cd(NO_3)_2$ 溶液产生黄色 CdS 沉淀，或加入 $AgNO_3$，或加入 $Pb(NO_3)_2$ 溶液，产生黑色 Ag_2S 或 PbS 沉淀都表示 S^{2-} 存在。

2. $S_2O_3^{2-}$ 离子

(1) 取少量试液于试管中，加入过量 $AgNO_3$ 溶液，若见到白色沉淀，并变为黄色、棕色，最后变为黑色的 Ag_2S，证明有 $S_2O_3^{2-}$ 存在。

(2) 取试液少量于试管中，加入稀 HCl 并加热溶液变乳白色混浊，表示有 $S_2O_3^{2-}$ 存在。

3. SO_3^{2-} 离子

(1) 在点滴盘上滴加 2 滴饱和 $ZnSO_4$ 溶液，加 1 滴 $K_4[Fe(CN)_6]$ 和 1% $Na_2[Fe(CN)_5NO]$，再滴加试液，搅动，出现红色沉淀表示 SO_3^{2-} 存在。酸使红色沉淀消失，故酸性溶液必须中和，S^{2-} 离子存在，妨碍 SO_3^{2-} 离子的鉴定。

(2) 取试液数滴于试管中，加 Sr^{2+} 离子有白色沉淀，再加稀 HCl，白色沉淀溶解（或部分溶解），在清液中加 H_2O_2（3%）及 $BaCl_2$ 溶液，若有白色沉淀产生，表示有 SO_3^{2-} 离子存在。

4. NO_2^- 离子

(1) 取试液数滴于试管中，加 $FeSO_4$ 溶液（或固体），再加入 H_2SO_4 或醋酸，若溶液呈棕色，则表示有 NO_2^- 离子存在。

(2) 在点滴盘中滴加 2 滴试液（中性或醋酸酸性），再加氨基苯磺酸和 α-萘胺溶液各 1 滴，若立即（或短时间内）生成特殊红色（偶氮染料），则表示有 NO_2^- 离子存在。

5. PO_4^{3-} 离子

取数滴试液，加 2 倍的 1:1 HNO_3，加热数分钟（若已知有 SiO_3^{2-} 存在时，加数滴 20% 酒石酸钠溶液），再加入 5% $(NH_4)_2MoO_4$ 溶液 8~10 滴，在 60~70℃ 保温数分钟，析出黄色沉淀，证明有 PO_4^{3-} 存在。

$$PO_4^{3-} + 3NH_4^+ + 12MoO_4^{2-} + 24H^+ \longrightarrow (NH_4)_3PO_4 \cdot 12MoO_3 \cdot 6H_2O(s)(黄色) + 6H_2O$$

实验 18　氟、氯、溴、碘实验

【实验目的】

(1) 掌握卤素元素及其主要化合物的重要性质。

(2) 进行从实验现象中提出问题,进而分析、解决问题的训练。

(3) 学习类比方法。

(4) 学习检出离子的操作:沉淀、溶液转移、沉淀洗涤以及离心机的使用。

【实验原理】

卤素原子电子构型为 ns^2np^5。它们可形成氧化值为 -1 的物质,除 F^- 外,其他卤素原子常以配位键或激发成键方式形成氧化值为 $+1$、$+3$、$+5$、$+7$ 的化合物。卤素含氧酸属于前者成键,而卤素互化物(如 ICl、ICl_3、ICl_5、ICl_7)属于后者成键。

卤素元素的电势图如下(其中 $E_A^\ominus$ 用( )标记,$E_B^\ominus$ 用[ ]标记):

$E^\ominus/V$ $F_2 \dfrac{(2.87)}{[2.87]} F^-$

```
                        (1.415)                              (1.50)
                        [0.50]                               [0.88]
         (1.226)           (1.157)  HClO₂   (1.673)  HClO   (1.630)        (1.360)
ClO₄⁻ ─────────── ClO₃⁻ ─────────                 ───────── Cl₂ ────────── Cl⁻
         [0.400]           [0.271]  ClO₂⁻  [0.680]  ClO⁻   [0.420]        [1.360]
                                        (1.458)
                                        [0.465]
```

```
                                              (1.34)
                                              [0.76]
         (1.76)           (1.490)  HBrO  (1.604)       (1.080)
BrO₄⁻ ─────────── BrO₃⁻ ─────────        ────────── Br₂ ────────── Br⁻
         [0.93]           [0.540]  BrO⁻  [0.456]       [1.080]
                                        (1.513)
                                        [0.520]
```

```
                                              (1.0)
                                              [0.49]
H₅IO₆    (1.60)          (1.15)  HIO  (1.431)       (0.540)
         ─────── HIO₃ ───────                ───── I₂ ──────── I⁻
H₃IO₆²⁻  [0.70]  IO₃⁻    [0.169] IO⁻  [0.403]       [0.54]
                                        (1.209)
                                        [0.216]
```

从卤素的电势图可以看出:

(1) 还原性 $I^- > Br^- > Cl^- > F^-$。其中 I^- 还原性最强,所以 HI、HBr 不能用浓 H_2SO_4 与相应的卤化物作用来制备。

(2) 氧化性 $F_2 > Cl_2 > Br_2 > I_2$。F_2 是最强的氧化剂,能使水氧化放出 O_2。

(3) X_2 在碱中发生歧化,既可生成 X^- 和 XO^-,也可生成 X^- 和 XO_3^-。

$$X_2 + 2OH^- \longrightarrow X^- + OX^- + H_2O$$

$$X_2 + 6OH^- \longrightarrow 5X^- + XO_3^- + 3H_2O$$

(4) 在酸性介质中卤素是相当强的氧化剂,能将 Fe^{2+}、H_2S 和卤化物等氧化。并且有

$$\begin{array}{c}\text{氧化性}\\\text{稳定性递减}\end{array}\left|\begin{array}{cc}\text{HClO} & \text{HClO}_3\\\text{HBrO} & \text{HBrO}_3\\\text{HIO} & \text{HIO}_3\end{array}\right.\xrightarrow[\text{稳定性递增}]{\text{氧化性递减}}$$

在碱性介质中也有上述规律，但相应化合物的氧化性比在酸性介质中小，稳定性增加，也就是说卤素含氧酸盐比相应的含氧酸稳定。

另外，高碘酸与 $HClO_4$、$HBrO_4$（都是极强的酸）不同，高碘酸 H_5IO_6 [$IO(OH)_5$] 是五元弱酸（$K_1^\ominus = 5.1 \times 10^{-4}$，$K_2^\ominus = 4.9 \times 10^{-7}$，$K_3^\ominus = 2.5 \times 10^{-12}$）。

由于卤素（或其他非金属）主要以阴离子形式存在，因此本实验采用了阴离子分离和检出手段来掌握一些卤素及其化合物的性质。分离必须是严密的，否则就会导致失败。对一个特定的检出反应有疑问时，最好用已知离子作试液进行对照实验，或用去离子水代替试液进行空白实验（参见第4章）。

发生一系列氧化还原反应是非金属元素及其化合物的重要特性之一，因此应很好地利用电极电势来指导有关的反应。但借助它只能判断反应能否进行和反应进行的完全程度，切不可和反应速率混为一谈。

【仪器与试剂】

仪器：离心机；水浴。

试剂：锌粉；镁粉；H_2SO_4（1 mol/dm^3、3 mol/dm^3、浓）；HCl（2 mol/dm^3）；$NH_3 \cdot H_2O$（2 mol/dm^3）；F^-、Cl^-、Br^-、I^- 混合液；KIO_3（0.1 mol/dm^3、准确 0.01 mol/dm^3）；NaCl（0.1 mol/dm^3）；NaBr（0.1 mol/dm^3）；NaI（0.1 mol/dm^3）；$Ca(NO_3)_2$（0.1 mol/dm^3）；$FeCl_3$（0.1 mol/dm^3）；$NaNO_2$（0.1 mol/dm^3）；NaClO（0.1 mol/dm^3）；$NaClO_4$（0.1 mol/dm^3）；$Al_2(SO_4)_3$（0.25 mol/dm^3）；$(NH_4)_2CO_3$（12%）；HNO_3（1 mol/dm^3）；$AgNO_3$（0.1 mol/dm^3）；氯水（饱和）；Na_2SO_3（0.2 mol/dm^3）；$FeSO_4$（0.1 mol/dm^3）；淀粉-KI试纸；CCl_4。

【实验内容】

(1) 试液 Ⅰ、Ⅱ 中都含有 F^-、Cl^-、Br^-、I^- 离子（Ⅰ、Ⅱ 的差别仅是离子浓度不同），试分离与检出之。

提示：常用方法是加 Ca^{2+} 将 F^- 除掉，其他卤素离子转化为卤化银 AgX，然后用 NH_3 水或 $(NH_4)_2CO_3$ 将 AgCl 溶解，而与 AgBr、AgI 分离。余下 AgBr、AgI 混合物中加入锌粉或镁粉，将 Br^-、I^- 转入溶液。酸化后，根据 Br^-、I^- 的还原能力不同，用氯水分离和检出它们。

① 按上述提示，设计好实验方案。可用图示（见下图）。实验前交给指导教师检查。

② 在上述方法中，往往发生 Br^- 和 I^- 的漏检。因为用 NH_3 水作用 AgCl、AgBr 和 AgI 的混合物溶出 AgCl 时，由于 AgBr 也微溶于氨水，当 Br^- 量少时会造成 Br^- 漏检。当用锌粉与 AgBr、AgI 反应转化为 Br^-、I^- 时，因为 AgI 的溶解度很小，较难转化为 I^-，造成 I^- 漏

检。可计算一下 AgX 被还原为 Ag 的标准电极电势。因此,须重新设计一种方法,改进上述两处的分离方法,做到少漏检或不漏检 Br^- 和 I^-(在下列框图中写出沉淀与溶液中所含物质的化学式)。

③ 参考相应的电极电势,求出 Cl_2 与 Br^-、I^- 混合液发生下述分步氧化还原反应的电动势

$$Br^-,\ I^- \xrightarrow[(1)]{Cl_2} Br^-,\ I_2 \xrightarrow[(2)]{Cl_2} Br^-,\ HIO_3 \xrightarrow[(3)]{Cl_2} Br_2,\ HIO_3$$

与实际观察到的现象比较,有无矛盾的地方?如何解释?并重新设计一方法对 Br^-、I^- 混合液进行分离与检出。

(2) 设计一些实验,比较 ClO^-、ClO_3^- 的氧化性强弱。

提示:按本实验中提供的试剂,参考标准电极电势,选择进行比较的反应和比较标准,即选用什么还原剂、控制什么样的反应条件,比较什么现象。

(3) 在 $Al_2(SO_4)_3$ 溶液中加入足够 Na_2CO_3 时,最后得到白色 $Al(OH)_3$ 沉淀。若在 $Al_2(SO_4)_3$ 溶液中加入 IO_3^- 与 I^- 混合液(IO_3^- 与 I^- 应选取何种比例?),则有 I_2 析出和沉淀产生,用 $Na_2S_2O_3$ 与 I_2 反应后,也呈现出白色的 $Al(OH)_3$。证明之。

比较这两个实验,回答 IO_3^-、I^- 混合液在反应中起着什么作用,为什么?这一实验对你有何启迪?

【实验问题】

(1) 试确定 IO_3^- 和 I^- 离子在酸性溶液中反应的化学计量方程式。

提示：用滴管取 30 滴准确至 0.01 mol/dm³ 左右的标准 KIO_3 溶液，加入 0.2 g KI，然后加 10 滴 1 mol/dm³ H_2SO_4 酸化。再用与上述同样规格滴管滴加 0.1 mol/dm³ $Na_2S_2O_3$ 溶液，并不断摇动试管直到碘的颜色恰好消失，求出 KIO_3 与 $Na_2S_2O_3$ 反应的物质的量比关系。已知 I_2 与 $Na_2S_2O_3$ 反应是

$$I_2 + 2S_2O_3^{2-} \longrightarrow 2I^- + S_4O_6^{2-}$$

这样 IO_3^- 与 I^- 在酸性溶液中的反应化学计量式就可求出。

（2）Br^-、I^-、NO_3^- 共存时如何消除 Br^-、I^- 影响，以便检出 NO_3^-？

【思考题】

（1）为什么 CaF_2 难溶于水，而其他卤化钙则是可溶的？

为什么 AgF 可溶于水，而其他卤化银则是难溶的？

（2）ClO^-、ClO_3^- 分别与 I^-、HCl、品红有何反应发生？

（3）酸碱中和不用碱（OH^-）行吗？

（4）本实验中采用了几种方法使难溶物转化为溶液？

实验19 铬、锰、铁、钴、镍实验

【实验目的】

（1）通过实验进一步了解铬（Cr）、锰（Mn）、铁（Fe）、钴（Co）、镍（Ni）的常见重要化合物的形成。

（2）了解铬和锰的主要氧化态化合物的性质。

（3）了解钴、镍的配合性，并与铁进行比较。

（4）了解 Co^{2+} 离子和 Co^{3+} 配离子的稳定性。

【实验原理】

铬、锰、铁、钴和镍分别属于ⅥB族、ⅦB族和Ⅷ族元素，从价电子层结构来看，它们都属于过渡元素，因此它们都应具有过渡元素的通性，例如，可形成多种氧化态的化合物，水合离子有颜色，易形成配合物和羰基化合物。

1. 铬元素、锰元素

铬的电子构型为 $3d^54s^1$，常见的氧化态为 +3、+6，可以通过氧化还原反应而相互转化。+3 价铬的氢氧化物呈两性，+3 价铬盐容易水解。在碱性溶液中，+3 价铬盐易被强氧化剂如 Na_2O_2 或 H_2O_2 氧化为黄色的铬酸盐

$$2CrO_2^- + 3H_2O_2 + 2OH^- \longrightarrow 2CrO_4^{2-} + 4H_2O$$

铬酸盐和重铬酸盐在水溶液中存在着下列平衡

$$\underset{\text{黄色}}{2CrO_4^{2-}} + 2H^+ \rightleftharpoons \underset{\text{橙色}}{Cr_2O_7^{2-}} + H_2O$$

上述平衡在酸性介质中向右移动，在碱性介质中向左移动。

铬酸盐和重铬酸盐都是强氧化剂，易被还原为 +3 价铬离子（呈绿色）。

在酸性溶液中，$Cr_2O_7^{2-}$ 与 H_2O_2 反应而生成蓝色过氧化铬 CrO_5（必须有乙醚或戊醇存

在才稳定)。这个反应常用来鉴定 $Cr_2O_7^{2-}$ 或 Cr^{3+}。

锰的电子构型为 $3d^54s^2$,常见的氧化态是 +2、+4、+6 和 +7。高氧化态具有氧化性,低氧化态有还原性,中间氧化态具有氧化性和还原性。在高氧化态化合物中以它们的含氧酸盐为稳定,如 MnO_4^{2-}、MnO_4^- 等。

MnO_4^- 的还原产物与介质的性质(酸性、碱性或中性)有很大关系,在酸性溶液中 Mn(Ⅶ)被还原为 Mn(Ⅱ)。如

$$2MnO_4^- + 5SO_3^{2-} + 6H^+ \longrightarrow 2Mn^{2+} + 5SO_4^{2-} + 3H_2O$$
$$MnO_4^- + 5Fe^{2+} + 8H^+ \longrightarrow Mn^{2+} + 5Fe^{3+} + 4H_2O$$

在近中性(弱酸性或弱碱性)溶液中,Mn(Ⅶ)被还原为 MnO_2。如:

$$2MnO_4^- + 3SO_3^{2-} + 2H^+ \longrightarrow 2MnO_2(s) + 3SO_4^{2-} + H_2O$$
$$2MnO_4^- + 3SO_3^{2-} + H_2O \longrightarrow 2MnO_2(s) + 3SO_4^{2-} + 2OH^-$$

在强碱性溶液中 Mn(Ⅶ)被还原成 MnO_4^{2-}。如:

$$2MnO_4^- + 3SO_3^{2-} + 2OH^- \longrightarrow 2MnO_4^{2-} + SO_4^{2-} + H_2O$$

二氧化锰是 Mn(Ⅳ)最重要的化合物,它主要具有氧化性。如:

$$MnO_2 + 4HCl(浓) \longrightarrow MnCl_2 + Cl_2(g) + 2H_2O$$
$$MnO_2 + 2FeSO_4 + 2H_2SO_4 \longrightarrow MnSO_4 + Fe_2(SO_4)_3 + 2H_2O$$
$$MnO_2 + H_2O_2 + H_2SO_4 \longrightarrow MnSO_4 + O_2(g) + 2H_2O$$

在碱性介质中,MnO_2 与碱共熔,又可被空气中的氧所氧化,生成绿色的锰酸盐:

$$2MnO_2 + 4OH^- + O_2 \longrightarrow 2MnO_4^{2-} + 2H_2O$$

Mn(Ⅱ)是最稳定的化合物(为什么?)欲将 Mn^{2+} 氧化,必须选用较强的氧化剂如 $NaBiO_3$、$(NH_4)_2S_2O_8$、PbO_2 等。如

$$2Mn^{2+} + 5NaBiO_3 + 14H^+ \longrightarrow 2MnO_4^- + 5Bi^{3+} + 5Na^+ + 7H_2O$$

反应产物 MnO_4^- 的特征紫红色是检验溶液中是否有 Mn^{2+} 存在的灵敏方法。但 Mn(Ⅱ)在碱性溶液中很不稳定,如:

$$Mn^{2+} + 2OH^- \longrightarrow Mn(OH)_2(s) \text{白色胶状}$$
$$2Mn(OH)_2 + O_2 \longrightarrow 2MnO(OH)_2 \text{棕色} \xrightarrow{\Delta} MnO_2(s) + H_2O$$
$$\text{黑色}$$

2. 铁系元素

铁、钴、镍合称为铁系元素,它们的电子构型为 $3d^{6-8}4s^2$。但是与其他 d 区元素不同,均未得到氧化态为 +8 的化合物。除铁、镍形成 +6 氧化态,钴形成 +4 氧化态外,一般常见的氧化态,铁、钴为 +2、+3,镍为 +2、+4。

Fe^{2+}、Co^{2+}、Ni^{2+} 的易溶盐溶液显极弱酸性,因为它们发生微弱的水解。相应的

M(OH)$_2$是难溶的碱性氢氧化物。M(OH)$_3$也是以碱性为主，但新沉淀出来的Fe(OH)$_3$不仅能溶于酸，而且还能稍溶于强碱溶液而呈现两性。

铁、钴、镍的元素电势图如下

$E^{\ominus}$/V

$$\begin{array}{c}
FeO_4^{2-} \xrightarrow[[>0.9]]{(>1.9)} Fe^{3+} \xrightarrow[[-0.546]]{(0.77)} Fe^{2+} \xrightarrow[[-0.8914]]{(-0.41)} Fe \\
\phantom{FeO_4^{2-}} Fe(OH)_3 Fe(OH)_2 \\
CoO_2 \xrightarrow[[0.7]]{(>1.8)} Co^{3+} \xrightarrow[[0.17]]{(1.95)} Co^{2+} \xrightarrow[[-0.73]]{(-0.282)} Co \\
  Co(OH)_3 Co(OH)_2 \\
NiO_4^{2-} \xrightarrow[[>0.4]]{(>1.8)} NiO_2 \xrightarrow[[0.49]]{(1.68)} Ni^{2+} \xrightarrow[[-0.72]]{(-0.236)} Ni \\
\phantom{NiO_4^{2-}}   Ni(OH)_2
\end{array}$$

可以看出：在酸性介质中高氧化态化合物的氧化性都很强，MO$_4^{2-}$、MO$_2$型和Co^{3+}的氧化性可和MnO$_4^-$相比。但在碱性介质中，它们的氧化性就急剧下降，所以制备这些高氧化态化合物时宜在碱性介质中进行。对于低氧化态化合物在碱性中是相当强的还原剂，并按铁－钴－镍的顺序还原性减弱。如Fe(OH)$_2$可被空气中的O$_2$立即氧化。Co(OH)$_2$可逐渐被O$_2$氧化，Ni(OH)$_2$则不能被O$_2$所氧化。

铁系元素形成许多配合物，尤以NH$_3$、CN$^-$为配体的常见。CN$^-$、NH$_3$都是强场配体，在强场中d^5(Fe^{3+})、d^6(Fe^{2+}、Co^{3+})、d^7(Co^{2+})的八面体和平面四方形的晶体场稳定化能相差不大，但形成八面体时总成键键能多，故上述离子一般都形成八面体型配合物。d^8(Ni^{2+})的平面四方形的晶体场稳定化能大得多，一般形成平面四方形配合物。又由于在正八面体场中d^{6}的稳定化能最大，故Fe^{2+}、Co^{3+}的八面体配合物最稳定。如钴配合物的稳定常数见表5－23。

表5－23 钴配合物的稳定常数

配 体	ML$_6$ $K_{\text{稳}}^{\ominus}$	
	Co（Ⅱ）	Co（Ⅲ）
CN$^-$	1.3×10^{19}	2×10^{30}
NH$_3$	1.29×10^5	1.6×10^{35}

形成配合物后Co(Ⅲ)比Co(Ⅱ)显著稳定，也表现于$E^{\ominus}$(Co(Ⅲ)/Co^{2+})显著下降：

$$Co^{3+} + e^- \rightleftharpoons Co^{2+}, \quad E^{\ominus}(Co^{3+}/Co^{2+}) = 1.81 \text{ V}$$

$$[Co(NH_3)_6]^{3+} + e^- \rightleftharpoons [Co(NH_3)_6]^{2+}, \quad E^{\ominus}([Co(NH_3)_6]^{3+}/[Co(NH_3)_6]^{2+}) = 0.1 \text{ V}$$

【试剂】

MnO$_2$（s）；NaBiO$_3$（s）；KSCN（s、0.2 mol/dm^3）；H$_2$SO$_4$（6 mol/dm^3、2 mol/dm^3）；HCl（浓）；HNO$_3$（6 mol/dm^3）；NaOH（2 mol/dm^3、6 mol/dm^3、40%）；NH$_3$·H$_2$O（浓、2 mol/dm^3、6 mol/dm^3）；H$_2$O$_2$（3%）；MnSO$_4$（0.1 mol/dm^3、0.5 mol/dm^3）；CrCl$_3$（0.1 mol/dm^3）；KMnO$_4$（0.01 mol/dm^3）；K$_2$Cr$_2$O$_7$（0.1 mol/dm^3）；Na$_2$SO$_3$（0.1 mol/dm^3）；CoCl$_2$（0.1 mol/dm^3、0.5 mol/dm^3）；NiSO$_4$（0.1 mol/dm^3、

0.5 mol/dm³）；NH_4Cl（1 mol/dm³）；Br_2 水，丙酮；石蕊试纸；淀粉-KI 试纸；pH 试纸；1% 二乙酰二肟（酒精溶液）；乙醚；KI（0.2 mol/dm³）；四氯化碳；碘水；$K_4[Fe(CN)_6]$（0.5 mol/dm³）；$(NH_4)_2Fe(SO_4)_2$（0.2 mol/dm³）；$FeCl_3$（0.2 mol/dm³）。

【实验内容】

1. 铬和锰

（1）Cr(Ⅲ) 的氢氧化物的制备和性质。用 0.1 mol/dm³ $CrCl_3$ 溶液制备氢氧化铬沉淀，观察沉淀的颜色。用实验证明 $Cr(OH)_3$ 是否呈两性，并写出反应方程式。

（2）Cr(Ⅲ) 的氧化。在少量 0.1 mol/dm³ $CrCl_3$ 溶液中，加入过量的 NaOH 溶液，再加入 H_2O_2 溶液，加热，观察溶液颜色变化。解释现象，并写出反应方程式。

（3）铬酸盐和重铬酸盐的相互转变。在 0.1 mol/dm³ $K_2Cr_2O_7$ 溶液中，滴入少许 2 mol/dm³ NaOH 溶液，观察颜色变化。加入 2 mol/dm³ H_2SO_4 溶液酸化，观察颜色变化。解释现象，并写出反应方程式。

（4）Cr(Ⅵ) 的氧化性。

① 用 Na_2SO_3 溶液试验 $K_2Cr_2O_7$ 在酸性溶液中的氧化性，写出反应方程式。

② $K_2Cr_2O_7$ 是否能将盐酸氧化产生氯气？试用实验证明。

（5）Cr(Ⅲ) 的鉴定。取 0.1 mol/dm⁻¹ $CrCl_3$ 2 滴，加入 6 mol/dm³ NaOH 溶液使 Cr^{3+} 转化为 CrO_2^-，然后加入 3 滴 3% H_2O_2，微热至溶液呈浅黄色。冷却后加入 10 滴乙醚，然后逐滴加入 6 mol/dm³ HNO_3 酸化，振荡。乙醚层出现深蓝色表示有 Cr^{3+}。

（6）Mn(Ⅱ) 的氢氧化物的制备和性质。用 0.1 mol/dm³ $MnSO_4$ 和 2 mol/dm³ NaOH 作用制备三份 $Mn(OH)_2$。在第一份中随即加入过量的 NaOH，在第二份中随即加入 2 mol/dm³ H_2SO_4，第三份用玻璃棒搅拌。观察现象，$Mn(OH)_2$ 的酸、碱性如何？对 O_2 的稳定性如何？写出有关反应式。

（7）Mn(Ⅳ) 化合物的生成。取适量 0.01 mol/dm³ $KMnO_4$ 溶液置试管中，然后滴加 0.1 mol/dm³ $MnSO_4$ 溶液，观察 MnO_2 的生成，记录现象，写出反应方程式。

（8）Mn(Ⅵ) 化合物的生成。在 2 mL 0.01 mol/dm³ $KMnO_4$ 溶液中加入 1 mL 40% NaOH 溶液，然后加入少量固体 MnO_2，加热，搅动后静置片刻，观察上层清液的特征绿色。取上层清液于另一试管中，加入 6 mol/dm³ H_2SO_4 酸化，观察溶液颜色的变化及沉淀的析出。通过实验（8）将得出什么结论？

（9）Mn^{2+} 的鉴定。取 2 滴 0.1 mol/dm³ $MnSO_4$ 溶液于试管中，加入数滴 6 mol/dm³ HNO_3（为什么？）然后加入少量固体 $NaBiO_3$，振荡，离心沉降后，观察上层清液颜色。

2. 铁、钴和镍

（1）Fe(Ⅱ)、Co(Ⅱ)、Ni(Ⅱ) 氢氧化物的制备及性质参考 1（6）实验，自己设计方案。

（2）Fe(Ⅲ)；Co(Ⅲ)；Ni(Ⅲ) 氢氧化物的制备及性质。提供试剂：$FeCl_3$(0.1 mol/dm³)；$CoCl_2$(0.1 mol/dm³)；$NiSO_4$(0.1 mol/dm³)；Br_2 水；H_2O_2(3%)；NaOH(2 mol/dm³)；HCl(浓)；淀粉-KI 试纸。

根据实验结果，比较制备 Fe(Ⅱ)、Co(Ⅱ)、Ni(Ⅱ) 和 Fe(Ⅲ)、Co(Ⅲ)、Ni(Ⅲ) 氢氧

化物之异同，比较 Fe(Ⅲ)、Co(Ⅲ)、Ni(Ⅲ) 氢氧化物的氧化性的异同。

(3) 铁的配合物：

① 往盛有 2 mL $K_4[Fe(CN)_6]$ 溶液的试管里注入约 0.5 mL 碘水摇动试管后（有何现象？），滴入数滴 $(NH_4)_2Fe(SO_4)_2$ 溶液，有何现象发生？此反应可作为 Fe^{2+} 的鉴定反应

$$2[Fe(CN)_6]^{4-} + I_2 = 2[Fe(CN)_6]^{3-} + 2I^-$$
$$2[Fe(CN)_6]^{3-} + 3Fe^{2+} = Fe_3[Fe(CN)_6]_2(s)$$

② 向盛有 2mL $(NH_4)_2Fe(SO_4)_2$ 溶液的试管里注入碘水摇动试管后（有何现象？），将溶液分成两份，并各滴入数滴 KSCN 溶液，然后向其中一支试管中注入约 1mL 3% H_2O_2 溶液，观察现象，此反应可作为 Fe^{3+} 的鉴定反应

$$2Fe^{2+} + 2H^+ + H_2O_2 = 2Fe^{3+} + 2H_2O_2$$
$$Fe^{3+} + nNCS^- = [Fe(NCS)_n]^{n-3} (n = 1 \sim 6)$$

试从配合物的生成对电极电势的改变来解释为什么 $Fe(CN)_6^{4-}$ 能把 I_2 还原成 I^-，而 Fe^{2+} 则不能。

③ 往 $FeCl_3$ 溶液中注入亚铁氰化钾溶液，观察现象，写出反应方程式。这也是鉴定 Fe^{3+} 的一种常用方法。

④ 往盛有 1 mL 0.2 mol/dm³ $FeCl_3$ 溶液的试管中，滴入浓氨水直至过量，观察沉淀是否溶解，写出反应方程式。

(4) Co 和 Ni 的配合性：

① Co 和 Ni 的氨配合物。在盛有适量的 0.5 mol/dm³ $CoCl_2$ 溶液中，加入几滴 1 mol/dm³ NH_4Cl 溶液和过量的 6 mol/dm³ $NH_3 \cdot H_2O$，观察 $[Co(NH_3)_6]Cl_2$ 溶液的颜色，静置片刻，再观察颜色的改变。解释之。写出反应方程式。

按上述方法制取 Ni 的氨配合物，并进行与 Co 的比较。

② Co 和 Ni 的 NCS^- 配合物。取 5 滴 0.1 mol/dm³ $CoCl_2$ 溶液于试管中，加入少量的 KSCN 固体，再加数滴丙酮，观察丙酮溶液层的颜色，判断为何物？用同法制取 Ni 的配合物，并进行比较。

(5) Co 和 Ni 离子鉴定：

① Co^{2+} 离子的鉴定。Co^{2+} 与 SCN^- 反应生成 $[Co(SCN)_4]^{2-}$ 离子，在丙酮（或醇、醚混合液）试剂中显蓝色。有 Mn^{2+} 和 Ni^{2+} 离子存在下仍不被干扰，是鉴定 Co^{2+} 离子的有效办法。

② Ni^{2+} 离子的鉴定。取 5 滴 0.1 mol/dm³ $NiSO_4$ 溶液于试管中，加入 5 滴 2 mol/dm³ $NH_3 \cdot H_2O$，再加入 1 滴 1% 二乙酰二肟后有红色沉淀生成，即表示 Ni^{2+} 离子存在。

【实验问题】

钴和镍的分离：

某 $CoCl_2 \cdot 6H_2O$ 产品中含有少量杂质 Ni(Ⅱ)，过去采用过加镍试剂（二乙酰二肟）去镍方法，但镍试剂昂贵，试设计一新方法以取代之。

已知

$$Co^{2+} + 6NH_3 \rightleftharpoons [Co(NH_3)_6]^{2+} \quad K^\ominus(\text{稳}) = 1.29 \times 10^5$$

$$Ni^{2+} + 6NH_3 \rightleftharpoons [Ni(NH_3)_6]^{2+} \quad K^\ominus(\text{稳}) = 8.97 \times 10^8$$

$$Co(OH)_2 \rightleftharpoons Co^{2+} + 2OH^- \quad K^\ominus_{sp} = 1.6 \times 10^{-15}$$

$$Ni(OH)_2 \rightleftharpoons Ni^{2+} + 2OH^- \quad K^\ominus_{sp} = 5.0 \times 10^{-16}$$

【思考题】

(1) Mn^{2+} 在强酸性介质中被 $NaBiO_3$ 氧化成 MnO_4^-，这是鉴定 Mn^{2+} 离子很灵敏的反应。试问造成酸性介质的酸用 HCl 可以吗？为什么？

(2) 用实验说明 $Mn(OH)_2$ 是否有两性？长时间暴露于空气中有何变化？为什么？

(3) MnO_4^- 的还原产物与介质的关系是什么？用方程式表示。

(4) 在实验室中如何制取少量氯气？

(5) Fe、Co、Ni 是同一过渡系的元素，通过实验对该三元素的性质得出什么结论？（包括化合物的酸碱性、氧化还原性及配合性。）

(6) 设计分离 Fe^{3+} 和 Co^{2+}；Fe^{3+} 和 Ni^{2+} 的方案并对各离子进行鉴定。

(7) 在 Cr^{3+} 的鉴定中为什么要加乙醚？加乙醚前为什么要先将溶液冷却？

实验 20 铜、银、锌、镉、汞实验

【实验目的】

(1) 了解 ds 区元素单质及化合物的结构对其性质的影响。

(2) 掌握 ds 区元素单质的氧化物或氢氧化物的性质。

(3) 掌握 ds 区元素单质的金属离子形成配合物的特征。

(4) 掌握 Cu(Ⅰ) 与 Cu(Ⅱ) 和 Hg(Ⅰ) 与 Hg(Ⅱ) 的相互转化条件。

(5) 学习 ds 区元素离子的鉴定方法。

【实验原理】

铜、银、锌、镉、汞皆是周期系 ds 区元素。在化合物中，铜、锌、镉、汞常见的氧化数通常是 +2，其中铜和汞也有 +1；银的氧化数通常是 +1。

(1) 蓝色的 $Cu(OH)_2$ 具有两性。可溶于酸，也可溶于浓的 NaOH 溶液，形成 $[Cu(OH)_4]^{2-}$ 配离子

$$Cu(OH)_2 + 2OH^- \xrightarrow{\text{浓 NaOH}} [Cu(OH)_4]^{2-}(\text{深蓝色})$$

$$Cu(OH)_2(\text{浅蓝色}) \xrightarrow{80\sim 90\ ℃} CuO(\text{黑}) + H_2O$$

Ag^+ 与适量的 NaOH 反应只能得到 Ag_2O 沉淀，因为 AgOH 极不稳定，在室温下即可脱水生成 Ag_2O

$$2Ag^+ + 2OH^- \longrightarrow Ag_2O(\text{棕褐色}) + H_2O$$

锌的氧化物和氢氧化物均显两性。Zn^{2+} 与少量 NaOH 反应生成白色 $Zn(OH)_2$ 沉淀，NaOH 过量时生成 $[Zn(OH)_4]^{2-}$ 配离子。$Zn(OH)_2$ 的稳定性较高，在 877℃ 以上转化为白色 ZnO。

镉的氧化物、氢氧化物显碱性。$Cd(OH)_2$ 的稳定性比 $Zn(OH)_2$ 低，197℃以上即可分解为棕色的 CdO。

Hg(Ⅰ)、Hg(Ⅱ) 的氧化物和氢氧化物皆显碱性。$Hg(OH)_2$、$Hg_2(OH)_2$ 极易脱水而转变为黄色的 HgO、黑色的 Hg_2O，而 Hg_2O 仍不稳定，易歧化为 HgO 和 Hg。即

$$Hg^{2+} + 2OH^- \longrightarrow HgO(s)(黄) + H_2O$$

$$Hg_2^{2+} + 2OH^- \longrightarrow Hg_2O(黑)(s) + H_2O$$
$$\longrightarrow HgO(s) + Hg(s)(黑)$$

(2) Cu^{2+} 与过量氨水作用可生成深蓝色的 $[Cu(NH_3)_4]^{2+}$ 配离子

$$Cu^{2+} + 4NH_3 \rightleftharpoons [Cu(NH_3)_4]^{2+}(深蓝色)$$

Ag^+ 与适量氨水作用只能得到 $Ag_2O(s)$，而 Ag_2O 可溶于过量氨水生成无色 $[Ag(NH_3)_2]^+$ 配离子。

$$Ag_2O + 4NH_3 + H_2O \rightleftharpoons 2[Ag(NH_3)_2]^+ + 2OH^-$$

Zn^{2+} 与少量氨水反应生成白色 $Zn(OH)_2$ 沉淀，过量时生成无色的 $[Zn(NH_3)_4]^{2+}$。

Hg^{2+}、Hg_2^{2+} 与过量氨水反应时，首先生成难溶于水的白色氨基化合物，在没有大量 NH_4^+ 存在下，氨基化物不易形成氨配离子。例如：

$$HgCl_2 + 2NH_3 \longrightarrow NH_2HgCl(s)(白色) + NH_4Cl$$
$$Hg_2Cl_2 + 2NH_3 \longrightarrow NH_2HgCl(s) + Hg(s)(黑色) + NH_4Cl$$
$$2Hg(NO_3)_2 + 4NH_3 + H_2O \longrightarrow HgO \cdot HgNH_2NO_3(s)(白色) + 3NH_4NO_3$$
$$2Hg_2(NO_3)_2 + 4NH_3 + H_2O \longrightarrow HgO \cdot HgNH_2NO_3(s) + 2Hg(s) + 3NH_4NO_3$$

在有大量 NH_4^+ 存在下，氨基化合物可溶于氨水形成配离子，例如

$$NH_2HgCl + 2NH_3 + NH_4^+ \rightleftharpoons [Hg(NH_3)_4]^{2+} + Cl^-$$

(3) Cu^{2+}、Ag^+、Zn^{2+}、Cd^{2+}、Hg_2^{2+}、Hg^{2+} 溶液中通入 H_2S 都可生成相应的硫化物沉淀。其中 ZnS 的 $K_{sp}^{\ominus}$ 较大，通入 H_2S 时必须控制溶液的 pH 值。HgS 沉淀极难溶，但可溶于过量的 Na_2S。通常，在实验室中用王水溶解 HgS。Hg_2S 沉淀不稳定，见光即分解为 HgS 和 Hg。

(4) 在水溶液中 Cu^{2+} 具有一定的氧化性，能氧化 I^- 和 SCN^- 等，例如

$$2Cu^{2+} + 4I^- \longrightarrow Cu_2I_2(s)(白色) + I_2, \quad E^{\ominus}(Cu^{2+}/CuI) = 0.866 \text{ V}$$

白色的 Cu_2I_2 能溶于过量的 KI 或 KSCN 溶液中生成 $[CuI_2]^-$ 或 $[Cu(SCN)_2]^-$ 配位离子，这两种离子在稀释时又分别沉淀为 Cu_2I_2 和 $Cu_2(SCN)_2$。

在加热的碱性溶液中，Cu^{2+} 能氧化醛或糖类，并生成暗红色的 Cu_2O，例如

$$2[Cu(OH)_4]^{2-} + C_6H_{12}O_6(葡萄糖) \xrightarrow{\triangle} Cu_2O(s)(暗红色) + C_6H_{12}O_7(葡萄糖酸) + 2H_2O + 4OH^-$$

这一反应在有机化学上用来检验某些糖的存在。在浓 HCl 中，Cu^{2+} 能将 Cu 氧化成棕黄色的配离子 $[CuCl_2]^-$，将此溶液加水稀释时可得白色 Cu_2Cl_2 沉淀

$$Cu^{2+} + Cu + 4Cl^- \longrightarrow 2[CuCl_2]^- (棕黄色)$$

$$2[CuCl_2]^- \xrightarrow{H_2O} Cu_2Cl_2(s)(白色) + 2Cl^-$$

在水溶液中 Ag^+ 具有一定的氧化性。在银盐溶液中加入过量的氨水,在加热时,能将醛类或某些糖类氧化,本身被还原为 Ag,应用这个性质可用来制备银镜。反应式如下

$$Ag^+ + 2NH_3 + H_2O \longrightarrow Ag_2O + 2NH_4^+$$

$$Ag_2O + 4NH_3 + H_2O \rightleftharpoons 2[Ag(NH_3)_2]^+ + 2OH^-$$

$$2[Ag(NH_3)_2]^+ + HCHO + 2OH^- \longrightarrow 2Ag(s) + HCOONH_4 + 3NH_3 + H_2O$$

$$E^{\ominus}([Ag(NH_3)_2]^+)/Ag) = 0.371\ 9\ V$$

水溶液中 Hg^{2+} 具有一定氧化性。Hg^{2+} 在溶液中可氧化 Sn^{2+}

$$2Hg^{2+} + Sn^{2+} \longrightarrow Hg_2^{2+} + Sn^{4+},\ E^{\ominus}(Hg^{2+}/Hg_2^{2+}) = 0.908\ 3\ V$$

溶液中若有 Cl^- 存在,则立即有 Hg_2Cl_2 沉淀生成

$$Hg_2^{2+} + 2Cl^- \rightleftharpoons Hg_2Cl_2(s) 白$$

当溶液中有过量 Sn^{2+} 时,则有 Hg 析出,溶液中沉淀由白色转变为灰黑色

$$Hg_2Cl_2 + Sn^{2+} \longrightarrow 2Hg(s) + Sn^{4+} + 2Cl^-,\ E^{\ominus}(Hg_2Cl_2/Hg) = 0.268\ 0\ V$$

(5) Cu(Ⅰ)与Cu(Ⅱ)之间可相互转化

$$2Cu^{2+} + 4I^- \longrightarrow Cu_2I_2(s) + I_2$$

Cu_2I_2 能溶于过量的 KI 中生成 $[CuI_2]^-$ 配离子

$$Cu_2I_2 + 2I^- \longrightarrow 2[CuI_2]^-$$

将 $CuCl_2$ 溶液和铜屑混合,加入浓 HCl,加热得棕黄色 $[CuCl_2]^-$ 配离子

$$Cu^{2+} + Cu + 4Cl^- \xrightarrow{\triangle} 2[CuCl_2]^-$$

生成的 $[CuI_2]^-$ 与 $[CuCl_2]^-$ 都不稳定,将溶液加水稀释时,又可得到白色 Cu_2I_2 和 Cu_2Cl_2 沉淀。

(6) Hg(Ⅰ)与Hg(Ⅱ)之间可相互转化

$$Hg_2^{2+} + 2Cl^- \rightleftharpoons Hg_2Cl_2(s) 白$$

$$Hg_2Cl_2 + 2NH_3 \longrightarrow NH_2HgCl(s)\ 白 + Hg(s)\ 黑 + NH_4Cl$$

Hg^{2+}、Hg_2^{2+} 与 I^- 作用,分别生成难溶于水的 HgI_2 和 Hg_2I_2 沉淀。橘红色 HgI_2 易溶于过量 KI 中生成 $[HgI_4]^{2-}$

$$HgI_2 + 2KI \rightleftharpoons K_2[HgI_4]$$

黄绿色 Hg_2I_2 与过量 KI 反应时,发生歧化反应生成 $[HgI_4]^{2-}$ 和 Hg

$$Hg_2I_2 + 2KI \longrightarrow K_2[HgI_4] + Hg(s)$$

(7) Cu^{2+} 能在中性或弱酸性溶液中与 $K_4[Fe(CN)_6]$ 反应生成红棕色 $Cu_2[Fe(CN)_6]$ 沉淀，可以利用这个反应来鉴定 Cu^{2+}。

Zn^{2+} 在强碱性溶液中与二苯硫腙反应生成粉红色螯合物，Cd^{2+} 与 H_2S 饱和溶液反应能生成黄色 CdS 沉淀，Hg^{2+} 与 $SnCl_2$ 反应生成白色 Hg_2Cl_2，Hg_2Cl_2 与过量 $SnCl_2$ 反应能生成黑色 Hg，利用上述特征反应可鉴定 Zn^{2+}、Cd^{2+}、Hg^{2+}。

【仪器与试剂】

仪器：离心机；试管。

试剂：$CuSO_4$（0.1 mol/dm^3）；$AgNO_3$（0.1 mol/dm^3、0.5 mol/dm^3）；$ZnSO_4$（0.1 mol/dm^3）；$Cd(NO_3)_2$（0.1 mol/dm^3）；$Hg_2(NO_3)_2$（0.1 mol/dm^3）；$Hg(NO_3)_2$（0.1 mol/dm^3）；NaOH（0.1 mol/dm^3、2 mol/dm^3、6 mol/dm^3、40%）；$NH_3·H_2O$（2 mol/dm^3、6 mol/dm^3、浓）；$CuCl_2$（0.1 mol/dm^3）；NaCl(s)；$CoCl_2$（0.1 mol/dm^3）；KBr（0.1 mol/dm^3）；$Na_2S_2O_3$（0.1 mol/dm^3）；KI（0.1 mol/dm^3、2 mol/dm^3）；Na_2S（0.1 mol/dm^3）；KSCN（1 mol/dm^3）；硫代乙酰胺(s)；HCl（2 mol/dm^3、6 mol/dm^3、浓）；HNO_3（6 mol/dm^3）；葡萄糖(10%)；$SnCl_2$（0.1 mol/dm^3）；Cu 屑；H_2SO_4（3 mol/dm^3）；HAc（6 mol/dm^3）；$K_4[Fe(CN)_6]$（0.1 mol/dm^3）；二苯硫腙。

【实验内容】

1. 氧化物或氢氧化物的生成和性质

取六支试管，分别加入 0.1 mol/dm^3 $CuSO_4$、$AgNO_3$、$ZnSO_4$、$Cd(NO_3)_2$、$Hg(NO_3)_2$ 和 $Hg_2(NO_3)_2$ 溶液各 5 滴，然后向各试管中加入 2 mol/dm^3 NaOH 溶液 3 滴，观察沉淀的生成与颜色。写出离子反应方程式。保留上述沉淀，进行下列实验：

(1) 试验 $Cu(OH)_2$ 的酸碱性及脱水性，写出反应的现象及离子反应方程式。

(2) 试验 $Zn(OH)_2$ 的两性，写出离子反应方程式。

(3) 试验 Ag_2O、HgO、Hg_2O、$Cd(OH)_2$ 是否具有两性，说明反应现象。

根据试验现象小结：ⅠB、ⅡB 族元素氢氧化物的酸碱性及热稳定性变化规律，其离子与 NaOH 反应的产物及其不同的原因。并与ⅠA、ⅡA 族元素比较。

2. 配合物的生成

(1) 与氨水作用。取六支试管，分别加入 0.1 mol/dm^3 $CuSO_4$、$AgNO_3$、$ZnSO_4$、$Cd(NO_3)_2$、$Hg(NO_3)_2$ 与 $Hg_2(NO_3)_2$ 溶液各 5 滴，然后在各试管中逐滴加入 2 mol/dm^3 $NH_3·H_2O$ 至过量，观察沉淀的生成与溶解情况。写出反应现象与反应方程式。并比较各离子与氨配合的能力。

(2) 铜的配合物。在 5 mL 0.1 mol/dm^3 $CuCl_2$ 溶液中，加入固体 NaCl 至溶液颜色发生变化。取 5 滴溶液加水稀释，有何变化？其余溶液保留待用。

(3) 银的配合物。取 5 滴 0.1 mol/dm^3 $AgNO_3$ 溶液于离心试管中，加入 5 滴 0.1 mol/dm^3 NaCl 溶液，观察白色 AgCl 的生成；离心分离，弃去清液，在沉淀中加入 2 mol/dm^3 $NH_3·H_2O$ 数滴，观察 AgCl 的溶解；在清液中加 0.1 mol/dm^3 KBr 溶液，观察淡黄色 AgBr 的生成；离心分离，弃去清液，在沉淀中加入 0.1 mol/dm^3 $Na_2S_2O_3$ 溶液，观察

AgBr 的溶解；在溶解后的溶液中加入 0.1 mol/dm³ KI 溶液，观察 AgI 沉淀的生成；离心分离，弃去清液，在沉淀中加入 2 mol/dm³ KI 溶液，振荡使其溶解，再加入 0.1 mol/dm³ Na₂S 溶液，观察反应现象。写出离子反应方程式。

通过上述实验比较卤化银的溶解度及配银离子的稳定性。

（4）汞的配合物。取 1 滴 $Hg(NO_3)_2$ 溶液，滴加 0.1 mol/dm³ KI 溶液，边滴边振荡，至沉淀刚好溶解，观察现象，写出反应方程式。并滴加几滴 40% 的 NaOH 溶液，将其配成奈氏试剂。再加入几滴铵盐，观察现象，写出反应式（此反应用以检验 NH_4^+ 的存在）。

在 0.5 mL $Hg(NO_3)_2$ 溶液中，逐滴加入 1 mol/dm³ KSCN 溶液至过量，观察现象。把溶液分为两份，分别试验产物与 $ZnSO_4$，$CoCl_2$ 溶液的作用，用玻璃棒摩擦试管壁，观察白色 $Zn[Hg(SCN)_4]$ 和蓝色 $Co[Hg(SCN)_4]$ 沉淀的生成，写出反应式（此反应可用于定性鉴定 Hg^{2+}、Zn^{2+} 和 Co^{2+}）。

在 $Hg_2(NO_3)_2$ 溶液中逐滴加入 0.1 mol/dm³ KI 溶液，观察沉淀的生成与溶解，写出反应式。

3. 铜、银、锌、镉、汞、硫化物的生成与性质

分别取 5 滴 0.1 mol/dm³ $CuSO_4$、$AgNO_3$、$ZnSO_4$、$Cd(NO_3)_2$ 和 $Hg(NO_3)_2$ 溶液，各加入 2 滴 5% CH_3CSNH_2 溶液，加热，观察有无沉淀产生？若无沉淀，则加入少量 6 mol/dm³ $NH_3 \cdot H_2O$，观察沉淀颜色。离心分离出沉淀，用 6 mol/dm³ HCl 或 6 mol/dm³ HNO_3 试验沉淀的溶解性。

4. Cu^{2+}、Ag^+、Hg^{2+} 的氧化性

（1）取 5 滴 0.1 mol/dm³ $CuSO_4$，加 6.0 mol/dm³ NaOH 使其溶解，再加入 10% 葡萄糖溶液，摇匀，加热至沸，有何物质生成？写出反应方程式。

（2）在一支干净的试管中加入 1 mL 0.5 mol/dm³ $AgNO_3$ 溶液，滴加 2.0 mol/dm³ $NH_3 \cdot H_2O$ 至生成的沉淀刚好溶解，加入 2 mL 10% 葡萄糖溶液，将试管插入沸水浴中加热片刻，取出试管观察银镜的生成。然后倒掉溶液，加 2.0 mol/dm³ HNO_3 使银溶解后倒入回收瓶。

（3）取 0.1 mol/dm³ $Hg(NO_3)_2$ 溶液 10 滴，慢慢加入 0.1 mol/dm³ $SnCl_2$，观察现象。继续加入 $SnCl_2$，观察有无黑色沉淀生成？写出反应方程式。

5. Cu(Ⅰ) 与 Cu(Ⅱ) 的相互转化

（1）碘化亚铜的生成。在 0.5 mL $CuSO_4$ 溶液中滴加 KI 溶液，观察现象。再加几滴 0.1 mol/dm³ $Na_2S_2O_3$ 溶液（不宜过量，以免它与 Cu_2I_2 发生配合反应而使 Cu_2I_2 溶解）以除去反应中生成的碘，观察产物的颜色和状态。

由实验现象说明 $Na_2S_2O_3$ 的作用。请回忆，你在哪个实验中已接触过上述现象。

（2）氯化亚铜的生成和性质。取 5 mL 0.1 mol/dm³ $CuCl_2$ 溶液，加入少量 NaCl(s)，再加入少量铜屑，加热，直到溶液呈黄棕色。取出几滴溶液，加到 10 mL 水中，如有白色沉淀生成，则迅速将全部溶液倾入 50 mL 去离子水中，观察产物的颜色和状态。待大部分沉淀析出后，倾出溶液，用 20 mL 去离子水洗涤沉淀，洗涤时避免氧化。将沉淀用滴管带水吸取分成三份，一份加入浓 HCl，一份加入浓 $NH_3 \cdot H_2O$，一份置于表面皿暴露在空气中，观察现象，写出反应方程式。

（3）氧化亚铜的生成和性质。在 0.5 mL $CuSO_4$ 溶液中加入过量 40% NaOH 溶液至最初

生成的沉淀完全溶解，再加几滴10%葡萄糖溶液，摇匀，水浴加热，观察现象。离心，用去离子水洗涤沉淀，往沉淀中加入 3 mol/dm³ H_2SO_4 溶液，观察现象。写出反应方程式。

6. Hg(Ⅰ)与Hg(Ⅱ)的相互转化

（1）在试管中加入 10 滴 0.1 mol/dm³ $Hg_2(NO_3)_2$ 溶液，再加入 2～3 滴 2 mol/dm³ HCl 溶液，观察白色沉淀 Hg_2Cl_2 的生成，然后向溶液中滴加 2 mol/dm³ $NH_3 \cdot H_2O$，摇动试管，观察溶液颜色的变化。写出离子反应方程式。

（2）在两支试管中分别加入 10 滴 0.1 mol/dm³ $Hg_2(NO_3)_2$ 和 $Hg(NO_3)_2$，各逐滴加入 0.1 mol/dm³ 的 KI 溶液，观察沉淀的生成与颜色。再分别继续滴入过量 KI 溶液。观察现象写出反应式。

7. 离子鉴定

（1）Cu^{2+} 的鉴定。取几滴 Cu^{2+} 试液，加入 6 mol/dm³ HAc 溶液酸化，再滴加 0.1 mol/dm³ $K_4[Fe(CN)_6]$ 溶液，有红棕色 $Cu_2[Fe(CN)_6]$ 沉淀生成，示有 Cu^{2+} 存在。

（2）Ag^+ 的鉴定。取几滴 Ag^+ 试液，加入几滴 HCl 溶液，离心分离。在沉淀中加入过量 $NH_3 \cdot H_2O$，再加入 HNO_3 溶液酸化，有白色 AgCl 沉淀生成，示有 Ag^+ 存在。

（3）Zn^{2+} 的鉴定。取几滴 Zn^{2+} 试液，加入几滴 2 mol/dm³ NaOH 溶液，再加入二苯硫腙，生成红色螯合物，示有 Zn^{2+} 存在。

（4）Cd^{2+} 的鉴定。取几滴 Cd^{2+} 试液，调节溶液酸度约为 0.3 mol/dm³（可先在 Cd^{2+} 试液中加入 $NH_3 \cdot H_2O$ 至显碱性，然后再用 HCl 溶液中和至近中性，再加入溶液总体积约 1/6 的 2 mol/dm³ HCl 即得），然后加入5%硫代乙酰胺溶液几滴，在沸水浴中加热，生成黄色硫化物沉淀示有 Cd^{2+} 存在。

（5）Hg^{2+} 的鉴定。见本实验 4 中（3）。

（6）Hg_2^{2+} 的鉴定。取 2 滴 Hg_2^{2+} 试液于离心管中，加入 1 滴 HCl 溶液，若有白色沉淀，滴加入氨水，后变为灰黑色，示有 Hg_2^{2+}。

【思考题】

（1）Cu 的氢氧化物有什么特点，铜的价态变化有什么特点？

（2）Hg^{2+} 的硫化物有什么特点，汞的价态变化有什么特点？

（3）Ag^+ 的卤化物溶解性如何？选用什么样的试剂，可将之溶解？为什么？

（4）Zn^{2+}、Cd^{2+}、Hg^{2+}、Hg_2^{2+} 与少量或过量氨水反应，各产生什么现象？

（5）Hg_2^{2+} 与 Hg^{2+} 的溶液中加入少量或过量 KI 各有什么现象产生？

（6）Cu(Ⅰ)、Cu(Ⅱ)和Hg(Ⅰ)、Hg(Ⅱ)在水溶液中稳定存在原价态及其高低价态间相互转化的条件是什么？

（7）今有六种失去标签的试剂瓶，分别装有 Cu^{2+}、Ag^+、Zn^{2+}、Cd^{2+}、Hg^{2+}、Hg_2^{2+} 盐，试选用一种试剂，将其一一区别开。

附：汞、镉的安全使用知识

（1）镉的化合物进入人体后会引起中毒，发生肠胃炎、肾炎、上呼吸道炎症等，严重的镉中毒会引起极痛苦的"骨痛病"（全身痛、脊椎骨畸形和易碎骨），因此，要严防镉的化合物进入口中，含镉的废液应倒入指定的回收瓶内，集中处理。

(2) 含镉废液的处理：在废液中加石灰或电石渣，使镉离子转变为难溶的 $Cd(OH)_2$ 沉淀除去。

(3) 汞的安全使用。必须用水将汞封存，取用时将滴管伸入瓶底，以免带出过多水分。汞一旦洒落，用滴管或锡纸将汞珠尽量收集，有残存汞的地方洒一层硫黄粉，摩擦，使汞转变为难挥发的 HgS。

(4) 汞蒸气的检验。人在汞蒸气浓度为 $0.01~g/m^3$ 的空气中停留 1~2 d，就会发生汞中毒的症状。可以用白色的 Cu_2I_2 试纸悬挂在室内检验汞蒸气，在室温为 288 K 时，若 3 h 内试纸明显变色，就表示室内汞蒸气超过允许含量。$2Cu_2I_2 + Hg \rightleftharpoons Cu_2(HgI_4) + 2Cu$。

碘化汞铜试纸的制备：取一定量 10% $CuSO_4$ 和 10% KI 混合，待 Cu_2I_2 沉降后，倾泻出上层清液，用 10% $Na_2S_2O_3$ 洗去沉淀中的 I_2，再用去离子水洗涤数次，用乙醇把 Cu_2I_2 调成糊状，加 HNO_3（50 mL 糊状物加 1 滴 HNO_3）调匀，涂在纸上，避光晾干，即得 Cu_2I_2 试纸。

(5) 含汞废液的处理。用废铜屑、铁屑、锌粒作还原剂处理废液，可直接回收金属汞。或在废液中加入 NaSCN 和 $KAl(SO_4)_2 \cdot 24H_2O$（为什么？），使汞转变为难溶的 HgS 沉淀而除去，除汞率可达 99%。

实验 21　常见阴离子的分离与鉴定

【实验目的】
(1) 熟悉分离检出常见阴离子的方法、步骤和条件。
(2) 熟悉常见阴离子的有关性质。

【实验原理】

常见阴离子通常指：SO_4^{2-}、SO_3^{2-}、$S_2O_3^{2-}$、PO_4^{3-}、CO_3^{2-}、NO_3^-、NO_2^-、S^{2-}、Cl^-、Br^-、I^- 等 11 种。这些阴离子很多有特效反应，其分析特性主要表现在以下几个方面。

1. 易挥发性

有些阴离子与酸作用，生成挥发性气体，甚至伴有特殊气味，以气泡的形式从溶液中逸出。例如

$$CO_3^{2-} + 2H^+ \rightleftharpoons H_2O + CO_2~(g)$$
$$S^{2-} + 2H^+ \rightleftharpoons H_2S~(g)$$

表明阴离子的分析试液在酸性溶液中不稳定，一般应保存在碱性溶液中。这一性质给阴离子的鉴定带来很多方便。

2. 氧化还原性

阴离子的氧化性和还原性一般表现得比阳离子突出，具有氧化性的阴离子与具有还原性的阴离子在一定介质中互不相容，不能共存。例如

$$2NO_2^- + 2I^- + 4H^+ \longrightarrow 2NO(g) + I_2 + 2H_2O$$
$$2S^{2-} + SO_3^{2-} + 6H^+ \longrightarrow S~(s) + 3H_2O$$

它们彼此之间发生氧化还原反应，因此易发生漏检或误检。通常是多的一方消去少的一方。因此，在一定酸碱环境中，不能共存的离子中有一方已被鉴定出来，另一方就没必要再去鉴定了，可以使鉴定手续大为简化。酸性溶液中不能共存的阴离子见表 5-24。

表 5–24 酸性溶液中不能共存的阴离子

阴离子	与左栏溶液中不能共存的阴离子
NO_2^-	S^{2-}、$S_2O_3^{2-}$、SO_3^{2-}、I^-
I^-	NO_2^-
SO_3^{2-}	NO_2^-、S^{2-}
$S_2O_3^{2-}$	NO_2^-、S^{2-}
S^{2-}	NO_2^-、$S_2O_3^{2-}$、SO_3^{2-}

3. 配合性

有些阴离子可以作为配位体与阳离子形成配合物。阴离子的这一性质给阳离子的分离鉴定带来干扰，同时使相应阴离子的鉴定也受到干扰。例如

$$Fe^{3+} + 6F^- \rightleftharpoons [FeF_6]^{3-}$$

因此，在制备阴离子试液时，需预先把碱金属以外的阳离子都除去。

由上述特点可知，阴离子共存的机会较少，而且可利用的特效反应较多，在大多数情况下，阴离子彼此不妨碍鉴定，通常采用分别分析的方法。只有在鉴定某些阴离子发生相互干扰的情况下，把阴离子按其与某些试剂的反应分成组，组试剂可以查明某组阴离子是否存在，从而简化检出步骤。阴离子的分组见表 5–25。

表 5–25 阴离子的分组

组别	组试剂	组的特性	各组中所包含的阴离子
Ⅰ	$BaCl_2$（中性或弱碱性）	钡盐难溶于水	SO_4^{2-}、$S_2O_3^{2-}$、SO_3^{2-}、CO_3^{2-}、PO_4^{3-}
Ⅱ	$AgNO_3$（HNO_3 存在下）	银盐难溶于水和稀 HNO_3	S^{2-}、Cl^-、Br^-、I^-
Ⅲ		钡盐和银盐溶于水	NO_3^-、NO_2^-

对未知阴离子混合物进行定性鉴定时，为了节省不必要的鉴定手续，一般都先做初步检验，包括分组试验、挥发性试验及氧化还原性实验等项目，通过初步检验，可以判断并排除哪些阴离子不可能存在、哪些阴离子可能存在，然后对可能存在的离子再进行个别检出鉴定。有关阴离子的分别分离鉴定方法可参阅前面的实验。

【试 剂】

酸：H_2SO_4（2 mol/dm³）；HNO_3（6 mol/dm³ 即 1∶1）；HCl（6 mol/dm³、浓）。

碱：$NH_3 \cdot H_2O$（6 mol/dm³）。

盐：$KMnO_4$（0.01 mol/dm³）；$MnCl_2$（饱和）；KI（0.1 mol/dm³）；$AgNO_3$（0.1 mol/dm³）；$BaCl_2$（0.5 mol/dm³）。

未知试液：Na_2SO_4（0.1 mol/dm³）；Na_2S（0.1 mol/dm³）；NaCl（0.1 mol/dm³）；$NaNO_3$（0.1 mol/dm³）；Na_3PO_4（0.1 mol/dm³）；Na_2CO_3（0.1 mol/dm³）；$Na_2S_2O_3$（0.1 mol/dm³）；KI（0.1 mol/dm³）；NaBr（0.1 mol/dm³）；$NaNO_2$（0.1 mol/dm³）；Na_2HPO_4（0.1 mol/dm³）；$Ba(OH)_2$（饱和）；H_2O_2（3%）；$FeSO_4$（s）；

Pb(Ac)$_2$(0.1 mol/dm^3)；Na$_2$;Fe(CN)$_6$NO](1%)；(NH$_4$)$_2$MoO$_4$(5%)；SrCl$_2$(0.1 mol/dm^3)；BaCl$_2$(0.1 mol/dm^3)。

其他：CCl$_4$；Zn 粉；pH 试纸。

【实验内容】

向指导教师领取未知阴离子混合溶液 5 mL，其中可能含有阴离子：CO_3^{2-}、NO_3^-、NO_2^-、PO_4^{3-}、SO_4^{2-}、SO_3^{2-}、S^{2-}、$S_2O_3^{2-}$、Cl^-、Br^-、I^-。按下列步骤检出未知液中的阴离子。

1. 阴离子的初步检验

（1）溶液酸碱性的检验。首先用 pH 试纸测定未知液的酸碱性。如果溶液呈现强酸性 pH≈2，则不可能存在 CO_3^{2-}、NO_2^-、SO_3^{2-}、S^{2-}、$S_2O_3^{2-}$；如有 PO_4^{3-}，也只能以 H_3PO_4 而存在。

如果未知溶液显碱性，在试管中加几滴试液，再加 2 mol/dm^3 H$_2$SO$_4$ 酸化，轻敲试管底，观察是否有气泡产生。如果现象不明显，可稍微加热，这时如有气泡产生，表示可能存在 CO_3^{2-}、NO_2^-、SO_3^{2-}、S^{2-}、$S_2O_3^{2-}$ 等离子。注意气体的气味。

（2）还原性阴离子的检验。在试管中加 5 滴未知液，滴加 2 mol/dm^3 H$_2$SO$_4$ 酸化，然后滴加 2~3 滴 0.01 mol/dm^3 KMnO$_4$ 溶液。观察紫色是否褪去，若紫色褪去，表示 NO_2^-、SO_3^{2-}、S^{2-}、$S_2O_3^{2-}$、Br^-、I^- 可能存在。如果现象不明显，可温热，若加热后紫色褪去，表示有 Cl^-。

（3）氧化性阴离子的检验。取 2 滴未知液，加入 8 滴饱和 MnCl$_2$ 的浓 HCl 溶液，在沸水浴中加热 2 min，溶液变深褐色或黑色，表示有氧化性较强的 NO_3^-、NO_2^- 存在。

另取 3~4 滴未知液于试管中，滴加 2 mol/dm^3 H$_2$SO$_4$ 酸化，再加 4~5 滴 CCl$_4$，1~2 滴 0.1 mol/dm^3 KI 溶液，振荡试管，观察 CCl$_4$ 层是否显紫色，如果 CCl$_4$ 层显紫色，表示有 NO_2^-（在可能存在的 11 种阴离子中，只有 NO_2^- 有此反应）。

（4）钡组阴离子的检验。取 3~4 滴未知液于离心试管中，加新配制的 6 mol/dm^3 NH$_3$·H$_2$O 使溶液显碱性，再滴 2 滴 0.5 mol/dm^3 BaCl$_2$ 溶液，若生成白色沉淀，可能存在 CO_3^{2-}、SO_4^{2-}、SO_3^{2-}、$S_2O_3^{2-}$、PO_4^{3-}（浓度大于 0.04 mol/dm^3 时）；如果不产生白色沉淀，则这些离子不存在（$S_2O_3^{2-}$ 不能肯定）。离心分离，在沉淀中加入 6 mol/dm^3 HCl 溶液数滴，沉淀不完全溶解，则表示有 SO_4^{2-} 存在。

（5）银组阴离子的检验。取 3~4 滴未知液于离心试管中，加 1~2 滴 6 mol/dm^3 HNO$_3$ 使溶液呈酸性，再滴加 3~4 滴 0.1 mol/dm^3 AgNO$_3$ 溶液，若产生沉淀，继续滴加 AgNO$_3$ 至不再产生新的沉淀为止。然后加 8 滴 6 mol/dm^3 HNO$_3$，如果沉淀不消失，表示 S^{2-}、$S_2O_3^{2-}$、Cl^-、Br^-、I^- 可能存在。由沉淀的颜色也可作初步判断：滴入 AgNO$_3$ 溶液，如果立即生成黑色沉淀，表示有 S^{2-} 存在。如果生成白色沉淀，且迅速变黄、变棕、变黑，表示有 $S_2O_3^{2-}$ 存在。离心分离，在沉淀中加入 3~4 滴 6 mol/dm^3 HNO$_3$，必要时加热搅拌，如果沉淀不溶或部分溶解，表示有 Cl^-、Br^-、I^- 存在（注意，黑色可能掩盖其他颜色的沉淀）。如果没有沉淀产生，上述阴离子都不存在。

2. 阴离子的分别检出鉴定

经过以上初步检验，已经可以综合分析判断出哪些离子可能存在，哪些离子不可能存在，然后对可能存在的阴离子进行分离、鉴定。最后确定未知液中存在的阴离子。

阴离子的个别鉴定按已经学过的方法鉴定。

从表 5-26 中几组未知液中任意选作一组（由实验教师安排确定所选的组号）鉴定。各组可能含有的阴离子见表 5-26。

表 5-26　未知液的分组

组号	可能含有的阴离子
Ⅰ	SO_4^{2-}、SO_3^{2-}、S^{2-}、Cl^-
Ⅱ	NO_3^-、PO_4^{3-}、Cl^-、SO_4^{2-}
Ⅲ	CO_3^{2-}、SO_3^{2-}、$S_2O_3^{2-}$、PO_4^{3-}
Ⅳ	SO_4^{2-}、PO_4^{3-}、Br^-、I^-
Ⅴ	NO_2^-、NO_3^-、CO_3^{2-}、HPO_4^{2-}

【思考题】

（1）某碱性无色未知液，用 HCl 溶液酸化后变浑，此未知液中可能有哪些阴离子？

（2）常见阴离子初步检验项目包括哪些？如何检验？

（3）常见阴离子可分为几个组？每组的特征是什么？

（4）下列五种溶液的试剂瓶标签被腐蚀，请用一种试剂加以鉴定：Na_2S、$NaCl$、$NaNO_3$、Na_2HPO_4、$Na_2S_2O_3$。

实验 22　常见阳离子的分离与鉴定

【实验目的】

（1）巩固和进一步掌握ⅠA、ⅡA 和ⅠB、ⅡB 族一些金属元素及其相应化合物的性质。

（2）了解对已知常见阳离子的混合液进行分离和离子检出的方法。

① 利用离子与试剂作用形成各种化合物性质的异同进行分离与鉴定。

② 利用溶液平衡理论选定反应条件，控制反应进行的完全程度。

（3）进一步培养观察实验现象分析实验中所遇问题和实验结果的能力。

（4）练习并掌握焰色反应的正确方法，了解用焰色反应鉴定离子的范围以及巩固检出离子的操作。

【实验原理】

ⅠA、ⅡA 族（s 区）元素电子构型为 ns^{1-2}。分别形成氧化值为 +1、+2 化合物，无变价。

s 区元素化合物以离子型为主（Li^+、Be^{2+} 的半径远较同族其他阳离子的小，其化合物的性质与同族比较有较大差异，如 $LiCl$、$BeCl_2$ 有明显的共价性），易溶于水。常见的难溶化物，Li^+、Mg^{2+} 有氟化物、碳酸盐、磷酸盐；Ca^{2+}、Sr^{2+}、Ba^{2+} 有硫酸盐、碳酸盐、草酸盐、铬酸盐等。

大部分ⅠA、ⅡA 族元素的化合物在火焰中灼烧时呈现特殊颜色，见表 5-27。

表 5-27 化合物在火焰中灼烧时呈现的颜色

化合物	LiCl	NaCl	KCl	CaCl$_2$	SrCl$_2$	BaCl$_2$
焰色	红	黄	紫	橙红	深红	绿
灵敏光谱线	610.4	588.9	404.0	714.9	707.0	553.5
波长/nm	670.8	589.5	404.7	723.6	687.8	577.8

ⅠB、ⅡB族（ds区）元素电子构型为 $(n-1)d^{10}ns^{1-2}$，分别形成 +1、+2 氧化态化合物，这与ⅠA、ⅡA族相似。但ⅠB族的 $(n-1)$ d上的电子可参加成键，故有 +1、+2、+3 等氧化态。这是最高氧化态比族数高的唯一例子。

ⅠB、ⅡB与ⅠA、ⅡA比较，前者次外层为18电子，后者为8电子结构，因此它们之间相应化合物的性质又有很大差别。

(1) ⅠB、ⅡB族金属活泼性较差，$E^{\ominus}$ 较高。
(2) ⅠB、ⅡB族元素氢氧化物（或氧化物）、硫化物以及许多卤化物MX都难溶于水。
(3) ⅠB、ⅡB易生成配合物。

所以当这几族元素的离子共存时，常利用它们形成不同的沉淀反应进行分离与鉴定。

【仪器与试剂】

仪器：镍丝玻璃棒；煤气灯；酒精灯。

试剂：HCl（0.3 mol/dm^3、2 mol/dm^3、浓）；HAc（6 mol/dm^3）；王水；H$_2$O$_2$（3%）；H$_2$SO$_4$（2 mol/dm^3、浓）；H$_2$S 饱和溶液或硫代乙酰胺固体；HNO$_3$（2 mol/dm^3、6 mol/dm^3、浓）；NaOH（2 mol/dm^3、6 mol/dm^3）；NH$_3$·H$_2$O（2 mol/dm^3、6 mol/dm^3、浓）；SnCl$_2$（1 mol/dm^3）；Pb 粒、NH$_4$NO$_3$、Sr(NO$_3$)$_2$、KNO$_3$、AgNO$_3$、Cu(NO$_3$)$_2$、Zn(NO$_3$)$_2$、Cd(NO$_3$)$_2$、Hg(NO$_3$)$_2$ 均为 0.1 mol/dm^3；K$_2$CrO$_4$（1 mol/dm^3）；(NH$_4$)$_2$S、NH$_4$Cl、(NH$_4$)$_2$CO$_3$、Na$_2$S、KSCN 均为1 mol/dm^3；二苯硫脲溶液；奈斯勒试剂；pH 试纸。

【实验内容】

(1) 混合离子的分离。向指导教师领取含有 NH$_4^+$、Ag$^+$、K$^+$、Sr^{2+}、Zn^{2+}、Pb^{2+}、Cd^{2+}、Cu^{2+}、Sn^{2+} 的混合液一份进行分离（分离方案、书写格式参考实验18）。

(2) 鉴定混合液中所含的阳离子，向指导教师交一份内容包括分离实验的步骤、定性检验各离子的步骤和实验现象及有关反应式的实验报告。

【思考题】

(1) 用 H$_2$S 分离 Zn^{2+} 和 Cd^{2+} 时为什么要控制溶液中 H$^+$ 离子的浓度？
(2) 在进行沉淀实验中如何检查沉淀已达完全？
(3) 在分离过程中有哪几步易被干扰？是如何排除的？
(4) 混合液中含有 Mn^{2+} 应如何除去？

附：s区、ds区一些阳离子的鉴定

(1) NH$_4^+$。在碱性介质中，与奈斯勒试剂（K$_2$HgI$_4$）反应

$$NH_4^+ + 2[HgI_4]^{2-} + 4OH^- \longrightarrow [O\underset{Hg}{\overset{Hg}{\diamond}}NH_2]I(s) + 7I^- + 3H_2O$$
红褐色

或与强碱反应放出 NH_3 气体,使润湿的红色石蕊试纸变为蓝色。常在气室中进行。

(2) K^+。用焰色反应,呈紫色。或在中性或微酸性介质中与钴亚硝酸钠($Na_3[Co(NO_2)_6]$)反应

$$2K^+ + Na^+ + [Co(NO_2)_6]^{3-} \rightleftharpoons K_2Na[Co(NO_2)_6](s)(亮黄色)①$$
$$K^+ + NaHC_4H_4O_6 \longrightarrow KHC_4H_4O_6(s)(白色) + Na^+$$

(3) Sr^{2+}。焰色反应呈深红色(猩红色)。

(4) Ag^+。在加有硝酸的试液中加 HCl,形成 AgCl(白色)沉淀,再在沉淀中加 6 mol/dm^3 $NH_3 \cdot H_2O$,搅动,沉淀溶解,继续加 6 mol/dm^3 HNO_3 酸化,白色 AgCl 复析出,示有 Ag^+ 离子

$$Ag^+ + Cl^- \rightleftharpoons AgCl(s)(白色)$$
$$AgCl(s) + 2NH_3 \rightleftharpoons [Ag(NH_3)_2]^+ + Cl^-$$
$$[Ag(NH_3)_2]^+ + 2H^+ + Cl^- \rightleftharpoons AgCl(s)(白色) + 2NH_4^+$$

或与 K_2CrO_4 反应形成暗红色沉淀 Ag_2CrO_4。

$$2Ag^+ + CrO_4^{2-} \rightleftharpoons Ag_2CrO_4(s)$$

(5) Zn^{2+}。在强碱性介质中,与无色二苯硫腙(HDZ)反应,形成粉红色螯合物。②
$$Zn^{2+} + 2HDZ \rightleftharpoons [Zn(DZ)_2] + 2H^+$$

(6) Cu^{2+}。在中性或酸性介质中,与亚铁氰化钾($K_4[Fe(CN)_6]$)反应。
$$2Cu^{2+} + [Fe(CN)_6]^{4-} \rightleftharpoons Cu_2[Fe(CN)_6](s)(红褐色)$$

(7) Hg^{2+}。在酸性介质中,与 $SnCl_2$ 反应,先生成白色沉淀 Hg_2Cl_2,继续加 $SnCl_2$ 出现黑色沉淀。

$$SnCl_2 + 2HgCl_2 \rightleftharpoons Hg_2Cl_2(s)(白) + SnCl_4$$
$$SnCl_2 + Hg_2Cl_2 \rightleftharpoons 2Hg(s)(黑) + SnCl_2$$

---

① NH_4^+ 与 $Na_3[Co(NO_2)_6]$ 也生成黄色沉淀 $(NH_4)_2Na[Co(NO_2)_6]$,应将试液放于小瓷皿中蒸干后,加 HNO_3(1:3),再蒸干,加热到 300°C 至无白烟以除去 NH_4^+。

② 二苯硫腙(俗名打萨宗)$S=C\underset{N-C_6H_5}{\overset{NH-NH-C_6H_5}{\diagup}} \rightleftharpoons HS-C\underset{N=N-C_6H_5}{\overset{NH-NH-C_6H_5}{\diagup}}$

与 Zn^{2+} 反应,生成粉红色螯合物:

$$C\underset{N=N-C_6H_5}{\overset{NH-N-C_6H_5}{\diagup}}S-Zn_2 \quad (S) \quad (粉红色)$$

粉红色螯合物是由一个 Zn^{2+} 和 2 个二苯硫腙分子形成的,习惯上简写为上面形成。

(8) Cd^{2+}。在酸性介质中通入 H_2S，形成黄色沉淀，为了除去其他离子干扰，先在试液中加浓 HCl，再通 H_2S，取上部清液稀释，调至弱酸性后，再通入 H_2S。

实验 23　纸层析法分离与鉴定金属离子

【实验目的】
(1) 熟悉纸色谱法分离金属离子的基本原理。
(2) 学习纸色谱法分离金属离子的实验技术。
(3) 掌握相对比移值 R_f 的计算及应用。
(4) 了解纸色谱法在无机化学中的应用。

【实验原理】
纸层析（Paper Chromolography，PC），是在滤纸上进行的色谱分析法。纸层析中滤纸吸附的水分为固定相，而含有一定量水分的有机溶剂称为流动相（也称为展开剂）。被测试样滴在滤纸上时，试样即溶解在固定相水中。滤纸一端滴有试液而形成斑点，该斑点称为原点。将滴有试样的滤纸一端浸入流动相，由于滤纸的毛细现象，流动相不断向上渗透。当流动相在原点与含有试样的固定相接触时，部分试样溶解于流动相中，此时在固定相和流动相中试样含量均较高。试样中不同离子在有机溶剂和水中的溶解度不同，它们在滤纸上的迁移速率则不同。流动相经过各个原点时，试液中各组分分别向上移动。在水中溶解度较大的组分倾向于滞留在某个位置，向上移动的速率较慢；而在有机溶剂中溶解度较大的组分则随流动相向上流动，而且向上移动的速率较快，经过足够长的时间后，各离子将在滤纸不同位置留下斑点。所有组分都将得到分离。

如果展开后各离子的斑点颜色较浅不易鉴别，则可用一种适当的能与有关组分反应产生颜色的试剂使斑点显色，根据不同离子显色后的特征颜色判断鉴别离子和离子迁移的距离。例如：氨熏或者喷涂 5% 黄血盐及 5% 赤血盐作为显色试剂，或硫化钠作为显色试剂。

对于某一离子，其迁移的距离与有机溶剂迁移的距离的比值是一个常数，称为该离子的比移值，用 R_f 表示，可根据不同的 R_f 值来鉴定试样中的离子。

$$R_f = \frac{\text{离子斑点中心离原点的距离}}{\text{溶剂浸湿前沿最高点离原点的距离}} = \frac{h}{H}$$

R_f 值与溶质在固定相和流动相间的分配系数有关。当层析纸（滤纸）、固定相、流动相的温度一定时，每种物质的 R_f 值为一定值，是一个特有的常数，所以各金属离子的分离情况可用比移值 R_f 来衡量。但由于影响 R_f 值的因素较多，严格控制有一定困难，在作定性鉴定时，可用纯组分做对照试验。

本实验介绍的纸上色谱法适用于分离少量混合物，操作简便，分离效率高。用于鉴定亲水性较强的化合物时，纸色谱的分离效果比薄层色谱好。纸色谱中 R_f 值的再现性比薄层色谱好，所以在定性鉴定化合物方面，比薄层色谱更有价值。

本实验应用纸色谱法分离鉴定 Fe^{3+}、Co^{2+}、Ni^{2+}、Cu^{2+} 的混合液和鉴定某未知液。以盐酸丙酮溶液为流动相。

【仪器与试剂】
仪器：滤纸 13 cm×16 cm（慢速定量滤纸）；ϕ 0.1 cm 毛细管；烧杯（800 mL）；量筒

(50 mL)；塑料薄膜；橡皮筋；塑料直尺；铅笔。

试剂：丙酮（AR）；浓氨水（AR）；HCl（AR，6 mol/dm³）；Na_2S（AR，0.5 mol/dm³）；$FeCl_3$（AR，0.03 mol/dm³）；$CoCl_2$（AR，0.03 mol/dm³）；$NiCl_2$（AR，0.03 mol/dm³）；$CuCl_2$（AR，0.03 mol/dm³）；$FeCl_3$、$CoCl_2$、$NiCl_2$、$CuCl_2$、混合液（各溶液浓度均为 0.03 mol/dm³）；未知液。

【实验内容】

1. 流动相溶液的准备（展开剂）

取 35 mL 丙酮，10 mL 6 mol/dm³ HCl 于 800 mL 烧杯中，盖上塑料薄膜，轻摇烧杯，使展开剂混合均匀，待用。

2. 滤纸的准备

取一张 13 cm×16 cm 的滤纸作层析纸。以 16 cm 长的边为底边，距离底边 2 cm 处用铅笔（不能用圆珠笔或钢笔）画一条与底边平行的基线，按图 5-16 所示将滤纸折叠成八片，除左右最外各一片外，在每片铅笔的中心位置依次写上 Fe^{3+}、Co^{2+}、Ni^{2+}、Cu^{2+}、混合物、未知样品。

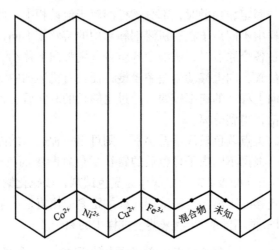

图 5-16 滤纸折叠及点样示意图

3. 点样

用毛细管蘸取少量 0.03 mol/dm³ 的下列试液（每种试液均用专用毛细管，不得混用）：$CoCl_2$、$NiCl_2$、$CuCl_2$、$FeCl_3$、混合液、未知液，分别在层析纸上按上述指定位置，各滴 1 滴试液，形成直径约 0.5 cm（不大于 0.5 cm）的斑点，即原点。将滤纸置于通风处晾干。

4. 展开

揭开 800 mL 烧杯上的塑料薄膜，按图 5-17 所示把点样后晾干的滤纸放入烧杯中，滤纸下端浸入展开剂中，展开剂液面应略低于层析纸上的铅笔线。注意，不要使试液斑点浸入展开剂中。盖上塑料薄膜，用橡皮筋固定。观察并记录层析过程中产生的现象。当展开剂前沿上升至离滤纸顶端 2 cm 左右时取出滤纸，立即用铅笔记下溶剂前沿的位置。层析滤纸在通风橱内自然干燥。

5. 显色

经过分离后的无机离子斑点一般颜色较浅,不易分辨,需要加入特殊试剂显色。层析纸干燥后用浓氨水喷雾,使之湿润,再喷 0.5 mol/dm³ 硫化钠溶液,自然干燥层析纸。

6. 测量

用铅笔画出层析纸上各黑斑点的轮廓,用尺子测量斑点中心位置至基线原点的垂直距离 h,测量展开剂前沿至基线垂直距离 H(精确至 0.1 cm),测量结果记录于表5-28中。

【数据处理】

(1) 根据表5-28中数据计算各 R_f 值。

(2) 根据对照实验,观察混合液与未知液在滤纸上斑点的颜色、位置,分别与已知离子的颜色、位置比较,判断混合液中和未知液中是何种离子。

图 5-17 纸层析简易装置示意图

表 5-28 实验现象记录和数据处理

层析物质名称	$FeCl_3$	$CoCl_2$	$NiCl_2$	$CuCl_2$	混合液	未知液
层析时颜色						
喷雾氨水显色						
喷雾硫化钠显色						
h 值						
H 值						
R_f 值						

(3) 结论:

混合液和未知液的组成。

必须注意,在整个操作过程不得用手接触纸条中部,否则皮肤表面沾有的污物碰到滤纸上,展开后会产生干扰。

【思考题】

(1) $CoCl_2$ 在丙酮中显示什么颜色?

(2) 浓氨水为什么可用作许多阳离子的显色剂?试写出 Fe^{3+}、Co^{2+}、Ni^{2+}、Cu^{2+} 与浓氨水的反应方程式。

(3) 在滤纸上画线时为什么必须用铅笔而不能用钢笔或圆珠笔?

(4) 若实验时不慎将斑点浸入有机溶剂,会给实验带来什么后果?

(5) 若用 12 mol/dm³ 的盐酸 5 mL,估计 R_f 值将如何变化?

第 6 章

无机制备及综合实验

实验 24 离子交换法制备纯碱

【实验目的】
(1) 学习离子交换的基本原理和练习使用离子交换剂的一般操作方法。
(2) 了解纯碱生产的一种新工艺。

【实验原理】

1. 离子交换的基本原理

离子交换剂是一种多孔的含有固定带电基团的难溶性高聚物。就化学结构而言,离子交换剂由两部分组成:一部分称为基体 R,主要是立体网状结构的高聚物(无机高聚物或有机高聚物);另一部分是连在基体上的离子交换功能团。根据功能团的不同,离子交换剂分为阳离子交换剂和阴离子交换剂。阳离子交换剂所含的交换功能团带负电荷,必须用相等量的阳离子来中和,如 $R-SO_3^-H^+$。而阴离子交换剂所含的交换功能团带正电荷,必须用等量的阴离子来中和,如 $R\equiv N^+Cl^-$。因此,阳离子交换剂可与水溶液中的阳离子进行交换。如

$$R-SO_3^-H^+ + M^+ \rightleftharpoons R-SO_3^-M^+ + H^+$$

阴离子交换剂可与水溶液中的阴离子进行交换,如

$$R\equiv N^+ + Cl^- + X^- \rightleftharpoons R\equiv N^+X^- + Cl^-$$

离子交换剂在化学上得到了广泛的应用。在化学合成上,主要是用一种离子来置换另一种离子,以及对不同离子的分离。

2. 离子交换法合成纯碱的基本原理

Solvay 法和侯德榜法制纯碱都包含这样一个主要反应

$$Na^+ + Cl^- + NH_3 + CO_2 + H_2O \rightleftharpoons NaHCO_3 + NH_4^+ + Cl^-$$

即首先合成 $NaHCO_3$。离子交换法,即是利用阳离子交换剂 $R-SO_3Na$,将 NH_4HCO_3 转化为 $NaHCO_3$

$$R-SO_3^-Na^+ + NH_4HCO_3 \rightleftharpoons R-SO_3^-NH_4^+ + NaHCO_3$$

然后将 $NaHCO_3$ 灼烧,即得 Na_2CO_3

$$2NaHCO_3 \xrightarrow{\Delta} Na_2CO_3 + CO_2(g) + H_2O$$

【仪器与试剂】

仪器：离子交换柱；秒表；烧杯；锥形瓶；量筒；蒸发皿。

试剂：强酸性苯乙烯系阳离子交换树脂 001-7、NH_4HCO_3（0.5 mol/dm^3）；奈斯勒试剂；$AgNO_3$（0.1 mol/dm^3）；NaOH（2 mol/dm^3）；NaCl（10%）。

【实验步骤】

1. 装柱

在交换柱底部放一小团玻璃纤维，然后在柱中装满去离子水。调整交换柱下端的活塞或螺旋夹，使液面大约以每秒 0.5 cm 的速度下降，然后将已处理好的离子交换树脂和水搅匀，以同样速度加入，使液面保持在接近管子的顶端。液面决不允许下降到离子交换树脂床的顶端以下。当交换树脂床达 40 cm 高时，将螺旋夹拧紧。在树脂顶部也装上一小团玻璃纤维或对苯二甲酸乙二酯（俗称的确良）布。

2. 转型

出厂时 001-7 型离子交换树脂是 Na 型的，但是用去离子水泡洗后，可能混有少量氢型树脂（而使用过的交换树脂，则含有其他阳离子①），为了完全转换成钠型，需用 10% NaCl 溶液处理。即将 10% NaCl 溶液，以 30 滴/min 的流速流过离子交换树脂。然后用去离子水以 60 滴/min 的流速洗至无 Cl^- 为止（用 0.1 mol/dm^3 $AgNO_3$ 检验）。

3. 制取碳酸氢钠溶液

（1）调节流速。取 15 mL 去离子水注入交换柱中，然后调节活塞（或螺旋夹）控制流速为 30 滴/min 左右。

（2）交换和洗涤。当液面下降到高出交换树脂床 1 cm 时，用量筒量取 100 mL、0.5 mol/dm^3 NH_4HCO_3 加到交换柱中。当 NH_4HCO_3 液加入 30 mL 后，流出液用 250 mL 烧杯接收。

当 NH_4HCO_3 全部加完，其液面下降到高出交换树脂床 1 cm 时，加入去离子水 10 mL，洗涤树脂。当液面又下降到只高出树脂床 1 cm 时，再加入去离子水 10 mL，如此重复 10 次，前四次的流速不变，但以后可一次比一次加快。

收集流出液过程中，应不断地加以检验（自己设计方案），定性地考察交换结果。

4. 制取 Na_2CO_3

将上述收集的 $NaHCO_3$ 溶液，倒入蒸发皿中，加热至干，然后转入坩埚中 500℃ 下灼烧，称重。

【思考题】

（1）本实验中的 NH_4^+，如何回收？

（2）本实验中 NH_4HCO_3 的用量应根据什么来确定？请查阅有关资料。

（3）交换柱内为什么严禁空气进入？

---

① 使用过的交换树脂，应用 10% NaCl 溶液浸泡 1 天，再用去离子水洗至无 Cl^- 止，最后再用 2 mol/dm^3 NaOH 溶液浸泡 3~4 h，用去离子水洗至 pH 为 7。或先用 HCl（2 mol/dm^3）处理转变为 H 型，最后再用 NaOH 处理为 Na 型。

实验 25　碘盐的制备与质量检验

【实验目的】

(1) 了解碘元素对人的生长、发育和新陈代谢的重要性。
(2) 了解食盐的提纯和加碘的方法。
(3) 掌握溶解、浓缩、过滤、结晶等基本操作。
(4) 学习分光光度法测定加碘盐中 KIO_3 含量的原理与方法。

【实验原理】

碘是人体不可缺少的生物微量元素（通常指在生物体内含量不足万分之一的元素），当人体缺碘时，可导致甲状腺肿大（粗脖子病），引起严重后果，重病患者的后代可能出现聋、哑、呆、傻、矮，还可能转变为甲状腺癌。人体缺碘引起的诸多疾病，统称为碘缺乏病 (Iodine-deficiency diseases, IDD)。

许多元素在适当浓度范围内是有益的，超过某一浓度就是有害的。过量摄入碘也会引起甲状腺肿，人体日摄入碘量超过 1 000 μg/日则是有害的。碘的缺乏与过剩都不利于人体健康。成年人体内含碘量为 20~50 mg。正常人每天摄入碘量为 120~150 μg/日，在我国，对饮用水中含碘量与 IDD 研究表明，饮用水中含碘量适宜浓度范围是 10~300 μg/dm³。

IDD 虽危害严重，但属于可预防疾病。预防 IDD 主要是落实以食盐加碘为主的综合补碘措施。

1. 补碘剂——碘酸钾 KIO_3

由于单质碘可升华，碘蒸气对眼、呼吸系统有刺激作用，目前，国际上使用 KI 和 KIO_3 作为补碘剂加入到食盐中制成含碘盐，供人们食用，预防 IDD。

KI 有苦味，易挥发和潮解，见光易被空气氧化析出游离碘。

KIO_3 具有化学性质稳定，常温下不易挥发、不分解、不吸水、易保存。且活性效果好，口感舒适，易生产等优点。因此，我国使用 KIO_3 加工食用碘盐。

KIO_3 为无色晶体，无臭、无味、可溶于水，不溶于醇和氨水，碘的质量分数为 59.3%。其晶体常温下较稳定，加热至 560℃ 开始分解

$$2KIO_3 \xrightarrow{\Delta} 2KI + 3O_2(g) \tag{1}$$

或

$$12KIO_3 + 6H_2O \xrightarrow{\Delta} 6I_2(g) + 12KOH + 15O_2(g) \tag{2}$$

在酸性介质中，KIO_3 是较强的氧化剂

$$2IO_3^- + 12H^+(aq) + 10e^- \rightleftharpoons I_2(s) + 6H_2O(l), \quad E^{\ominus}(IO_3^-/I_2) = 1.209 \text{ V}$$

遇到食品中的还原性物质，如 Fe^{2+}、$C_2O_4^{2-}$，易被还原为单质碘。

纯 KIO_3 晶体有毒，但在治疗剂量范围（小于等于 60 mg/kg）对人体无毒害，国家标准 GB 5461—2000 规定碘盐含碘量（以碘计）出厂产品不低于 40 mg/kg，销售品不低于 30 mg/kg。

2. 粗食盐提纯与碘盐制备

由粗食盐提纯后制备碘盐。由于粗食盐中含有少量不溶性杂质，还含有 K^+、Ca^{2+}、Mg^{2+}、Fe^{3+}、SO_4^{2-} 和 CO_3^{2-} 等杂质。这些杂质使食盐极易潮解，而且也不宜食用。要得到较纯净的食盐通常采用重结晶的方法。将粗盐溶解于适量的水中，过滤除去不溶性杂质（如泥沙等），然后将滤液加热蒸发浓缩为达饱和溶液，冷却后析出食盐晶体。可溶性杂质，由于总量少，未达饱和留在母液中。经再过滤分离则获得较纯净食盐结晶。经多次重结晶，可以得到纯度在 99.9% 以上的晶体。产品纯度与母液的多少、晶体的大小和重结晶的次数有关。KIO_3 必须加到提纯后的食盐固体中，不能加入到精制食盐过程的浓缩溶液中。

3. 分光光度法测定碘盐中碘含量

KIO_3 有氧化性，在酸性条件下可与还原剂（如 KI、$Na_2S_2O_3$、KNO_2 等）定量反应，产生游离碘

$$IO_3^- + 5I^- + 6H^+ \rightleftharpoons 3I_2 + 3H_2O \tag{3}$$

反应生成的碘 I_2 可与淀粉作用形成蓝色的包合物，此包合物在 595 nm 波长处单色光具有最大吸收，通过测定其在 595 nm 处的吸光度 A，即可求得碘盐中的碘含量。

【仪器与试剂】

仪器：托盘天平；烧杯(150 mL 2 只，50 mL 1 只)；量筒（50 mL）；酒精灯(或电炉)；布氏漏斗；抽滤瓶；坩埚；点滴板；滤纸；火柴；试管和试管架；玻璃棒；721 型(或 722 型) 分光光度计；容量瓶(50 mL 6 个)；石棉网；坐标纸；移液管（5 mL, 有分刻度 1 支）；吸耳球。

试剂：粗食盐；KIO_3（AR）；无水乙醇（AR）；$(NH_4)_2C_2O_4$（0.5 mol/dm^3）；NH_3-NH_4Cl 缓冲溶液；铬黑 T（1 mol/dm^3）；$BaCl_2$（3 mol/dm^3）；HCl（2 mol/dm^3）；HAc（2 mol/dm^3）；$H_2C_2O_4$（2mol/dm^3）；H_3PO_4（AR）；KSCN（AR）；市售碘(含 KIO_3) 盐；H_2SO_4（3 mol/dm^3）；淀粉-KI(AR) 混合液；1% 淀粉指示剂。

标准 KIO_3 溶液的配制：称取 KIO_3 0.033 8 g，配制成 100 mL 标准溶液，其含碘量为 200 mg/L。

铬黑 T 指示剂的配制：

方法一：称取铬黑 T 0.1 g 与研细的干燥 NaCl 10 g 研匀配成固体合剂，保存于干燥器中。

方法二：称取铬黑 T 0.2 g 溶于 15 mL 三乙醇胺，待完全溶解后加入 5 mL 无水乙醇。此溶液可用数月不变质。

检测液的配制：1% 淀粉指示剂 400 mL，85% H_3PO_4 4 mL，KSCN 固体 7 g，混合搅拌并溶解。

KIO_3 工作液的配制：称取 100 ℃ 烘干 3 h 的 KIO_3 0.5 g 溶于水，转移至 1 000 mL 容量瓶中（500 μg/cm^3）加水至刻度，摇匀。取 1 mL，再配制成 50 mL，得到 10 μg/cm^3 KIO_3 工作液。

淀粉-KI 混合液的配制：2.5 g 可溶性淀粉加水调和后倾入 500 mL 沸水中，煮沸至澄

清。加入 2.5 g KI，溶解后用约 2 mL 0.2 mol/dm³ NaOH 调至 pH 达 8~9。此溶液在 25℃时可稳定 2 周，备用。

【实验内容】

（1）托盘天平称取 15 g 粗食盐，放于 150 mL 洗净的烧杯中，加去离子水 50 mL，在酒精灯（或电炉）上边加热边搅拌，待粗盐全部溶解后，趁热用布氏漏斗减压抽滤。将滤液倒入洗净的 150 mL 烧杯中。

（2）滤液继续在酒精灯上加热、蒸发、浓缩、一边搅拌，使溶液浓缩到原体积的一半（20~25 mL），取下烧杯稍冷却后，再次减压抽滤。母液倒回原烧杯留待后面分析用，精盐产品转移到干净的蒸发皿中，在酒精灯（或电炉）上加热至干燥，干燥后冷却，称量精盐质量，计算产率。

（3）精盐加碘。用托盘天平称取 5 g 自制精盐，放入一干净、干燥的坩埚中，并逐滴加入 1 mL 含碘量 200 mg/dm³ 的标准 KIO_3 溶液，搅拌均匀后，加入 3 mL 无水乙醇（分析纯），再次搅匀，将坩埚放在石棉网上，点燃酒精，燃尽后，冷却，即得加碘盐（或在干燥箱内 100 ℃恒温烘干 1 h）。计算自制碘盐的碘的含量（碘：mg/kg）。

（4）自制精盐质量检验（微型实验）。本实验只定性检验部分杂质离子。

取约 0.5 g 自制精盐，约加 10 mL 去离子水，配制成精盐检验液。对重结晶母液和自制精盐检验液进行下列定性检验：

① Ca^{2+} 检验。取母液和精盐检验液各 2 滴于点滴板的两个圆穴内，分别加入 0.5 mol/dm³ $(NH_4)_2C_2O_4$ 溶液各 1 滴，对比观察有无 CaC_2O_4 白色沉淀产生。

② Mg^{2+} 的检验。取母液和精盐检验液各 2 滴于点滴板的两个圆穴内，分别加入 $NH_3 \cdot H_2O - NH_4Cl$ 缓冲溶液（pH 为多少？）1 滴和铬黑 T 指示剂 1 滴，对比观察溶液颜色。若有 Mg^{2+} 存在显红色，否则显蓝色。

③ SO_4^{2-} 的检验。取母液和精盐检验液各 2 滴于点滴板的两个圆穴内，分别加入 1 mol/dm³ $BaCl_2$ 溶液和 3 mol/dm³ HCl（为什么？）各 1 滴，分别观察有无 $BaSO_4$ 白色沉淀产生。

将上述实验现象填入表 6-1 中。

表 6-1 实验现象

样品	检验项目			结论
	Ca^{2+}	Mg^{2+}	SO_4^{2-}	
母液				
粗盐检验液				

（5）影响碘盐稳定性的因素。取三支干燥试管（为什么？）各加入 1 g 碘盐，在第一支试管中加入 2 mol/dm³ HAc 溶液 1 滴；在第二支试管中加入 2 mol/dm³ HAc 和 2 mol/dm³ $H_2C_2O_4$ 各 1 滴；第三支试管为空白。将第一、二支试管用酒精灯加热至干。然后将三支试管中试样取出分别置于点滴板的三个圆穴内，用玻璃棒压实后，各加入 2 滴检测液，比

较其颜色，试说明影响碘盐稳定性的因素。

（6）碘盐中 KIO_3 含量的测定（分光光度法）。

① KIO_3 溶液标准曲线的制作。准确吸取实验室制备的 KIO_3 工作液 1.0 mL、2.0 mL、3.0 mL、4.0 mL、5.0 mL 分别放入 50 mL 容量瓶中，然后各加入 30.0 mL 0.1 mol/dm³ H_2SO_4 溶液摇匀，再各加入 2 mL 淀粉-KI 混合液，显色后静置 2 min，稀释至 50 mL。水作为参比溶液，用 1 cm 比色皿（因淀粉透明度差）在 595 nm 波长处测定溶液的吸光度 A，绘制出工作曲线。

② 试样的制备与测定。准确称取 1.0 g 自制碘盐，加去离子水（25～30 mL）于小烧杯中溶解后转移至 50 mL 容量瓶中，然后加入 H_2SO_4，淀粉-KI 混合液（方法同标准曲线制作），稀释至刻度线。测定其吸光度 A_x，在工作曲线上查出对应的 KIO_3 浓度 c_x（注意：标准曲线的制作和试样的制备与测定均要在相同条件下进行）。

③ 碘盐中 KIO_3 含量的计算

$$W(KIO_3) = \frac{c_x V}{m_x \times 10^6}$$

【思考题】

（1）本实验应用什么原理精制粗盐？
（2）抽滤操作应注意哪些事项？
（3）碘剂为什么不直接加入浓缩液中，而是加入精盐结晶中？
（4）如何检验加碘盐中的碘剂是 KIO_3 还是 KI？
（5）如果本实验回收率过高或过低，可能是哪些原因所造成的？
（6）炒菜时，加碘盐最好在什么时候放入？为什么？
（7）KIO_3 标准曲线制作时，淀粉-KI 混合液为什么要过量？
（8）KIO_3 含量的测定能在碱性条件下进行吗？为什么？

实验 26　硝酸镁的制备
——从工业废渣中提取 $Mg(NO_3)_2$

【实验目的】

（1）熟悉提纯固体物质的原理和方法，利用废物回收硝酸镁及消除镁渣对水源的污染。

（2）掌握溶解、过滤、洗涤、蒸发、结晶等基本操作，正确使用托盘天平、温度计和离心机。

（3）熟悉正确取用试剂，能对产品纯度进行简单定性检验。

【实验原理】

镁渣的主要成分是硝酸镁①。杂质中以 Fe^{3+} 为主，此外含有 Ca^{2+}、Cr^{3+}、Mn^{2+}、Ni^{2+}、Cl^- 等可溶性杂质和不溶性杂质（如泥沙、碎瓷环等）。

---

① 本实验是利用某化工厂脱水剂硝酸镁提浓硝酸后的残渣（简称镁渣）回收硝酸镁。

根据物质溶解度的不同，不溶性杂质可用溶解和过滤的方法除去，Fe^{3+}易水解生成$Fe(OH)_3$沉淀，过滤除去。硝酸镁的溶解度随温度变化较大，少量可溶性杂质Ca^{2+}、Mn^{2+}等可用重结晶法除去。

重结晶的原理是由于晶体物质的溶解度一般随温度的降低而减小，当热的饱和溶液冷却时，待提纯的物质首先以结晶析出，而少量杂质由于尚未达到饱和仍留在溶液（母液）中（参见第3章六）。

【仪器、试剂与材料】

仪器：托盘天平；离心机；普通漏斗架；减压过滤装置一套；煤气灯（或酒精灯）；三角架；石棉网；铁架台及铁环；蒸发皿；点滴盘；温度计（0~150℃）；烧杯（250 mL、100 mL）。

试剂：镁渣；$NaBiO_3(s)$；$HCl(2\ mol/dm^3)$；$HNO_3(6\ mol/dm^3)$；$NH_3 \cdot H_2O$（浓、$2mol/dm^3$）；$K_4[Fe(CN)_6]$（$0.1\ mol/dm^3$）；KSCN（$0.1\ mol/dm^3$）；$(NH_4)_2S$（$0.1\ mol/dm^3$）。

材料：滤纸；剪刀；pH试纸；天然气。

【实 验 内 容】

1. 镁渣称取

在托盘天平上称取50 g镁渣。

2. 溶解

把称好的镁渣倒在洗净的250 mL烧杯中，用量筒量取70 mL去离子水（水量过多或过少有什么问题？），倒入烧杯中，用玻璃棒搅拌，为了加速镁渣中的可溶物的溶解和使Fe(Ⅲ)水解完全，并利于破坏胶体便于过滤分离，控制pH>4，加热煮沸约10 min，趁热过滤。保留滤渣。

3. 过滤、洗涤

用普通玻璃漏斗过滤，使不溶物质（沉淀）和溶液分开，用10 mL去离子水洗涤沉淀2次，收集滤液。

4. 蒸发、结晶

将上述所得滤液（取出2 mL留作检查杂质用），倒入事先洗净的瓷蒸发皿中，用煤气灯或酒精灯直接加热，并用玻璃棒不断搅拌滤液，当溶液温度达到120℃时，停止加热。冷却即有针状硝酸镁晶体析出。

待冷却到室温时，用减压过滤法将晶体与滤液分开。将所得晶体（硝酸镁）称重（保存产品作为下次制氧化镁的原料），并按下式计算得率

$$\frac{硝酸镁重}{镁渣重} \times 100\%$$

5. 产品纯度检验

定性地比较原料和产品中Fe^{3+}、Ca^{2+}、Mn^{2+}离子等杂质含量的情况，并将结果填入表6-2中。

表6-2 比较结果

项目		Fe^{3+}	Ca^{2+}	Mn^{2+}
原料	滤液			
	滤渣①			
产品				
母液				

总结实验结果，对比杂质的含量比较产品的纯度，并说明不溶性杂质和可溶性杂质除去的方法。

【思考题】
(1) 怎样除去镁渣中的可溶性杂质和不溶性杂质？
(2) 溶解镁渣时加热煮沸的作用是什么？
(3) 过滤操作中应注意些什么？
(4) 蒸发结晶时能否将滤液蒸干？为什么？
参考数据见表6-3。

表6-3 硝酸镁的溶解度（g/100 gH_2O）

温度/℃	0	10	20	30	40	50	60	70	80	90
溶解度	66.7	70	73.1	77.4	81.1	85.7	91.8	99.5	110.1	137.2

附：一些阳离子的鉴定

(1) Fe^{3+}。取试液2滴，加1滴2 mol/dm^3 HCl 酸化，加0.1 mol/dm^3 KSCN 1滴，若出现红色，或加0.1 mol/dm^3 $K_4[Fe(CN)_6]$ 1滴，出现蓝色沉淀，证明有 Fe^{3+}

$$Fe^{3+} + SCN^- \rightleftharpoons [Fe(NCS)]^{2+} (血红色)$$
$$xFe^{3+} + xK^+ + x[Fe(CN)_6]^{4-} \rightleftharpoons [KFe(CN)_6Fe]_x(s)$$
$$(普鲁士蓝)②$$

(2) Fe^{2+}。在酸性介质中与赤血盐（$K_3[Fe(CN)_6]$）反应生成蓝色沉淀

$$xFe^{2+} + xK^+ + x[Fe(CN)_6]^{3-} \rightleftharpoons [KFe(CN)_6Fe]_x(s)$$
$$(滕氏蓝)$$

(3) Mn^{2+}。取试液5滴于离心试管中，加6 mol/dm^3 HNO_3 酸化，再加少量固体 $NaBiO_3$，搅拌后离心沉降，若清液呈紫红色，证明有 Mn^{2+} 离子存在。)

$$2Mn^{2+} + 5NaBiO_3 + 14H^+ \longrightarrow 2MnO_4^- + 5Bi^{3+} + 5Na^+ + 7H_2O$$

---

① 检查滤渣中的 Fe^{3+}、Ca^{2+}、Mn^{2+} 离子时，需取少量滤渣于试管中，加2 mL 6 mol/dm^3 HNO_3 使其溶解，然后取溶液分别检查。
② 所谓普鲁士蓝与滕氏蓝，经结构分析证明是同一化合物。

(4) Ca^{2+}。取试液 5 滴于离心试管中,加 $(NH_4)_2S$ 3 滴,混合均匀后离心分离,检验沉淀(是什么?)是否完全,待沉淀完全后,在清液中加入 NH_4Cl 4 滴和浓氨水 2 滴,$K_4[Fe(CN)_6]$ 8 滴,在水浴上加热并搅拌,若有白色沉淀证明有 Ca^{2+} 离子存在

$$Ca^{2+} + 2NH_4^+ + [Fe(CN)_6]^{4-} \xrightarrow[NH_4Cl]{NH_3 \cdot H_2O} Ca(NH_4)_2[Fe(CN)_6](s)(白色)$$

或在中性或碱性介质中与 $(NH_4)_2C_2O_4$ 反应生成白色沉淀。

$$Ca^{2+} + C_2O_4^{2-} \longrightarrow CaC_2O_4(s)(白色)$$

5. Mg^{2+}

在 $NH_3 \cdot H_2O - NH_4Cl$ 介质中,与磷酸氢二钠反应,生成白色的沉淀。

$$Mg^{2+} + HPO_4^{2-} + NH_3 \cdot H_2O + 5H_2O \longrightarrow MgNH_4PO_4 \cdot 6H_2O(s)(白色)$$

或在强碱性介质中加镁试剂(对硝基苯偶氮 $-a-$ 萘酚($O_2NC_6H_4N=NC_{10}H_7OH$)生成淡蓝色的沉淀,证明有 Mg^{2+}。)

实验 27 氧化镁的制备

【实验目的】

(1) 了解制备金属氧化物的一般方法。
(2) 学会制备氧化镁的一种方法及了解产品质量的检验方法。
(3) 熟练掌握溶解、过滤、洗涤、蒸发、结晶等基本操作。

【实验原理】

制备氧化镁(简称氧镁)有多种方法:

金属镁和氧气直接化合可以生成氧化镁,碳酸镁或硝酸镁加热分解也可得到氧化镁。

以菱镁矿($MgCO_3$)为原料,制取氧化镁(或硝酸镁),除去不溶性杂质及 Fe^{3+}、Ca^{2+} 离子等可溶性杂质后,在氧化镁(或硝酸镁)溶液中加入碳酸铵或碳酸钠溶液,反应后生成碱式碳酸镁,碱式碳酸镁经灼烧即得氧化镁。

本实验是利用从镁渣中提取的硝酸镁(也可直接以 $Mg(NO_3)_2$ 为原料)为原料,制取碱式碳酸镁,再经碱式碳酸镁热分解制得氧化镁,其反应如下

$$5(NH_4)_2CO_3 + 5Mg(NO_3)_2 + 7H_2O \longrightarrow Mg(OH)_2 \cdot (MgCO_3)_4 \cdot 6H_2O + 10NH_4NO_3 + CO_2(g)$$

$$Mg(OH)_2 \cdot (MgCO_3)_4 \xrightarrow{800\ ℃} 5MgO + H_2O + 4CO_2(g)$$

碱式盐在 600 ℃ 就发生分解,但分解不完全,且需要的时间长。

氧化镁分重质氧化镁和轻质氧化镁两类。以视比容(1 g 试样所占的体积,cm^3/g)大小区分,如果视比容小于 5 cm^3/g 者为重质氧化镁,视比容大于 5 cm^3/g 者为轻质氧化镁。碱式碳酸镁经灼烧得到轻质氧化镁。它广泛应用于医药、橡胶、人造纤维、造纸、塑料、电气、化妆品等工业。

【仪器与试剂】

仪器:与"硝酸镁的制备"相同,补充马弗炉;坩埚。

试剂：$(NH_4)_2CO_3$（30%），其余同前。

【实验内容】

1. 纯制硝酸镁

（1）将上实验所得硝酸镁重结晶 1~2 次。即将硝酸镁溶于去离子水中（如有不溶物应过滤除去），然后蒸发，当溶液达到 120 ℃时冷却结晶。抽滤，得硝酸镁晶体。

（2）分析检验重结晶后的晶体及母液中的 Fe^{3+}、Ca^{2+}、Mn^{2+} 离子（方法同前）的含量，并与重结晶前进行对比。

2. 合成碱式碳酸镁

（1）将上述重结晶后的硝酸镁再加去离子水溶解（浓度约为 1 mol/dm³），加热至沸，边搅拌边缓慢加入 30% $(NH_4)_2CO_3$ 溶液，待有大颗粒沉淀生成并不再溶解后，可快加 $(NH_4)_2CO_3$ 至终点（在上层清液中加入浓氨水不发生沉淀即视为沉淀安全）停止加热。

（2）趁热抽吸过滤，将滤饼转入烧杯中，用 70~80 ℃热水洗 2~3 次（以除去 NH_4NO_3）。最后尽量抽干。

3. 灼烧制氧化镁

将上述沉淀 $Mg(OH)_2 \cdot (MgCO_3)_4 \cdot 6H_2O$ 放在瓷蒸发皿中炒干后，转移到坩埚中，再放入马弗炉中，在 900 ℃下灼烧 3~6 h，冷却后检验是否分解完全。（若产品的量很少，亦可放在瓷蒸发皿中用煤气灯加热炒干后，再继续灼炒 30 min 以上，直到分解完全为止。）

4. 产品检验

（1）取少量灼烧后已冷却的产品于试管中，先加去离子水少许，然后加入 5~6 滴 2 mol/dm³ HCl，观看有无气泡产生，若无气泡产生即证明分解完全。否则需要重新灼烧（或炒）。

（2）将制得的氧化镁称重，记录外观，测试比容。

（3）检验 Fe^{3+}、Ca^{2+} 离子。

【思考题】

（1）金属氧化物的制备，一般可采用哪些方法？

（2）本实验中能否用 Na_2CO_3 代替 $(NH_4)_2CO_3$？各有何利弊？

（3）制备 MgO 选用 $MgCO_3$ 或碱式碳酸镁分解有什么优点？为何不用 $Mg(NO_3)_2 \cdot 6H_2O$ 分解制备？

（4）如何检验 $Mg(NO_3)_2$ 是否完全转化为碳酸盐沉淀？

附：MgO 的质量标准（主要部分标准）

产品质量	Ⅰ级	Ⅱ级	Ⅲ级
纯度大于/%	99.5	98	98
硝酸盐（以 NO_2 计）不大于/%	—	—	—
不大于/%	0.002	0.005	—
Fe 不大于/%	0.002	0.005	0.01
Ca 不大于/%	0.02	0.05	
Mn 不大于/%	0.001		
视比容（cm³/g）	6	5	—

实验 28　以废铝屑和铝灰为原料制备氢氧化铝

【实验目的】

(1) 了解合成氢氧化物的一般方法,以及合成两性氢氧化物的特殊性。
(2) 了解试剂生产中除杂质铁的一些方法及有关原理。
(3) 掌握沉淀的操作方法。

【实验原理】

人工合成的氢氧化铝,其结构和含水量因制备条件不同而有很大的出入。例如:

(1) 用 $NH_3 \cdot H_2O$ 沉淀酸性铝盐溶液(如 $AlCl_3$、$Al_2(SO_4)_3$、$KAl(SO_4)_2$)时,在热溶液中得 $AlO(OH)$,其中掺有无定形的 $Al_2O_3 \cdot xH_2O$;若在冷溶液中则为无定型的 $Al_2O_3 \cdot xH_2O$。

(2) 通 CO_2 于铝酸盐,即碱性溶液中沉淀时,慢沉淀得 $Al(OH)_3$ (gibbsite);快沉淀则得 $Al(OH)_3$ (bayerite)。

(3) 水解有机铝盐,例如 $Al(C_2H_5O)_3$ 的水解,则有下列变化:$Al(OC_2H_5)_3 \longrightarrow Al_2O_3 \cdot xH_2O \longrightarrow AlO(OH) \longrightarrow Al(OH)_3$ (bayerite) $\longrightarrow Al(OH)_3$ (gibbsite)。$Al_2O_3 \cdot xH_2O$ 和 $AlO(OH)$ 在微碱性的水中老化后也可转化为 $\gamma\text{-}Al(OH)_3$ (bayerite)。

我国 $Al(OH)_3$ 生产主要取前两种方法。在酸法生产中有纯碱明矾法。在澄清的钾明矾溶液中缓慢地加入纯碱溶液,则发生

$$3Na_2CO_3 + 2KAl(SO_4)_2 + nH_2O \longrightarrow Al_2O_3 \cdot nH_2O(s) + 3Na_2SO_4 + K_2SO_4 + 3CO_2(g)$$

控制 pH = 6.5,即为反应终点。在碱法生产中,中和铝酸盐时,除用 CO_2、NH_4HCO_3 外,也常用 $Al_2(SO_4)_3$ 溶液,反应为

$$6NaAlO_2 + Al_2(SO_4)_3 + 12H_2O \longrightarrow 8Al(OH)_3(s) + 3Na_2SO_4$$

溶液 pH = 6.5 时为终点。

本实验采用铝酸盐法制备氢氧化铝,以机械加工废铝屑和铝冶炼厂下脚料(铝灰,含有 30% 以上 Al_2O_3)为原料。首先将铝原料与烧碱反应制备 $NaAlO_2$ 溶液,经碱性去铁后,加入 NH_4HCO_3 溶液,使溶液的碱度降低,$Al(OH)_3$ 沉淀出来。

【仪器与试剂】

仪器:烧杯(500 mL);量筒(250 mL);移液管(1 mL、2 mL);剪刀;滤纸;玻璃漏斗(80 mL);抽滤装置;培养皿(90 mm);温度计(100 ℃);托盘天平;烘箱;密度计(>1);洗耳球;pH 试纸。

试剂:铝屑(工业);铝灰;氢氧化钠(工业);NH_4HCO_3(工业);硝酸(cp);盐酸(cp;3 mol/dm^3);$BaCl_2$(25%);氨水(cp);活性炭(工业);Cl^- 杂质标准液;SO_4^{2-} 杂质标准液;HNO_3(2 mol/dm^3);$AgNO_3$(0.1 mol/dm^3)。

【操作步骤】

合成氢氧化铝的流程可图示如下:

1. 偏铝酸钠溶液制备

(Al 与 NaOH 反应放出的 H_2 气将带出碱雾,需在通风橱中进行)

$$2Al + 2NaOH + 2H_2O \longrightarrow 2NaAlO_2 + 3H_2(g)$$
$$Al_2O_3 + 2NaOH \longrightarrow 2NaAlO_2 + H_2O$$

称取铝屑 4 g(或铝灰 15 g),NaOH 6 g,放入烧杯中,加水没过铝屑。反应猛烈进行(如果反应过猛,应立即将 Al 取出,绝不可再加水)。待反应稍平息后,再加一些水,反应又继续进行,如此反复,直到加水后不再反应为止。此时如有剩余的铝应尽快将其与反应液分开(为什么?)。

2. 水解

将上述溶液加水冲稀(至相对密度为 1.05~1.06),进行水解除去 Fe^{3+} 和 Pb^{2+}。

$$Fe_2O_4^{2-} + 4H_2O \longrightarrow 2Fe(OH)_3(s) + 2OH^-$$
$$PbO_2^{2-} + 2H_2O \longrightarrow Pb(OH)_2(s) + 2OH^-$$

抽滤,滤液转入烧杯中,待用。

3. 溶解碳酸铵

称工业 NH_4HCO_3 15 g,配成 20% 溶液。

取一小勺活性炭,放入上述溶液中,搅拌、过滤(可用二层滤纸)。所得清亮透明溶液转入烧杯中待用。

4. 合成 Al(OH)$_3$

$$2NaAlO_2 + NH_4HCO_3 + 2H_2O \longrightarrow 2Al(OH)_3 + Na_2CO_3 + NH_3$$

将 $NaAlO_2$ 溶液加热至沸,在搅拌下,慢慢加入 NH_4HCO_3 的热溶液。当加至不再出现沉淀时,再加入过量 5% 的 NH_4HCO_3 溶液。静置。

5. 洗涤、干燥

首先用倾洗法以煮沸的去离子水洗涤 Al(OH)$_3$ 沉淀,直至洗涤液的 pH 为 7~8,然后抽吸过滤(最好用涤纶布),并继续用沸水洗涤,直至洗涤液 pH 降至 6~7。抽干后将沉淀转入培养皿中,在 80 ℃烘干,称重。

【产品检验】

本实验中重点检验 Cl^-。

称 0.5 g 试样放入大试管中，加 12 mL 去离子水和 1 mL 稀硝酸，在水浴上加热 8 min，过滤，取滤液 6 mL 先加入 0.1 mol/dm³ $AgNO_3$ 5 滴，然后分别与Ⅱ级和Ⅲ级产品的标准液（取市售试剂，按上法——参照 HGB 3414—1962 标准，配制而成）比较。

【思考题】

(1) 原则上用酸法（铝盐）或碱法（铝酸盐）都可得到 $Al(OH)_3$，根据什么选用酸法或碱法？

(2) 欲得纯净松散的 $Al(OH)_3$ 沉淀，合成中应注意哪些条件？

(3) 在本实验中，当反应完成后，剩余的铝继续与反应液接触有何害处？为什么？

(4) 碱性溶液中去杂质铁有几种途径，本实验是采用哪一种？能否用水解法去酸性铝盐中的铁？效果如何？

实验 29　无水二氯化锡的制备

【实验目的】

(1) 了解制备无水金属卤化物的一般方法。
(2) 掌握从水合二氯化锡脱水，制备无水二氯化锡的方法。
(3) 掌握无机制备的某些基本实验操作。
(4) 学习熔点测定的方法。
(5) 掌握 Sn(Ⅱ) 的主要化学性质。

【实验原理】

1. 制备无水金属卤化物的方法

无水金属卤化物的制备方法一般有六种。

(1) 直接卤化法。卤化物的标准摩尔生成焓都是负值，所以由单质直接卤化（金属与卤素或 HF、HCl、HBr 直接作用）合成卤化物的应用很广。碱金属、碱土金属、铝、镓、铟、铊、锡、锑及过渡金属等，都能直接卤化。

(2) 水合卤化物脱水法。金属卤化物的水合盐经加热脱水，可制备无水金属卤化物。但此法只适用于制备与水分子亲和力较弱的碱金属和一些碱土金属的卤化物。对碱性较弱的金属卤化物，在加热脱水过程中要备有防止水解的措施。

金属卤化物的水合盐，还可用加入脱水剂的方法制备无水卤化物。脱水剂为亲水性很强的物质。

(3) 氧化物转化法。金属氧化物一般容易制得，且易得纯品，所以可由氧化物转化为卤化物。

(4) 置换反应。可由一种卤化物通过置换反应转变为另一种卤化物。通常，制备无水金属卤化物可用卤化氢作置换剂。

(5) 氧化还原反应。可用 $H_2(g)$ 还原高价卤化物制备低价无水金属卤化物。

(6) 热分解法。利用热分解法制备无水金属卤化物，但要注意温度和反应气氛的控制。

2. 本实验制备无水二氯化锡的方法

（1）水合二氯化锡的制备。锡与热的浓 HCl 反应（直接卤化）

$$Sn(s) + 2HCl(浓) \xrightarrow[保温]{\Delta} SnCl_2 + H_2(g)$$

反应至溶液密度为 1.9~2.0 g/cm³ 止。此法工艺简单，但反应比较慢，盐酸挥发损失较大。为提高反应速率，常采用锡箔或锡花（将 Sn 熔化，趁热分散倒入去离子水中）并加入少量浓 HNO_3。

（2）无水二氯化锡的制备。采用水合卤化物脱水法。本实验用亲水性较强的醋酐作为脱水剂，制备无水二氯化锡，脱水反应为

$$SnCl_2 \cdot H_2O + (CH_3CO)_2O \longrightarrow SnCl_2 + 2CH_3COOH$$
$$SnCl_2 \cdot 2H_2O + 2(CH_3CO)_2O \longrightarrow SnCl_2 + 4CH_3COOH$$

3. 二氯化锡的结构

在 $SnCl_2 \cdot 2H_2O$ 中 Sn^{2+} 的配位数为 3，即 Sn^{2+} 中的弧对电子没有用于成键，而处在四面体的第四个角上，所以 $SnCl_2 \cdot 2H_2O$ 是具有 $SnCl_2OH_2$ 结构的角锥形分子。第二个水分子没有进行配位（见图 6-1（a）），这个水分子在 80 ℃ 以上容易失去。但在 37 ℃ 以下蒸发结晶也可得到 $SnCl_2 \cdot 2H_2O$。

$SnCl_2$ 结晶是一种由共三角锥（$SnCl_3$）顶点的链构成的层状结构（见图 6-1（b））。

图 6-1 氯化亚锡的结构
(a) $[SnCl_2OH_2] \cdot H_2O$；(b) $SnCl_2$（结晶）

【仪器与试剂】

仪器：显微熔点测定仪；铁架台及铁环（或三角架和泥三角）；酒精灯或电炉；抽滤装

置；圆底烧瓶（25 mL）；冷凝管；冷凝管夹；烧杯（250 mL、50 mL）；胶皮管；载玻片；滤纸；剪刀；托盘天平；称量纸；温度计（0 ~ 100 ℃）；量筒（10 mL）；蒸发皿。

试剂：锡花（或锡箔或锡粒）；HCl（浓、6 mol/dm^3、2 mol/dm^3）；浓 HNO$_3$（或新制饱和 Cl$_2$ 水）；NaOH（2 mol/dm^3）；NH$_3$·H$_2$O（2 mol/dm^3）；醋酸酐（100%）；乙醚；FeCl$_3$（0.1 mol/dm^3）；K$_2$Cr$_2$O$_7$（0.1 mol/dm^3）；HgCl$_2$（0.1 mol/dm^3）；BiCl$_3$（0.1 mol/dm^3）；(NH$_4$)$_2$CO$_3$（2 mol/dm^3）。

【实验内容】

1. 无水 SnCl$_2$ 的制备

（1）水合 SnCl$_2$ 的制备。托盘天平称取 1.2 g 锡花于 25 mL 圆底烧瓶中。250 mL 烧杯作水流装置，放在电炉上，将圆底烧瓶置于水流中。按照图 6-2 所示，调整好圆底烧瓶的位置，将冷凝管与圆底烧瓶连接，并固定在铁架台上，通入冷凝水。从冷凝管上口加入 5 mL 浓 HCl 和 2 滴浓 HNO$_3$，在 95 ℃ 约回流 30 min。观察圆底烧瓶内反应现象，待圆底烧瓶中只剩少量锡花时停止反应。

将上述反应后上部清液迅速转移到预先准备好的蒸发皿里，在通风橱中继续加热，直至蒸发到蒸发皿壁上有少量 SnCl$_2$ 微粒出现（或溶液剩下 1 ~ 2 mL）为止。在冰浴中冷却、结晶、抽滤，尽量抽干（若母液很少或近干可不抽滤），得到水合 SnCl$_2$。将晶体放在两片滤纸间压干，称重。

（2）无水 SnCl$_2$ 的制备。将水合 SnCl$_2$ 粉末（事先压碎）加到 5 ~ 10 mL 醋酸酐中，充分搅拌，即得无水 SnCl$_2$，抽滤。再用少量乙醚（无水）冲洗三次。称重，放在干燥器中保存。计算产品得率。

2. 无水 SnCl$_2$ 的性质实验

（1）测定 SnCl$_2$ 的熔点。比较 SnCl$_2$ 与 SnCl$_4$ 熔点（查手册），并解释。

图 6-2 反应装置图

（2）取少量产品，滴加去离子水，观察现象，解释并写出反应式。

（3）从产品出发，用两种方法制备少量 Sn(OH)$_2$(s)，并验证它的酸、碱性，记录现象，写出有关反应式。

（4）用两种试剂分别验证 Sn^{2+} 在酸性介质中还原性。
用两种试剂分别验证 Sn^{2+} 在碱性介质中的还原性。
记录现象，写出有关反应方程式，并用电极电势解释。
根据上述性质实验，总结 SnCl$_2$ 有哪些重要的性质。

【思考题】

（1）本实验采用什么方法制备无水 SnCl$_2$？为什么这样选择？

（2）根据 SnCl$_2$ 的性质，为了保证产品的质量，在制备过程中应注意哪些条件？

（3）如何配制和保存 SnCl$_2$ 溶液？

(4) 你的中间产物是 $SnCl_2 \cdot H_2O$ 还是 $SnCl_2 \cdot 2H_2O$？为什么？试设计一实验证明你的判断。

(5) 分析影响产率的因素？如何提高产品得率？

(6) 为何不能用加热脱水法从水合 $SnCl_2$ 中制备无水 $SnCl_2$？

实验 30　水热法制备纳米 SnO_2

【实验目的】

(1) 了解水热法制备纳米材料的原理、方法和特点。

(2) 学习制备纳米 SnO_2 微粉的一种方法。

(3) 学会不锈钢压力釜的使用。

(4) 了解水热法制备纳米微粉产物的表征方法。

【实验原理】

SnO_2 是一种半导体氧化物。纳米 SnO_2 具有很大的比表面积，是一种很好的气敏与湿敏材料。制备超细 SnO_2 微粉的方法很多，其中用水热法制备纳米 SnO_2 微晶有许多优点，如产物直接为晶态，无须经过焙烧晶化过程，因此团聚减少、粒度均匀、形态比较规则。改变水热反应条件可能得到具有不同晶体结构和结晶形态的产物（水热合成反应的特点见第 4 章七）。

本实验反应条件的选择，包括反应物浓度、温度、反应介质的 pH 及反应时间，这些均对产物的物相、形态、粒子尺寸及其分布和产率有重要影响。

水热反应制备纳米晶 SnO_2 的反应机理。

第一步是 $SnCl_4$ 水解

$$SnCl_4 + 4H_2O \rightleftharpoons Sn(OH)_4(s) + 4HCl$$

形成无定形的 $Sn(OH)_4$ 沉淀，接着发生 $Sn(OH)_4$ 的脱水缩合和晶化作用，形成 SnO_2 纳米微晶。

$$nSn(OH)_4 \longrightarrow nSnO_2 + 2nH_2O$$

(1) 反应温度。反应温度低时，$SnCl_4$ 水解、脱水缩合和晶化作用慢。升高反应温度将有利于 $SnCl_4$ 水解和 $Sn(OH)_4$ 脱水缩合，产率也会随之增加。但同时，温度升高使产物的重结晶作用增强，导致 SnO_2 微晶长大，结构更加完整。本实验反应温度选择 120~160 ℃。

(2) 反应介质的酸度。反应介质的酸度较高时，对 $SnCl_4$ 的水解有抑制作用，使中间产物 $Sn(OH)_4$ 生成相对较少，脱水缩合后，系统中 SnO_2 晶核数量相对也较少，大量 Sn^{4+} 离子残留在反应液中。这样，有利于 SnO_2 微晶的生长，但是也容易造成粒子间的聚结，导致产生硬团聚，这是制备纳米粒子时应尽量避免的。

当反应介质的酸度降低时，$SnCl_4$ 完全水解，大量很小的 $Sn(OH)_4$ 质点同时形成。在水热条件下，它们之间发生脱水缩合，形成大量 SnO_2 纳米微晶。此时，由于溶液中残留的 Sn^{4+} 离子数量已很少，形成的 SnO_2 微晶较难继续生长。因此，产物具有较小的平均颗粒尺寸，粒子间的硬团聚现象也相应减少。本实验反应介质的酸度控制为 pH = 1.45。

(3) 反应物的浓度。$SnCl_4$ 浓度的增大伴随着系统反应介质中酸度增加，Sn^{4+} 的水解受到抑制，产物 SnO_2 的产率降低。

当 pH = 1.45 时，反应物的黏度较大，因此反应物的浓度不宜过大，否则会使搅拌困难。一般，$SnCl_4$ 的浓度以 1 mol/dm³ 为宜。

总之，反应温度和介质中的酸度是影响纳米 SnO_2 微晶形成和颗粒尺寸的主要因素。

【仪器与试剂】

仪器：100 mL 不锈钢压力釜（具有聚四氟乙烯衬里）；电动搅拌器；酸度计；抽滤装置；多晶 X 射线衍射（XRD）；透射电子显微镜（TEM）；比表面积测定仪（BET）；台式烘箱；烧杯（150 mL、100 mL）；托盘天平；致密细孔滤纸。

试剂：$SnCl_4 \cdot 5H_2O$（AR）；KOH（AR）；乙酸（AR）；乙酸铵（AR）；95% 乙醇（AR）；$AgNO_3$（0.1 mol/dm³）。

【实验内容】

1. 反应液的配制

用去离子水配制 1.0 mol/dm³ 的 $SnCl_4$ 溶液和 10 mol/dm³ 的 KOH 溶液。

每次取 25 mL 的 1.0 mol/dm³ 的 $SnCl_4$ 溶液于 100 mL 烧杯中，在电动搅拌下逐滴加入 10 mol/dm³ 的 KOH 溶液，调节反应液的 pH 至 1.45，配制好的反应液待用。观察反应液随 pH 变化的状态，记录现象。

2. 水热反应

将配制好的反应液倾入具有聚四氟乙烯衬里的不锈钢压力釜内，用装有控温装置的台式烘箱加热，使水热反应在 120~160 ℃反应 1~2 h。反应结束，停止加热，待压力釜冷却至室温，开启压力釜，取出反应产物。

3. 反应产物的处理

产物静置沉降后，吸去上层清液，用致密细孔滤纸抽滤。再用约 100 mL 10% 的乙酸加入 1 g 乙酸铵的缓冲溶液洗涤沉淀 4~5 次，洗去产物中的 Cl^- 和 K^+，最后用 95% 的乙醇洗涤 2 次，于 80 ℃干燥，然后研细。

4. 反应产物的表征

（1）物相分析。用多晶 X 射线衍射法（XRD）确定产物的物相。在 JCPDS 卡片集中查出 SnO_2 的多晶标准衍射卡片，将样品的 d 值和相对强度与标准卡的数据相对照，确定产物是否为 SnO_2。

（2）平均晶粒尺寸。由多晶 X 射线衍射峰的半高宽，用 Scherrer（谢勒）公式求算

$$D_{hkl} = \frac{K \cdot \lambda}{\beta \cdot \cos \theta_{hkl}}$$

计算产物在 hkl 方向上的平均晶粒尺寸。其中 β 为扣除仪器因子后 hkl 衍射的半高宽（弧度）；K 为常数，通常取 0.9；θ_{hkl} 为 hkl 衍射率的衍射角；λ 为 X 射线的波长。

（3）颗粒尺寸。用透射电子显微镜（TEM）观测产物的形貌和颗粒尺寸。

（4）比表面积测定。用比表面积测定仪（BET）测定样品的比表面积，并计算样品的平均等效粒径。

【思考题】

(1) 水热法作为一种非常规无机合成方法具有哪些特点？
(2) 水热法制备纳米氧化物过程中，哪些因素影响产物的粒子大小及其分布？
(3) 从表面化学角度考虑，如何减少纳米粒子在干燥过程中的团聚？
(4) 水热法制备纳米氧化物有哪些优点？
(5) 同一样品由 XRD、TEM 和 BET 法测定的粒子大小，它们的物理含义有何区别？

实验 31　微波合成法制备磷酸钴纳米粒子

【实验目的】

(1) 了解微波合成法制备纳米材料的原理和方法。
(2) 了解使用 X 射线粉末衍射、差热分析仪等对产品进行表征。

【实验原理】

纳米材料是指由极细晶粒组成，尺寸在纳米量级（1～100nm）的材料。纳米材料具有极微小的粒径及巨大的比表面，常表现与本体材料不同的性质，如纳米材料可在颜料、涂料、催化剂、功能陶瓷材料、发光材料、生物材料等方面有重要的作用。纳米材料的制备方法有多种，其中绿色化的实验技术——微波合成法可在较短时间内完成反应，具有时间短、见效快、节能、操作方便等特点。

本实验是将硫酸钴、磷酸二氢钠、尿素、十二烷基苯磺酸钠的溶液混合，在微波辐射下反应制备纳米磷酸钴，此方法制备的粒子均分散性更好，形状更规整。

其反应式为

$$3Co^{2+} + 2H_2PO_4^- + 4OH^- \longrightarrow Co_3(PO_4)_2 \cdot 4H_2O(s)$$

沉淀物经离心分离、洗涤、干燥后，用 X 射线粉末衍射观察其粒子分布及颗粒形状；用差热分析仪观察其受热时脱水和晶型变化的情况（该产品在 700 ℃ 以下是稳定的）。

【仪器与试剂】

仪器：电子天平；烧杯；微波炉；X 射线粉末衍射仪；差热分析仪；托盘天平；高速离心机。

试剂：无水硫酸钴（AR）；磷酸二氢钠（AR）；十二烷基苯磺酸钠（AR）；尿素（AR）；无水乙醇（AR）。

【实验内容】

1. 磷酸钴的制备

配制含硫酸钴（3.0×10^{-3} mol/dm³）、磷酸二氢钠（3.0×10^{-3} mol/dm³）、十二烷基苯磺酸钠（0.01 mol/dm³）、尿素（1.0 mol/dm³）的混合液 100 mL，放入 500 mL 烧杯中，搅拌溶解后，放在微波炉的中央，中火挡（约 500 W）辐射 2 min，待混合液沸腾后调至小火挡（约 150 W）辐射 2 min，取出后置于冷水中冷至室温，加入约 50 mL 无水乙醇，静置片刻，然后转入离心管用离心机以 3 000 r/min 离心分离，倾去上层清液，再用无水乙醇洗涤沉淀三次，所得沉淀于 100 ℃ 以下烘干，贮于干燥器中备用。

2. 产品的表征

（1）将得到的固体粉末，研细后进行 X 射线粉末衍射分析，从衍射峰强度及峰宽来判定其晶粒大小。

（2）用差热分析仪，在氮气保护、升温速度 15 ℃/min 条件下，观察记录样品从室温至 700 ℃ 的 TG 和 DTA 曲线，并计算样品的含水量，以确定水合物中结晶水的数目。

【思考题】
（1）制备过程中加入的表面活性剂十二烷基苯磺酸钠有何作用？
（2）试分析制备磷酸钴纳米材料受到哪些因素影响。
（3）使用微波炉要注意哪些事项？

注：
（1）微波对人体有危害，必须正确使用微波仪器，以防微波泄漏。
（2）微波炉内不能使用金属仪器，以免产生火花。
（3）炉门一定要关紧后才能开始加热，以免微波能量外泄。
（4）发现炉门变形或其他故障，切勿继续使用，需由专业维修人员进行检查修理。

实验 32　硫酸亚铁铵的制备及质量检测

【实验目的】
（1）了解复盐的一般特性。
（2）掌握制备复盐的一般方法。
（3）掌握水浴加热、蒸发、结晶、过滤（减压）等基本操作。
（4）学习用目测比色法检验产品质量的技术。

【实验原理】

铁可与 NH_4^+、K^+、Na^+ 的硫酸盐生成复盐 $M_2(I)SO_4 \cdot MSO_4 \cdot 6H_2O$，较重要的复盐是硫酸亚铁铵 $(NH_4)_2SO_4 \cdot FeSO_4 \cdot 6H_2O$，又称为摩尔盐（Mohr 盐）。

本实验采用过量铁屑与稀 H_2SO_4 反应先制得 $FeSO_4$ 溶液

$$Fe + H_2SO_4 \longrightarrow FeSO_4 + H_2(g) \tag{1}$$

然后在 $FeSO_4$ 溶液中加入 $(NH_4)_2SO_4$ 晶体，并使其全部溶解，加热、蒸发，浓缩得到混合溶液，再冷却结晶，即可得到 $(NH_4)_2SO_4 \cdot FeSO_4 \cdot 6H_2O$ 晶体

$$FeSO_4 + (NH_4)_2SO_4 + 6H_2O \longrightarrow (NH_4)_2SO_4 \cdot FeSO_4 \cdot 6H_2O \tag{2}$$

复盐硫酸亚铁铵 $(NH_4)_2SO_4 \cdot FeSO_4 \cdot 6H_2O$ 为浅蓝绿色单斜晶体。一般的亚铁盐在空气中易被氧化，但 Fe^{2+} 形成复盐后则比较稳定，故 $(NH_4)_2SO_4 \cdot FeSO_4 \cdot 6H_2O$ 常温下在空气中相当稳定。100~110 ℃ 时分解，失去结晶水，且溶于水不溶于乙醇。

复盐的特征之一是溶解度比组成它的简单盐都小，见表 6-1。因此，从 $FeSO_4$ 和 $(NH_4)_2SO_4$ 溶于水所制得的浓混合溶液中，则很容易得到 $(NH_4)_2SO_4 \cdot FeSO_4 \cdot 6H_2O$ 复盐晶体。

表6-1 硫酸亚铁、硫酸铵、硫酸亚铁铵的溶解度

溶解度/(g·100g^{-1}水) 物质	温度/℃ 0	10	20	30	50	70
$FeSO_4·7H_2O$	15.6	20.5	26.6	33.2	48.6	56.0
$(NH_4)_2SO_4$	70.6	73.0	75.4	78.1	84.5	91.9
$(NH_4)_2SO_4·FeSO_4·6H_2O$	12.5	18.1	21.2	24.5	31.3	38.5

由于$(NH_4)_2SO_4·FeSO_4·6H_2O$在空气中比一般$Fe^{2+}$盐稳定,且溶解度比其组分单盐小,所以很容易制得较纯净的晶体,而且价格也较低。因此,硫酸亚铁铵应用广泛。在化学上是常用的还原剂,特别是在分析化学中$(NH_4)SO_4·FeSO_4·6H_2O$被作为氧化还原滴定法的基准物,在工业上常用作废水处理的混凝剂,在农业上既是化肥又是农药。

用目测比色法可以测定产品的纯度。由于Fe^{3+}可与SCN^-生成$[Fe(NCS)]^{2+}$(血红色),血红色较深时,则表明产品中含Fe^{3+}较多,反之则表明产品中含Fe^{3+}较少。可将已知Fe^{3+}量的溶液与SCN^-反应,制成$[Fe(NCS)]^{2+}$红色深浅不同的标准溶液色阶,再将产品的$[Fe(NCS)]^{2+}$溶液与标准溶液色阶比较,根据血红色深浅程度相仿的情况,即可检测出产品中杂质Fe^{3+}的含量,从而可确定产品的等级。

【仪器与试剂】

仪器:托盘天平;锥形瓶(150 mL);量筒(50 mL);容量瓶(1 000 mL);酒精灯;布氏漏斗;吸滤瓶;恒温水浴(也可用大烧杯代替);蒸发皿;移液管(50 mL、10 mL、带刻度);比色管(25 mL 4支);温度计(0~100 ℃);烧杯(500 mL);三角架;石棉网;铁架台;煤气灯;滤纸。

试剂:酸:H_2SO_4(3 mol/dm^3)。

盐:Na_2CO_3(10%);$(NH_4)_2SO_4$(s);KSCN(1 mol/dm^3);$BaCl_2$(0.1 mol/dm^3);$K_3[Fe(CN)_6]$(0.1 mol/dm^3);$Fe(NH_4)(SO_4)_2·12H_2O$(AR);奈斯勒试剂。

其他:铁屑(片);无水乙醇。

标准Fe^{3+}溶液配制方法:准确称取0.086 4 g硫酸高铁铵$Fe(NH_4)(SO_4)_2·12H_2O$溶于3 mL 3 mol/dm^3 H_2SO_4,并转移至100 mL容量瓶中,用去离子水稀释至刻度,摇匀。此标准液Fe^{3+}含量为0.010 0 mg/mL。

【实验内容】

1. 铁屑(片)的预处理(除去油污)

托盘天平称取2.0~3.0 g铁屑(片),放入150 mL锥形瓶中,加入15 mL 10% Na_2CO_3溶液。放在石棉网上加热煮沸,不断搅拌,约10 min后,用倾泻法倾倒出Na_2CO_3碱性溶液,用自来水把铁屑(片)洗至中性后,再用去离子水冲洗(如用纯净铁片可免去这一步处理),用碎滤纸吸干。

2. 硫酸亚铁的制备

在盛有2 g处理过的洁净铁屑的锥形瓶中,加入15 mL 3 mol/dm^3 H_2SO_4溶液,在恒温

水浴上加热（70~80 ℃），加热过程中应不时加入少量去离子水，以补充蒸发失去的水分（为什么？）。同时还要控制溶液的pH值不大于1（为什么？）。当铁屑与稀H_2SO_4反应至不再大量冒出气泡（25~30 min）后，趁热进行减压过滤。如果滤纸上有$FeSO_4 \cdot 7H_2O$晶体析出，可用少量热去离子水将晶体溶解，用2 mL 3 mol/dm^3 H_2SO_4洗涤未反应完的残渣，洗涤液过滤后合并至前滤液中，将滤液转移至50 mL蒸发皿中。取出残渣，用碎滤纸吸干后称重，根据已反应的铁屑质量，计算出溶液中$FeSO_4$的理论产量。

3. 硫酸亚铁铵的制备

根据计算出的$FeSO_4$的理论产量，计算制备$(NH_4)_2SO_4 \cdot FeSO_4 \cdot 6H_2O$所需$(NH_4)_2SO_4$的量。按计算量称取$(NH_4)_2SO_4$，加入盛有$FeSO_4$滤液的蒸发皿中，在水浴上加热、搅拌，使$(NH_4)_2SO_4$全部溶解（若溶解不完全可加适量去氧水），调节pH = 1~2，静置恒温（约80 ℃）蒸发浓缩至液面刚出现薄层晶膜时为止。自水浴上取下蒸发皿，静置，自然冷却至室温，即有浅蓝绿色$(NH_4)_2SO_4 \cdot FeSO_4 \cdot 6H_2O$晶体析出。减压抽滤，使晶体与母液分离，再用少量无水乙醇洗涤晶体两次，以除去晶体表面附着的水分，晶体要尽量抽干。将晶体取出，置于两张洁净的滤纸之间，轻压以吸干母液，称重。计算理论产量和产率，计算公式如下

$$产率 = \frac{实际产量/g}{理论产量/g} \times 100\%$$

4. 产品检验

（1）$(NH_4)_2SO_4 \cdot FeSO_4 \cdot 6H_2O$组成的测定。自行设计实验方案验证产品中含有$NH_4^+$、$Fe^{2+}$、$SO_4^{2-}$。

（2）目测比色法测定Fe^{3+}的含量。标准系列溶液的配制：用移液管依次移取实验室提供的标准Fe^{3+}溶液（0.010 0 mg/mL）5.00 mL、10.00 mL、20.00 mL，分别置于三支25 mL比色管中，各加入1.00 mL 3 mol/dm^3 H_2SO_4和1.00 mL 1 mol/dm^3 KSCN溶液，用不含氧的去离子水（将去离子水用小火煮沸10 min，以除去所溶解的O_2，盖好表面皿待冷却后取用）稀释至刻度，摇匀。三支比色管中Fe^{3+}含量分别对应不同等级的硫酸亚铁铵试剂，见表6-2。

表6-2 不同等级$(NH_4)_2SO_4 \cdot FeSO_4 \cdot 6H_2O$中$Fe^{3+}$含量

规格	Ⅰ级	Ⅱ级	Ⅲ级
含Fe^{3+}量/mg	0.05	0.10	0.20

称取1.000 g产品置于25 mL比色管中，加入15 mL不含O_2的去离子水溶解，加入1.00 mL 3 mol/dm^3 H_2SO_4和1.00 mL 1 mol/dm^3 KSCN溶液，再加入不含O_2的去离子水稀释至刻度，摇匀。与上述标准系列溶液进行目视比色，根据比色结果，确定产品中Fe^{3+}含量及所对应的产品等级。

【思考题】

（1）为什么制备$FeSO_4$时要保持溶液有较强酸性？

（2）减压抽滤的步骤有哪些？

（3）实验中哪些环节是影响产品质量的关键？

(4) 为什么在检验产品中 Fe^{3+} 含量时，要用不含 O_2 的去离子水溶解样品？

(5) 目测比色法确定物质含量的要点是什么？

(6) 反应过程中，Fe 和 H_2SO_4 哪一种应过量？为什么？

附：目视比色法技术简介

用眼睛观察比较溶液颜色深浅来确定物质含量的分析方法称为目视比色法。其原理是将标准溶液和被测溶液在同样条件下进行比较，当溶液液层厚度相同，颜色的深度一样时，两者的浓度相等。

应用目视比色法时先要配制系列标准溶液。以 Fe^{3+} 含量测定为例，在测定之前，先要配制一组含 Fe^{3+} 量不同的标准色阶。做法是先确定显色剂（如选用 KSCN 等）和测量条件，准备好一组同样的比色管，然后在管中依次加入一系列不同量的 Fe^{3+} 标准溶液，再分别加入等量的显色剂及其他辅助试剂（如 HCl），最后用去离子水稀释到同样体积，即配成一套颜色逐渐加深的标准色阶。

比色时还要用同样的方法配制待测溶液。取与配标准溶液颜色质地相同的比色管一支，称取一定量被测样品置于比色管中，加适量的去离子水溶解，然后按与上相同的条件进行显色并稀释到相同的体积。

比色操作时，可在比色管下衬以白瓷板，然后从管口垂直向下观察，将被测样品管逐支与标准色阶对比，寻找确定颜色深浅程度相同者。若被测样品的颜色是介于相邻的两色阶之间，则两色阶含量的平均值就为样品中该物质含量的测定值。

注：在 $FeSO_4$ 制备过程中，加热温度不宜过高，为防止白色 $FeSO_4 \cdot H_2O$ 析出（$FeSO_4 \cdot H_2O$ 在 90~100 ℃ 间溶解度较小）。

实验33 硫酸铬钾的制备与大晶体的培养

【实验目的】

(1) 学习制备复盐的方法，掌握还原法制备复盐硫酸铬钾。

(2) 巩固无机合成基本操作。

(3) 学习大单晶的培养（课外）。

【实验原理】

复盐是由两种盐和水的三组分体系形成的。它有固定的化学计量。复盐的制备原则上都是按两种盐组分的理论量配料。由于复盐在水中的溶解度比组成它的每一个组分的溶解度都小，因此从两组分盐溶于水所得的浓的混合溶液中，很容易得到复盐。但较难控制组分比例。因此本实验用直接还原 $K_2Cr_2O_7$ 来控制两种盐的组分理论量。还原剂可用有机物如葡萄糖（或蔗糖）也可用无机物如 SO_2。反应式如下：

$$4K_2Cr_2O_7 + 16H_2SO_4 + C_6H_{12}O_6 \xrightarrow{H_2O} 8KCr(SO_4)_2 \cdot 12H_2O + 6CO_2(g)$$

$$K_2Cr_2O_7 + H_2SO_4 + 3SO_2 \xrightarrow{H_2O} 2KCr(SO_4)_2 \cdot 12H_2O$$

浓度的控制，以配好的 $K_2Cr_2O_7$ 溶液的密度 $\rho_{70℃} = 1.11$ kg/dm³ 为好。溶液太浓，往往影响质量，溶液太稀又影响产率。配制复盐之前，各种组分的质量也应严加控制，因合成复盐后除去杂质的效果往往下降。

【仪器与试剂】

仪器：搅拌器；抽滤装置；密度计（1.0~2.0 kg/dm³）；温度计（100 ℃）；分液漏斗；培养皿；铝锅或塑料瓶。

试剂：$K_2Cr_2O_7$（工业）；浓 H_2SO_4（cp）；葡萄糖（工业）；冰。

【实验步骤】

1. 配制 $K_2Cr_2O_7$ 溶液

称取 $K_2Cr_2O_7$ 20 g 配成 $\rho_{70℃}=1.11$ kg/dm³ 溶液。过滤后往清亮透明滤液中慢慢加入 13 mL 浓 H_2SO_4，放冷（25~35 ℃）备用（注意，此溶液不能有结晶析出，否则所得产品的外形不合格，有红点）。

2. 配制葡萄糖溶液

称 4.5 g 葡萄糖配成 25% 的溶液。

3. 合成 $KCr(SO_4)_2 \cdot 12H_2O$

将盛 $K_2Cr_2O_7$ 溶液的烧杯放在冰水浴中，在搅拌下将配好的葡萄糖溶液通过分液漏斗慢慢滴入。控制混合溶液温度不超过 35 ℃，（注意，滴加葡萄糖溶液太快，将使局部溶液温度过高）若温度高于 40 ℃，可能发生下述副反应

$$KCr(SO_4)_2 \cdot 12H_2O \longrightarrow K[Cr(SO_4)_2(H_2O)_2] + 10H_2O$$

即生成了绿色的配合物，不易析出结晶。将上述加完葡萄糖后所得溶液，在冰浴中冷却，即得到紫色结晶，抽滤、称重、装入瓶中保存。计算产率。

【实验问题】

含 Cr(VI) 废水是有毒的，不能直接放入下水道中，本实验中含 Cr(VI) 的废水应收集起来，试设法将其处理成 Cr(III) 后再放，降低对环境的污染。

【思考题】

(1) H_2SO_4 在反应中起何作用？是否过量？

(2) 如果没有结晶析出，应采取什么措施？

附：从水溶液中生长晶体

从水溶液中生长大颗粒单晶的方法通常有两种。一种是将饱和溶液逐渐冷却形成过饱和而使晶体生长。另一种是维持恒定温度逐渐蒸发一饱和溶液，使晶体生长。在这两种方法中都需要制备出某温度下的饱和溶液，同时也要有晶种（或称籽晶），而且必须是单晶。

1. 用冷却办法生长单晶

将处于晶体生长温度下刚饱和的溶液加热，使其温度提高 15 ℃，然后加入少量的溶质使其溶解，并进行过滤。将滤液小心地转入洁净广口瓶中，待溶液的温度冷到比晶体生长温度高 3 ℃ 左右，用一根细线（如尼龙细丝）将籽晶悬挂在溶液中间，线的上端连在广口瓶的塞子上（见图 6-3），并适当保温，

图 6-3 冷却办法培养晶体

避免溶液温度急速升降。如果经过 1~2 h，籽晶没有溶解则可静置数日，让晶体生长，否则应在溶液中再加溶质，重复上述操作。

2. 用蒸发办法生长晶体

将处于生长温度（一般取室温）下饱和的溶液加热升高 10 ℃ 左右，然后小心过滤，将滤液收集在一洁净烧杯中。当滤液温度只高于生长温度 1~2 ℃ 时挂入籽晶，用布或滤纸将烧杯盖住，并用橡胶带固定好。将此烧杯放在温度波动小于 5 ℃ 的地方静置，随着溶剂逐渐蒸发，籽晶不断长大。

实验 34 多酸化合物的合成及组成测定

【实验目的】

（1）了解多酸（盐）化合物的组成和结构。
（2）了解多酸（盐）化合物的一般合成方法。
（3）学习由红外光谱法鉴定多酸（盐）化合物。

【实验原理】

有一些简单的含氧酸，在酸性条件下，能彼此缩合成为比较复杂的酸，即多酸。缩合脱水的结果是通过共用氧原子（称为氧桥）把简单的含氧酸根连接在一起形成多酸。如

$$2CrO_4^{2-} + 2H^+ \rightleftharpoons Cr_2O_7^{2-} + H_2O$$

$$12WO_4^{2-} + 18H^+ \rightleftharpoons H_2W_{12}O_{40}^{6-} + 8H_2O$$

多酸分子可以看作是由两个或更多含氧酸根缩合形成的酸。根据多酸的组成可以把多酸分为同多酸和杂多酸。由同种含氧酸根缩合而成的多酸称为同多酸，如 $H_2Mo_3O_{10}$。由不同种含氧酸根缩合而成的多酸称为杂多酸，如 $H_4SiMo_{12}O_{40}$。不论是同多酸还是杂多酸，酸中的 H^+ 被金属离子取代后形成的盐统称为同（杂）多酸盐。

近 20 年来，钨、钼的杂多酸在催化、生物等方面有许多应用。例如，十聚钨酸阴离子用作酸性催化、氧化剂；$(NH_4)_{17}Na[NaSb_9W_{21}O_{86}]$（HpA—23）具有抗艾滋病毒作用；$[Eu(H_2O)_3Sb(W_9O_{33})(W_6O_{18})_3]^{18-}$ 具有抗肿瘤功能。杂多酸及盐的特殊功效已引起人们对这一类化合物的广泛专注。现在已发现的杂多酸盐中以 Mo 和 W 的为最多。从这类化合物的结构来看，多酸及其盐是一类含有氧桥的多核配合物。近年来，杂多化合物的概念有被"金属氧酸盐"或"金属氧原子簇"取代的趋势。

在经典的杂多化合物的合成中，人们研究较多的两种常见组成类型为具有 Keggin 结构的阴离子 $[XM_{12}O_{40}]$ 和具有 Dawson 结构的阴离子 $[X_2M_{12}O_{62}]$。习惯上把阴离子中的 X 称为杂原子（因其量少而得名），而把 M 称为多原子或重原子（因其含量大，且多为钨、钼等重原子而得名）。这类杂多酸及其盐的配合物是四面体结构（见图 6-4），其中金属离子是

图 6-4 $[CoW_{12}O_{40}]^{6-}$ 的 Keggin 结构图
黑体是四面体，阴影体是八面体

配合物的中心原子，作为配体的多酸阴离子（W_3O_{10}）在四面体顶点，它们具有 Keggin 结构。在碱性介质中，Keggin 结构会被破坏，生成简单的含氧酸根。如

$$PW_{12}O_{40}^{2-} + 24OH^- \xrightleftharpoons{\Delta} PO_4^{3-} + 12WO_4^{2-} + 12H_2O$$

杂多酸具有大多数多元弱酸阴离子的共同特征，可以进行中和反应，H^+ 可被金属离子取代生成盐，杂多酸阴离子的配位基可以发生取代反应，杂多酸盐可以发生氧化还原反应。

合成杂多化合物常用的方法是将含有简单含氧阴离子和含杂原子的含氧阴离子的水溶液进行酸化；如

$$7MoO_4^{2-} + 8H^+ \longrightarrow [Mo_7O_{24}]^{6-} + 4H_2O$$

$$12WO_4^{2-} + HPO_4^{2-} + 23H^+ \longrightarrow [PW_{12}O_{40}]^{3-} + 12H_2O$$

加入合适的阳离子，杂多酸盐就会从水溶液中析出。在实验中，试剂的加入顺序、控制合适的温度和溶液的 pH 都是很重要的。

本实验合成十二钨钴酸钾杂多酸盐：$K_5CoW_{12}O_{40} \cdot 2H_2O$。其制备采用 BeKer 方法，以 $K_2S_2O_8$ 作氧化剂，将 Co^{2+} 氧化为 Co(Ⅲ)。

$$8H_2O + 12WO_4^{2-} + Co(CH_3COO)_2 \longrightarrow CoW_{12}O_{40}^{6-} + 2CH_3COO^- + 16OH^-$$

$$2CoW_{12}O_{40}^{6-} + S_2O_8^{2-} \longrightarrow 2CoW_{12}O_{40}^{5-} + 2SO_4^{2-}$$

分别用醋酸和硫酸酸化反应产物，产物中杂质较多，采用重结晶的方法并控制合适的结晶速度，即可得到金黄色大棒状晶体。

产物由红外光谱（IR）鉴定。杂多酸及盐往往都有特征的红外光谱，$K_5CoW_{12}O_{40} \cdot 2H_2O$ 的 IR 谱除了 3400~3500 cm^{-1} 和 1620~1630 cm^{-1} 两个结晶水的特征吸收峰外，$CoW_{12}O_{40}^{5-}$ 阴离子有4个特征吸收峰。其中 955 cm^{-1}，895 cm^{-1}，758 cm^{-1} 吸收峰与 W—O 键振动有关，而 433 cm^{-1} 的吸收峰可能与 Co—O 键振动有关。

【仪器与试剂】

仪器：托盘天平；量筒（10 mL、50 mL）；抽滤装置；精密 pH 试纸；烧杯（50 mL、100 mL）；玻璃漏斗及漏斗架；显微镜或放大镜；红外光谱仪。

试剂：$Na_2WO_4 \cdot 2H_2O$(CP)；冰醋酸(AR)；$Co(Ac)_2 \cdot 4H_2O$(AR)；KCl(AR)；$K_2S_2O_8$(AR)；HAc(AR)；冰块；H_2SO_4（2 mol/dm^3）。

【实验内容】

1. $K_6CoW_{12}O_{40}$ 的制备

在盛有 13 mL 去离子水的小烧杯中滴加 2 滴冰醋酸，再加入 2.5 g $Co(Ac)_2 \cdot 4H_2O$，搅拌溶解得到醋酸钴溶液。

在盛有 40 mL 去离子水的烧杯中加入 19.8 g $Na_2WO_4 \cdot 2H_2O$，搅拌溶解，以醋酸调节溶液 pH 值至 6.5~7.5，得到钨酸钠溶液。

将钨酸钠溶液加热近沸腾，边搅拌边加入已配制好的醋酸钴溶液，将混合溶液微沸 15 min，趁热加入 13 g KCl 固体，溶解后将混合物冷却至室温，抽滤，以少量滤液洗涤沉淀

物,烘干,得深绿色产物。

2. $K_5CoW_{12}O_{40}$ 的制备

托盘天平称取 20 g 深绿色 $K_6CoW_{12}O_{40}$ 于 32 mL 2 mol/dm³ H_2SO_4 中,微热数分钟使其溶解,过滤,弃去不溶物。将滤液加热至沸腾,在搅拌下分批加入 $K_2S_2O_8$ 固体,每次约加 0.5 g(不要加入太快,以免溶液爆沸),直到溶液由蓝绿色转为金黄色,需 $K_2S_2O_8$ 5~10 g。再继续加热煮沸 5~8 min,以分解过量的 $K_2S_2O_8$。

将上述反应液冷却至室温,若析出的晶体较少可用冰浴冷却(不要过冷,以免 K_2SO_4 等杂质析出过多),得到不纯的黄色 $K_5CoW_{12}O_{40}$ 晶体,过滤沉淀,在显微镜下(或放大镜)观察,可看到黄色棒状晶体和无色透明的杂质。将粗产品用 10 mL 热去离子水重结晶,抽滤,烘干,得到黄色晶体产物,称重(冷却速度慢或溶液较稀,可得到较大的黄色棒状晶体)。

3. $K_5CoW_{12}O_{40}$ 红外光谱鉴定。

取少量纯净,干燥的产物,加入 KBr 后,研细压片,测其红外光谱,以鉴定其纯度和结构。

$K_5CoW_{12}O_{40}$ 标准谱图如图 6-5 所示。

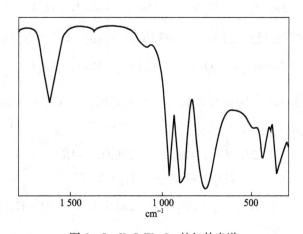

图 6-5 $K_5CoW_{12}O_{40}$ 的红外光谱

在图 6-5 中,若 1000~1200 cm⁻¹ 有 n 个吸收峰,即产物中含有杂质。当杂质较多时,该区域的吸收峰较强,甚至会掩盖 W—O 键在 ~955 cm⁻¹ 处的特征吸收峰,甚至在 570~610 cm⁻¹ 处出现较强吸收峰。

【思考题】

(1) 怎样才能使晶体长得大而杂质又尽可能少?
(2) 在 Keggin 结构中哪一种氧原子与多原子的结合力最大?为什么?
(3) 为什么在醋酸钴溶解前先向水中滴加冰醋酸?

实验 35 高锰酸钾的制备
——由矿石制备无机化合物

【实验目的】

(1) 学习锰的不同价态之间的转化关系,利用矿物资源制备无机化合物。
(2) 学习碱熔法和电解合成操作。
(3) 学习（或巩固）分光光度计使用。

【实验原理】

制备高锰酸钾通常以软锰矿（$MnO_2 \cdot xH_2O$）为原料。首先将 MnO_2 与碱和氧化剂共熔先制得锰酸钾，如

$$3MnO_2 + 6KOH + KClO_3 \longrightarrow 3K_2MnO_4 + KCl + 3H_2O$$

然后再将锰酸钾继续氧化为高锰酸钾。

为了达到将锰酸钾转化为高锰酸钾这一目的，通常采用两种方法：一是利用锰酸钾溶液的歧化反应

$$3MnO_4^{2-} + 2H_2O \rightleftharpoons 2MnO_4^- + MnO_2 + 4OH^-$$

为了有利于歧化反应顺利进行，通入 CO_2 中和反应生成的 OH^-。总反应可表示为

$$3K_2MnO_4 + 2CO_2 \longrightarrow 2KMnO_4 + MnO_2 + 2K_2CO_3$$

但是此法只能有 $\frac{2}{3}$ 的 K_2MnO_4 转化为 $KMnO_4$，并不理想。为了提高 $KMnO_4$ 得率，较好的方法是电解 K_2MnO_4 溶液。即

阳极 $\quad\quad\quad\quad 2K_2MnO_4 - 2e^- \longrightarrow 2MnO_4^- + 4K^+$

阴极 $\quad\quad\quad\quad 2H_2O + 2e^- \longrightarrow H_2 + 2OH^-$

总反应 $\quad\quad 2K_2MnO_4 + 2H_2O \xrightarrow{\text{电解}} 2KMnO_4 + 2KOH + H_2(g)$

本实验采用后者。

上述方法称为二步法。也可以采用一步电解工艺，即在强碱中由 MnO_2 通过电解作用生成 MnO_4^-。反应式为

$$MnO_2 + 2KMnO_4 + 4KOH \longrightarrow 3K_2MnO_4 + 2H_2O$$
$$2K_2MnO_4 + 2H_2O \longrightarrow 2KMnO_4 + 2KOH + H_2(g)$$

前一反应为化学反应。加入少量 $KMnO_4$，起氧化剂的作用，也是引发剂，促使 K_2MnO_4 形成。后一反应则为电化学反应。由于这两个反应循环进行，最终可将 MnO_2 全部转化为 $KMnO_4$。

【仪器、试剂与材料】

仪器：铁坩埚；坩埚钳；整流器；电阻箱；抽滤过滤装置；托盘天平；烧杯。

试剂：软锰矿（粉状）；$KClO_3$；KOH。

材料：镍片；铁丝；铁搅拌棒；玻璃布（或尼龙或全的确良布）。

【实验内容】

1. 锰酸钾的制备（应戴上护目镜）

将 24 g 氯酸钾和 8 g KOH 固体放入铁坩埚中，混合均匀。用小火加热，待混合物熔融后，一面用铁搅拌棒搅拌，一面将 5 g MnO_2 分多次慢慢加入。这时熔融物黏度逐渐增大，应用力搅拌，以防结块。待反应物干涸后，提高温度，再强热 5~6 min。冷却后取出熔融物（墨绿色），并在研钵中研细。将研细的 K_2MnO_4 熔融物倒入烧杯中，用 100 mL 热去离子水分三次浸取。合并三次浸取液，用铺有玻璃布（或尼龙布或全的确良）的布氏漏斗，趁热减压过滤，得墨绿色的锰酸钾溶液（如滤液中有沉淀物应重复一次过滤）。

2. 高锰酸钾的制备

将上述得到的 K_2MnO_4 溶液，倒入烧杯中，进行电解。

电解槽装置如图 6-6 所示。

阳极：镍片（6 cm×4 cm）二块。

阴极：铁丝（ϕ1 mm），做成 W 形，三根（阴极面积应小于阳极面积的 $\frac{1}{10}$）。

电解条件：

电解液温度 60 ℃；

阳极电流密度 8 mA/cm^2；

槽电压 2.5~3.0 V。

按图 6-6 装好后，接通电源，片刻即可观察到阴极上有气体（氢气）放出，而阳极附近墨绿色的溶液逐渐转为紫色。

电解约 2 h 后，可用玻璃棒蘸取一些电解液置于滤纸上，如果只观察到紫色而无明显的绿色，即可停止通电。将电解液置于冰水中，让电解液冷却结晶。用铺有玻璃布的布氏漏斗进行抽吸过滤。产品放在表皿中，在 80 ℃ 以下烘箱中烘干。称重。

图 6-6 电解槽装置

3. 高锰酸钾溶液的吸收峰测定

（1）用分光光度计测定非常稀的 $KMnO_4$ 溶液在不同波长（450~700 nm）下的吸光度。

（2）以波长为横坐标，以吸光度为纵坐标作出吸收曲线图。确定高锰酸钾溶液的最大吸收波长。

【思考题】

（1）在制备 K_2MnO_4 时，KOH 用量如何确定？为什么？

（2）本实验中为什么使用铁坩埚和玻璃布？

（3）本实验中如何才能提高电解的效率？

实验36　三草酸合铁（Ⅲ）酸钾的制备、组成测定及表征

【实验目的】

（1）加深对 Fe^{2+}、Fe^{3+} 化合物性质的了解。

（2）巩固配合物的制备、定性、定量化学分析的基本操作。

（3）熟悉热重、差热分析、磁化率测定、红外光谱分析、X 射线粉末衍射分析的操作技术。

(4) 掌握确定化合物化学式的基本原理和方法。
(5) 通过综合实验的基本训练,培养学生分析与解决较复杂问题的能力。

【实验原理】

1. 制备

本实验采用草酸钾与三氯化铁反应,在冰水冷却的条件下制备三草酸合铁(Ⅲ)酸钾。反应式如下

$$3K_2C_2O_4 + FeCl_3 + 3H_2O \xrightarrow{冰水} K_3[Fe(C_2O_4)_3] \cdot 3H_2O(翠绿色) + 3KCl$$

此配合物对光敏感,受光照发生下面分解反应而变成黄色:

$$2K_3[Fe(C_2O_4)_3] \xrightarrow{光} 3K_2C_2O_4 + 2FeC_2O_4 + 2CO_2(g)$$

2. 产物的定性分析

产物组成的定性分析,包括化学分析和红外吸收光谱分析。

Fe^{3+}、K^+ 用化学分析方法进行鉴定,可以判断出它们是配合物的内界还是外界。化学分析可以确定各种组分的质量分数,从而确定化学式。

草酸根和结晶水通过红外光谱分析。草酸根形成配位化合物时,红外吸收的振动频率和谱带归属见表 6-3。

表 6-3 红外吸收的振动频率和谱带归属

频率/ cm^{-1}	谱 带 归 属
1 712、1 677、1 649	羰基 C=O 的伸缩振动吸收带
1 390、1 270、1 255、885	C—O 伸缩及 O—C=O 弯曲振动
797、785	O—C=O 弯曲及 M—O 键的伸缩振动
528	C—C 的伸缩振动吸收带
498	环变形及 O—C=O 弯曲振动
366	M—O 伸缩振动吸收带

结晶水的吸收带在 3 200~3 550 cm^{-1} 之间,一般在 3 450 cm^{-1} 附近,所以只要将产品红外谱图的各吸收带与之对照即可得出定性的分析结果。

草酸根能以单齿、双齿形式与金属离子配位形成配合物,但最常见的是以双齿配位形成螯合结构的配合物。

3. 产物的定量分析

产物的定量分析,可以采用化学分析方法,也可以采用仪器分析方法。通过定量分析可以测定各组分的质量分数,各离子、基团等的个数比,再根据定性实验得到的对配合物内、外界的判断从而可推断出产物的化学式。

结晶水的含量采用质量分析方法。将已知质量的产品,在 110 ℃下干燥脱水,待脱水完全后再进行称量,即可计算出结晶水的质量分数。

(1) 化学分析法。草酸根含量的测定用氧化还原滴定法。草酸根在酸性介质中,可被高锰酸钾定量氧化。其反应为

$$5C_2O_4^{2-} + 2MnO_4^- + 16H^+ \longrightarrow 2Mn^{2+} + 10CO_2(g) + 8H_2O$$

铁的分析也采用氧化还原滴定法。在上述测定草酸根后剩余的溶液中,用过量还原剂锌粉将 Fe^{3+} 还原为 Fe^{2+},然后再用 $KMnO_4$ 的标准溶液滴定 Fe^{2+},其反应为

$$Zn + 2Fe^{3+} \longrightarrow 2Fe^{2+} + Zn^{2+}$$
$$5Fe^{2+} + MnO_4^- + 8H^+ \longrightarrow 5Fe^{3+} + Mn^{2+} + 4H_2O$$

由消耗高锰酸钾的量可计算出铁的质量分数。

钾的质量分数可由总量100%减去铁、草酸根、结晶水的质量分数而得到。

(2) 仪器分析法。草酸根合铁(Ⅲ)酸钾配合物中的铁含量采用磺基水杨酸比色法,在分光光度计上测定系列铁标准溶液和样品溶液的吸光度。

配合物中钾质量分数可以用原子吸收光谱测定,也可用离子选择电极测定。

4. 产物的表征

(1) 配合物的类型、配离子电荷数的测定。一般应用电导率法或离子交换法(配合容量分析)。本实验采用电导率法测定所制备的草酸根合铁(Ⅲ)酸钾配合物中正、负离子的电荷。

(2) 配合物中心离子的外层电子结构。通过对配合物磁化率的测定,可推算出草酸根合铁(Ⅲ)酸钾配合物中心离子 Fe^{3+} 的 d 电子组态及配合物是高自旋还是低自旋,及未成对电子数。

(3) 热重、差热分析。通过对 TG 曲线的分析,了解物质在升温过程中质量的变化情况;通过对 DTA 曲线的分析,可了解物质在升温过程中热量(吸热、放热)变化情况。所以对产品进行 TG、DTA 分析可测量出失去结晶水的温度、热分解温度及脱水分解反应热量变化的情况,各步失重的数量、含结晶水的个数和草酸根的含量,对于判断反应的产物是极有帮助的。

(4) X 射线粉末衍射分析。每种物质的晶体都具有自己独特的晶体结构,通过 X 射线粉末衍射分析,由所产生的衍射图,可鉴别晶体的物相,测定简单晶体物质的晶胞参数等。

【仪器与试剂】

仪器:分光光度计;热分析仪;电导率仪;磁天平;红外光谱仪;X 射线衍射分析仪;离子计;钾电极;甘汞电极;托盘天平;电子天平(或分析天平);抽滤装置;酒精灯;容量瓶(100 mL、500 mL)。

试剂:$K_2C_2O_4 \cdot H_2O$(CP);$FeCl_3$(CP);饱和酒石酸氢钾;KSCN(0.1 mol/dm³);H_2SO_4(3 mol/dm³);$KMnO_4$ 标准溶液(0.020 00 mol/dm³);Zn 粉;HCl(1:1);磺基水杨酸(CP);氨水(CP);Fe^{3+} 标准溶液(1 mg/cm³);KCl(AR);$CaCl_2$(0.5 mol/dm³)。

【实验内容】

1. 三草酸根合铁(Ⅲ)酸钾的制备

称取 12 g 草酸钾放入 100 mL 烧杯中,注入 20 mL 去离子水并加热,使草酸钾全部溶解。在溶液近沸腾时边搅动边注入 8 mL 三氯化铁溶液(0.4 g/cm³),将此溶液在冰水中冷却即有绿色晶体析出,用布氏漏斗过滤得粗产品。

将粗产品溶解在约 20 mL 热水中,趁热过滤,将滤液在冰水中冷却,待结晶完后再过滤,用少量冰水洗涤晶体产物,并在空气中干燥。

2. 产物的定性分析

(1) 检定 K^+：在试管中取少量产物加去离子水溶解，再加入饱和酒石酸氢钠 1 mL，充分摇动试管（可用玻璃棒摩擦试管内壁后放置片刻），观察现象。

(2) 检定 Fe^{3+}：在试管中取少量产物加去离子水溶解，另取一支试管加入少量的 $FeCl_3$ 溶液，各加 0.1 mol/dm^3 KSCN 2 滴，观察现象。在装有产物溶液的试管中加入 2 滴 3 mol/dm^3 H_2SO_4，再观察溶液颜色有何变化，解释实验现象。

(3) 检定 $C_2O_4^{2-}$：在试管中取少量产物加去离子水溶解，另取一试管加入少量 $K_2C_2O_4$ 溶液，各加入 0.5 mol/dm^3 $CaCl_2$ 2 滴，观察现象有何不同？

写出上述各反应方程式。

(4) 利用红外光谱确定 $C_2O_4^{2-}$ 及结晶水。制样（取少量 KBr 晶体及小于 KBr 用量百分之一的样品，在玛瑙研钵中研细，压片），在红外光谱仪上测定红外吸收光谱，并将谱图的各主要谱带与标准红外光谱图对照，确定是否含有 $C_2O_4^{2-}$（C＝O、C—O、O—C＝O、M—O、C—C 振动吸收谱带）及结晶水。

对实验 (3)、(4) 的结果进行解释。（想进一步研究者，可将其谱图与草酸盐的标准谱图对照并进行解释。）

根据实验 (1)、(2)、(3)、(4) 的结果，判断该产物是复盐还是配合物？配合物的中心离子、配位体、内界、外界各是什么？

3. 产物组成的定量分析

(1) 结晶水含量的测定。洗净两个称量瓶（记下编号），在110 ℃电热烘箱中干燥 1 h，置于干燥器中冷却，至室温时在电子天平（或分析天平上）称量。然后再放到110 ℃电热烘箱中干燥 0.5 h，即重复上述干燥（0.5 h）→冷却→称量操作，直至恒重（两次称量相差不超过 0.3 mg）为止。

在电子天平上准确称取两份样品（产物）各 0.500 0~0.600 0 g，分别放入上述已恒重的两个称量瓶中。在110 ℃电热烘箱中干燥 1 h，然后置于干燥器中冷却，至室温后，称量。重复上述干燥（0.5 h）→冷却→称量操作，直至恒重。根据称量结果的质量差计算产品中结晶水的质量分数。

亦可用气相色谱测定不同温度时热分解产物中逸出气的组分及其相对含量来确定。

(2) 配合物中草酸根含量的测定。在电子天平（或分析天平）上准确称取两份样品（0.150 0~0.200 0 g），分别放入两个锥形瓶中，加入 3 mol/dm^3 H_2SO_4 10 mL、去离子水 20 mL，微热溶解，加热至 75~85 ℃（为加快滴定反应的速度，但温度再高草酸易分解），趁热用 0.020 00 mol/dm^3 $KMnO_4$ 标准溶液进行滴定。先滴加 1~2 滴，待 $KMnO_4$ 褪色后，再继续滴入 $KMnO_4$，直到溶液呈粉红色（30 s 内不褪色）即为终点（保留溶液待下一步分析使用）。记录消耗 $KMnO_4$ 溶液的体积。

(3) 配合物中铁含量的测定。在上述保留的溶液中加入一小牛角匙 Zn 粉，加热近沸，直到黄色消失，将 Fe^{3+} 还原为 Fe^{2+} 即可。趁热过滤除去多余的 Zn 粉，滤液收集到另一锥形瓶中，再用 5 mL 去离子水洗涤漏斗并将洗涤液也一并收集在上述锥形瓶中。继续用 0.020 00 mol/dm^3 $KMnO_4$ 标准溶液进行滴定，至溶液呈粉红色。记录消耗 $KMnO_4$ 溶液的体积（化学分析法）。

称取 1.964 g 干燥的经重结晶的草酸根合铁酸钾，溶于 80 mL 去离子水中，注入 1 mL

体积比为(1:1)盐酸后,在100 mL容量瓶中稀释到刻度。吸取上述溶液5 mL,在500 mL容量瓶中稀释到刻度,此溶液为样品溶液。这溶液须保存在暗处,因草酸根合铁配离子水溶液见光会分解。

用刻度移液管分别吸取铁标准溶液0,1.0 mL,2.5 mL,5.0 mL,7.5 mL,10.0 mL,12.5 mL和25 mL样品于100 mL容量瓶中,用去离子水稀释到约50 mL,注入5 mL质量分数为25%的磺基水杨酸,用(体积比为1:1)氨水中和到呈黄色,再注入1 mL氨水,然后用去离子水稀释到刻度,摇匀。在分光光度计上,用1 cm比色皿在450 nm处进行比色,测定各铁标准溶液和样品溶液的吸光度(仪器分析法)。

除上述两种测定配合物中铁含量的方法外,亦可选择其他合适的方法来测定铁的含量。

(4) 配合物中钾含量的测定。将钾电极作指示电极,饱和甘汞电极作参比电极接到离子计上,用去离子水将钾电极洗至基本不变的负电位,用干净滤纸将电极表面的水吸干后分别测定 1×10^{-5} mol/dm^3,1×10^{-4} mol/dm^3,1×10^{-3} mol/dm^3,1×10^{-2} mol/dm^3,1×10^{-1} mol/dm^3 KCl标准溶液的电位,测定的顺序必须从稀到浓,每次测定前不必再用去离子水洗,只要用滤纸将电极表面吸干,注意电极表面不能有气泡,否则会影响电位值。全部测完后将电极浸在去离子水中,放入搅拌子在电磁搅拌器上搅拌几分钟,换上干净的去离子水后继续清洗,直到静止后,测得电位与未测钾标准液前有相近的负值。

可以根据(1)、(2)、(3)的实验结果,计算K^+的质量分数,也可以根据(4)的实验数据,求出配合物中钾的质量分数。

4. 测定配离子的电荷

用电导率法测定所制备的草酸根合铁(Ⅲ)酸钾配合物中正、负离子的电荷。测定方法见第6章实验42。

5. 配合物磁化率的测定

用磁天平测定三草酸合铁(Ⅲ)酸钾的磁化率。

(1) 样品管的准备。洗涤磁天平的样品管(必要时用洗液浸泡)并用去离子水冲洗,再用酒精、丙酮各冲洗一次,用电吹风吹干(可预先烘干)。

(2) 样品管的测定。在磁天平的挂钩上挂好样品管,并使其处于两磁极的中间,调节样品管的高度,使样品管底部对准电磁铁两极中心的连线(即磁场强度最强处)。在不加磁场的条件下称量样品管的质量。

通冷却水,打开电源预热,(高斯计调零、校准,并将量程选择开关转到10 K挡,如不接入高斯计此步骤可免去)用调节器旋钮,慢慢调大输入电磁铁线圈的电流至5.0 A(如用高斯计可记下相对数值),在此磁场强度下测量样品管的质量。测量后,用调节器旋钮慢慢调小输入电磁铁的电流直至零为止。记录测量温度。

(3) 标准物质的测定。从磁天平上取下空样品管,装入已研细的标准物$(NH_4)_2Fe(SO_4)_2 \cdot 6H_2O$(装样不均匀是测量误差的主要原因,因此需将样品一点一点地装入样品管,边装边在垫有橡皮板的桌面上轻轻撞击样品管,并要求每个样品填装的均匀程度、紧密状况都一致)至刻度处,在不加磁场和加磁场的情况下(与步骤(2)"样品管的测定"完全相同的实验条件)测量"标准物质+样品管"的质量。取下样品管,倒出标准物,按步骤(1)的要求洗净并干燥样品管。

(4) 样品的测定。取产品(约2 g)在玛瑙研钵中研细,按照"标准物质测定"的步骤及实验条件,在不加磁场和加磁场的情况下,测量"样品+样品管"的质量。测量后关闭电源及冷却水。测量后的样品倒出,留作X射线粉末衍射分析使用。

实验数据记录填入表6-4中。

表6-4 实验数据

测量物品	无磁场时的称量数值	加磁场后的称量数值	加磁场后 ΔW
空样品管 W_0			
标准物质+空管			
样品+空管			

6. 配合物的热重分析

使用十万分之一(或万分之一)天平,在热分析仪的小坩埚内,准确称取已研细的样品5~6 mg,小心地、轻轻地放到热分析仪的坩埚支架上,在450 ℃以下进行热重(TG)、差热分析(DTA)。

仪器各量程及参数的选择:

热重(TG)量程:5 mg

差热分析量程:50 μV

微分热重量程:10 mV/min

升温速率:10 ℃/min

7. 配合物的X射线粉末衍射分析

取少量产品,在玛瑙研钵中保留一部分,继续研细至无颗粒感(约300目),装入X射线粉末衍射分析仪样品板的凹槽中用平面玻璃适当压紧(只能垂直方向按压,不能横向搓压,防止晶体产生择优取向)制得"样品压片"。将其放到X射线粉末衍射分析仪的样品支架上,在教师的指导下,按操作使用说明开机,对试样进行X射线粉末衍射分析。实验操作条件选择:Cu 靶(λ Ka = 1.5418Å)、管电压35 kV、管电流30 mA、扫描速度4°/min、扫描角度(2θ)5°~60°。经过自动扫描、信号处理及计算机数据采集、数据处理、打印出衍射图谱,同时打印出各个衍射峰的 d 值以及 I/I_1 值。

【实验结果与数据处理】

1. 产物的定性分析

根据化学分析和红外光谱测定的结果给出初步结论:

(1)产物是复盐还是配合物。

(2)写出配合物的中心离子、配位体及内界、外界。

(3)由样品所测得的红外光谱图,根据基团的特征频率说明样品中所含的基团,并与标准红外光谱图对照,初步确定是何种配合物。

2. 产物组成的定量分析

(1)结晶水含量的测定。根据质量分析法的称量结果计算产品中结晶水的质量分数。

(2)配合物草酸根含量的测定。根据滴定消耗 $KMnO_4$ 溶液的体积,计算产物中 $C_2O_4^{2-}$ 的质量分数。

(3)配合物中铁含量的测定。根据滴定消耗 $KMnO_4$ 溶液的体积,计算产物中 Fe^{3+} 的质量分数（化学分析法）。

将光度法测定的实验结果记录于表 6-5（仪器分析法）中。

表 6-5 光度法测定的实验结果

编号	$V(Fe^{3+})/cm^3$	$c(Fe^{3+})/(\mu g \cdot cm^{-3})$	吸光度 A		
			1	2	平均
1	0	0			
2	1.0	1.0			
3	2.5	2.5			
4	5.0	5.0			
5	7.5	7.5			
6	10.0	10.0			
7	12.5	12.5			
样品	25	x			

以吸光度 A 为纵坐标，Fe^{3+} 含量为横坐标作图得一直线，即为 Fe^{3+} 的标准曲线。以样品的吸光度 A 在标准曲线上找到相应的 Fe^{3+} 含量，并按下式计算样品中 Fe^{3+} 的质量分数。

$$w(Fe^{3+})/\% = \frac{\mu g \cdot cm^{-3} \times 10^{-6}/\mu g \times 比色样品的稀释倍数}{样品克数} \times 100\%$$

$$= \frac{\mu g}{491} \times 100\%$$

（4）配合物中钾含量的测定。可由配合物总量 100% 中减去通过化学方法、容量滴定测定出的 Fe^{3+} 和草酸根的质量分数，再减去由热重分析测得的结晶水的质量分数而得出钾的质量分数。

也可由离子计测定数据计算配合物中钾的质量分数。数据处理如下：

① 根据下面公式计算不同浓度的 KCl 溶液中 K^+ 的活度系数，为

$$\lg\gamma(K^+) = \frac{-0.51\sqrt{I}}{1 + 1.30\sqrt{I}} + 0.06\sqrt{I}$$

$$I = \frac{1}{2}\sum c_i Z_i^2$$

式中，I 为 K^+ 离子强度；c_i 为该离子的浓度；Z_i 为该离子的电荷。

② 按 $a = c\gamma$ 计算活度，以 $-\lg a(K^+)$ 为横坐标，相应的测定电位 E 为纵坐标作图，将各点连成一条平滑的曲线，计算直线部分的斜率 S。

③ 将实验测的 ΔE、S 以及已知的浓度增量 c_Δ 代入下式，即可求出溶液的浓度 c，从而确定在配合物中钾的质量分数。

$$c = \frac{c_\Delta}{10^{\pm \Delta E/S} - 1}$$

式中，"±" 的用法，对阳离子取 "±"，对阴离子取 "－"。

3. 产物的表征

（1）配合物的类型、配离子的电荷数。由电导率仪测定出的摩尔电导率数值与已知的各类离子化合物的摩尔电导率相比较，判断配离子的电荷，并初步确定是何种形式的配合物。

（2）配合物磁化率的测定。根据测定的摩尔磁化率和有效磁矩计算配合物中心离子 Fe^{3+} 的未成对电子数，按照晶体场理论画出电子的排布，并说明草酸根是属于强场配体还是弱场配体，形成高自旋还是低自旋配合物。

综合上述实验结果确定试样的正确化学式及中心离子 Fe^{3+} 的电子组态。

（3）配合物的热重分析。根据不同温度时的样品质量，作出温度-质量的热重曲线。

由热重曲线计算样品的失重率，并与各种可能的热分解反应的理论失重率相比较，确定配合物中结晶水的数目和失去结晶水的温度。参考红外光谱图，确定该配合物的组成。

由气相色谱测定配合物在不同温度热分解逸出气体的组分及其相对含量，结合热分解的结果，写出热分解反应方程式。

（4）配合物 X 射线粉末衍射分析。查找 $K_3[Fe(C_2O_4)_3]\cdot 3H_2O$ 的 PDF 卡片（编号为 14~720），将实验得到的各个衍射峰的 d、I/I_1 值，与 PDF 卡片一一进行对照，确定产品的物相。并可以从 PDF 卡片中查出产品所属的晶系、单位晶胞中化学式的数目、晶胞体积等结晶学数据及物理学性质（如 D、mp、color）等（有兴趣者可以从实验中得到的各个衍射峰的 d、I/I_1 值，查找数字索引（numberical index），找出对应的 PDF 卡片进行比较，确定产品的物相）。

综合上述实验结果最终确定产品的正确化学式。

【思考题】

（1）如何正确确定草酸根合铁（Ⅲ）酸钾的热分解产物？
（2）测定 Fe^{3+}，当 $KMnO_4$ 标准溶液逐滴加入时，待测液的颜色为什么逐渐变黄？
（3）如何证明你所制备的产品不是单盐而是配合物？设计实验证明。
（4）查出产品的基本化学性质和物理性质。

注：

（1）若需马上使用晶体作 K^+、Fe^{3+} 和 $C_2O_4^{2-}$ 的定性分析，抽滤时可用无水乙醇洗涤晶体 2~3 次，再用电吹风吹干即可。

（2）$KMnO_4$ 标准溶液应提前标定出准确浓度。

实验 37　二氯化一氯五氨合钴（Ⅲ）的制备及组成测定

【实验目的】

（1）掌握二氯化一氯五氨合钴（Ⅲ）的制备方法，了解合成氨配合物的一般方法。
（2）巩固钴（Ⅱ）和钴（Ⅲ）的性质。
（3）通过测量产品的电导率，掌握确定配合物解离类型的原理和方法。
（4）掌握电子光谱测定配合物分裂能的方法。

【实验原理】

1. 制备

水溶液中不含配合剂时，Co(Ⅲ) 能与 H_2O 迅速发生氧化还原反应，因此，Co(Ⅱ)盐

比 Co(Ⅲ) 盐稳定，将 Co(Ⅱ) 盐在水溶液中氧化成 Co(Ⅲ) 盐是不容易的，因为

$$[Co(H_2O)_6]^{3+} + e^- \rightleftharpoons [Co(H_2O)_6]^{2+}$$

$$E^{\ominus}([Co(H_2O)_6]^{3+}/[Co(H_2O)_6]^{2+}) = 1.95 \text{ V}$$

而形成配合物后情况则相反，Co(Ⅲ) 的配合物要比 Co(Ⅱ) 的配合物稳定得多，因为

$$[Co(NH_3)_6]^{3+} + e^- \rightleftharpoons [Co(NH_3)_6]^{2+}$$

$$E^{\ominus}([Co(NH_3)_6]^{3+}/[Co(NH_3)_6]^{2+}) = 0.1 \text{ V}$$

由于 Co(Ⅲ) 在水溶液中不能稳定存在，因此，制备 Co(Ⅲ) 配合物时，常用 Co(Ⅱ) 化合物为原料，在配合剂存在条件下，通过氧化反应来制备。

例如：在含有氨、铵盐和活性炭（作表面活性催化剂）的 CoX_2（X = Cl^-、Br^- 或 NO_3^-）溶液中加入 H_2O_2 或通入氧气就可以得到六氨合钴（Ⅲ）配合物。反应式为

$$2CoCl_2 + 2NH_4Cl + 10NH_3 + H_2O_2 \xrightarrow{\text{活性炭}} 2[Co(NH_3)_6]Cl_3 + 2H_2O$$

$[Co(NH_3)_6]Cl_3$ 为黄红色单斜晶体，20 ℃ 时在水中的溶解度为 0.26 mol/dm³。在 215 ℃ 下，$[Co(NH_3)_6]Cl_3$ 即转化为 $[Co(NH_3)_5Cl]Cl_2$。若加热超过 250 ℃，则被还原为 $CoCl_2$。

没有活性炭时，常常发生取代反应，得到取代的氨合钴配合物。反应式为

$$2CoCl_2 + 8NH_3 \cdot H_2O + 2NH_4Cl + H_2O_2 \longrightarrow 2[Co(NH_3)_5(H_2O)]Cl_3 + 8H_2O$$

$$[Co(NH_3)_5(H_2O)]Cl_3 \xrightarrow[\Delta]{HCl} [Co(NH_3)_5Cl]Cl_2 + H_2O$$

$[Co(NH_3)_5(H_2O)]Cl_3$ 为棕红色晶体，不稳定，加热易脱水。

$[Co(NH_3)_5Cl]Cl_2$ 为紫红色晶体，在水溶液中非常稳定。

本实验的二氯化一氯五氨合钴（Ⅲ）就是在没有活性炭的条件下制备的。

2. 组成的确定

本实验对产品的解离类型、分裂能进行测定。另外，对产品的内、外界组成作定性分析。

（1）解离类型的测定。本实验采用电导率法测定、判断配合物的解离类型。

配合物在溶液中的解离行为服从于强电解质的一般规律。溶液中电解质的导电能力取决于电解质的本性以及在溶液中的浓度。常用摩尔电导率 Λ_m 度量电解质的导电能力，它是单位浓度的电导率

$$\Lambda_m = \frac{\kappa}{c} \tag{1}$$

式中，κ 称为电导率，与溶液性质有关；c 为电解质溶液的物质的量浓度。

在一定温度下，测定配合物稀溶液的电导率 κ 后，由式（1）即可求得摩尔电导率 Λ_m。一般在 25℃ 时，溶液接近无限稀释，各种类型的离子化合物的摩尔电导率见下表。

解离类型	MA	M_2A 或 MA_2	M_3A 或 MA_3	M_4A 或 MA_4
离子数	2	3	4	5
$\Lambda_m / (10^{-4} S \cdot m^2 \cdot mol^{-1})$	118~131	235~273	408~435	500~560

将实验测定的摩尔电导率与已知的各类解离类型的摩尔电导率范围对比,即可迅速获得待测物所解离出的离子数目,从而判断该配合物的解离类型,用以验证制备所得结果。

本实验制备的 $[Co(NH_3)_5(H_2O)]Cl_3$ 属于 MA_3 型,其 Λ_m 应在 $(408~435) \times 10^{-4}$ $S \cdot m^2 \cdot mol^{-1}$ 范围内。

本实验制备的 $[Co(NH_3)_5Cl]Cl_2$ 属于 MA_2 型,其 Λ_m 应在 $(235~273) \times 10^{-4}$ $S \cdot m^2 \cdot mol^{-1}$ 范围内。

(2) 配离子分裂能的测定。晶体场理论认为:中心离子和配位体以静电相吸引,配位体间相互排斥。晶体场理论还特别考虑了带负电的配位体对中心离子最外层电子的排斥作用,晶体场理论的基本要点是:

① 配合物的中心离子和配位体之间是纯粹的静电作用结合。

② 中心离子在配位体形成的晶体场作用下,原来能量相同的五个 d 轨道发生分裂,分裂为能量不同的几组轨道。

③ 空间构型不同的配合物、配体形成不同的晶体场。分裂后的 d 轨道中 d 电子重新排布,d 电子优先占据其中能量较低的轨道。

配合物分子中外层电子跃迁而产生的光谱称为配合物的电子光谱。过渡金属配合物电子光谱通常包括 d-d 跃迁、电荷迁移、配体内电子迁移三种类型的吸收带。在配合物的电子光谱中最重要的是 d-d 跃迁吸收带,其中研究最多的又是最具有代表性的 3d 过渡金属配合物的电子光谱。

电子在分裂后 d 轨道间的跃迁称为 d-d 跃迁。这种 d-d 跃迁的能量相当于可见光区的能量范围,这就是过渡金属配合物呈现颜色的原因。

在常见的六配位的八面体配合物中,由于中心离子 d 轨道与配体相对取向不同,使得原来能量相同的五个 d 轨道发生了能级分裂(见图 6-7)。

图 6-7 中心离子的 d 轨道能量在八面体场中的分裂

能量较高的为 e_g 轨道,能量较低的为 t_{2g} 轨道,这两组轨道间的能量差 ΔE,称为分裂能 Δ_0。分裂能的大小与中心离子的电荷、周期数、d 轨道电子数有关,又和配体性质等因素有关。对于同一中心离子和相同构型的配合物,分裂能的大小取决于配位体的强弱。分裂能一般在 $1.99 \times 10^{-11} ~ 5.96 \times 10^{-19}$ J(波数为 10 000~30 000 cm^{-1})范围内,相当于可见光区。分裂能的单位通常用焦(J)或千焦(kJ)或厘米$^{-1}$(cm^{-1})来表示。

Co(Ⅲ)的电子层结构为[Ar]3d⁶,作为六配位的八面体配合物的中心离子,在发生 d-d 跃迁时,3d 电子所吸收的能量等于 e_g 轨道与 t_{2g} 轨道之间的能量差($Ee_g - Et_{2g}$),即等于配离子分裂能 Δ_0 的大小

$$\Delta E = Ee_g - Et_{2g} = h\nu = h \cdot \frac{C}{\lambda} = \Delta_0 \tag{2}$$

式中,h 为普朗克常数(6.626×10^{-34} J·s);C 为光速(3×10^{10} cm/s);λ 为波长,单位为 nm。

本实验合成产物中的 $[Co(NH_3)_5(H_2O)]Cl_3$ 和 $[Co(NH_3)_5Cl]Cl_2$ 的分裂能,可以通过它们的吸收光谱求得。配制一定浓度的配合物溶液,由分光光度计测出不同波长 λ 下的吸光度,以吸光度为纵坐标,波长为横坐标画出吸收曲线,根据曲线最高峰对应的 λ 值,计算求得配离子的最大吸收波长 λ_{max} 即可求出分裂能 Δ_0。由实验结果可以说明 Cl^- 和 H_2O 两种配体,哪一种配体引起的分裂能大。

(3)产品组成定性分析。设计几个试管实验,检验最终产品的中心离子、配位体及外界 Cl^-。

提示:

① 调整溶液酸,碱性可改变或破坏配离子。如在酸性溶液中,$[Co(NH_3)_5Cl]^{2+}$ 中的 Cl^- 可被水取代

$$[Co(NH_3)_5Cl]^{2+} + H_2O \xrightarrow{H^+} [Co(NH_3)_5(H_2O)]^{3+} + Cl^-$$

② 加热可破坏配离子。如加入强碱后,在加热条件下 $[Co(NH_3)_5Cl]^{2+}$ 可分解

$$[Co(NH_3)_5Cl]Cl_2 + 3NaOH \xrightarrow{沸热} Co(OH)_3(s) + 5NH_3(g) + 3NaCl$$

【仪器与试剂】

仪器:电导率仪;分光光度计;电磁搅拌器;电子天平(或电光天平);抽滤装置;恒温水溶箱;烘箱;托盘天平;离心机;锥形瓶(250 mL 1 个);量筒(25 mL、10 mL 各 1 个);表面皿;容量瓶(100 mL 2 个);滤纸;剪刀;称量纸;烧杯(50 mL 2 只);酒精灯。

试剂:$CoCl_2 \cdot 6H_2O(s)$;$NH_4Cl(s)$;浓氨水;浓HCl;95%乙醇;丙酮;$H_2O_2(30\%)$;$AgNO_3(0.1 \text{ mol/dm}^3)$;$HNO_3(6 \text{ mol/dm}^3)$;萘斯勒试剂;$NaOH(2 \text{ mol/dm}^3)$。

【实验内容】

1. 配合物的制备

(1)$[Co(NH_3)_6]Cl_2$ 的制备。通风橱中,在 250 mL 锥形瓶中,加入 2.5 g NH_4Cl,2.5 mL 去离子水和 15 mL 浓氨水(约 0.22 mol)。在不断搅拌下,将 5 g(0.02 mol)研细的 $CoCl_2 \cdot 6H_2O$ 分批加入,每次加入量应少,待前一份钴盐溶解后,再加下一份。生成一种黄红色的氯化六氨合钴(Ⅱ),$[Co(NH_3)_6]Cl_2$,沉淀,并有热量放出。

(2)$[Co(NH_3)_5(H_2O)]Cl_3$ 的制备。在通用橱中,不断搅拌下,用滴管逐滴加入 H_2O_2(30%)4 mL(0.039 mol)。反应剧烈放热,同时产生气泡。在水浴上加热(60~70℃),直至气泡终止(约 15 min),生成一种深红色的 $[Co(NH_3)_5H_2O]Cl_3$ 溶液。

〔如欲制得固体 $[Co(NH_3)_5(H_2O)]Cl_3$，则取出锥形瓶冷却至室温。在通用橱中缓慢地加入 20 mL 浓 HCl（注意要慢加，否则不出结晶!）将溶液自然冷却至室温，再在冷水中冷却约 10 min。用布氏漏斗滤出固体产物，用 95% 乙醇 5 mL 分数次洗涤沉淀。取出固体产品，自然风干后，在托盘天平上称出其质量，并计算产率。〕

(3) $[Co(NH_3)_5Cl]Cl_2$ 的制备。仍在通风橱中进行。待上述深红色溶液冷至室温后，在搅拌下，向其中缓慢加入 15 mL 浓 HCl，有紫红色 $[Co(NH_3)_5Cl]Cl_2$ 沉淀析出。再将混合物在水浴上加热 10 min（溶液温度不得超过 60 ℃），然后冷至室温。

抽滤。沉淀用冰水 10 mL 洗涤两次，再用冰冷却的 6 mol/dm³ HCl 10 mL 洗涤，最后依次用 95% 乙醇、丙酮各 10 mL 洗一次。产品在 100 ℃ 烘干。称重，计算得率。

将上述制得的 $Co[(NH_3)_5(H_2O)]Cl_3$ 晶体大部分放在玻璃表皿中，放入 110 ℃ 烘箱中烘烤 1.5 h 后取出，上述晶体也可以全部转化为紫色的 $Co[(NH_3)_5Cl]Cl_2$ 配合物。称重，计算得率。

2. 组成的确定

(1) 定性分析。设计几个试管实验，验证产物内、外界组成。并写出各鉴定反应方程式、现象，根据实验结果对产品的组成作出判断。

(2) 解离类型的测定。

取 2 个 100 mL 容量瓶分别配制 1.0×10^{-3} mol/dm³ $[Co(NH_3)_5(H_2O)]Cl_3$ 和 $[Co(NH_3)_5Cl]Cl_2$ 的水溶液，用电导率仪分别测定其电导率 κ。由实验数据与已知各类离子化合物的摩尔电导率范围比较，从而确定中间产物和最终产物的解离类型。

(3) 分裂能 Δ_0 的测定。用托盘天平分别称取 $[Co(NH_3)_5(H_2O)]Cl_3$ 和 $Co(NH_3)_5Cl]Cl_2$ 各 0.1 g，分别放入 25 mL 小烧杯中，加入 20 mL 去离子水配成溶液。

用分光光度计，以去离子水为参比液，在波长 380~480 nm 范围内分别测定上述两种溶液的吸光度。每隔 10 nm 测定一次吸光度（每一次改变波长都要用去离子水参比液调一次透光率 100%）。在接近峰值附近，每隔 5 nm 测定一次数据。

画出两种配合物的吸收曲线，分别在两条吸收曲线上找出曲线最高峰所对应的最大波长 λ_{max}，并应用公式（2）分别计算出两种配合物的分裂能 Δ_0。

由实验得出结论：哪一种配位体引起的分裂能大。

3. 实验数据记录及处理

自行设计实验报告并进行数据处理。

【思考题】

(1) 为了提高 $[Co(NH_3)_5Cl]Cl_2$ 的产率，应注意哪些关键操作步骤？为什么？

(2) 二价钴和三价钴各以哪种形式存在较稳定？为什么？

(3) 本实验测定溶液电导率时，为什么要求用稀溶液？浓度太大有何问题？

(4) 分析 $[Co(NH_3)_5(H_2O)]Cl_3$ 和 $[Co(NH_3)_5Cl]Cl_2$ 分裂能不同的主要影响因素。

(5) 二价镍的氨配离子的稳定性如何？试设计一方法，除去钴盐（Ⅱ）中所含的杂质 Ni^{2+}。

实验38 五水硫酸铜的制备

【实验目的】
(1) 掌握铜、五水硫酸铜的性质。
(2) 了解以废铜和工业硫酸为主要原料制备 $CuSO_4 \cdot 5H_2O$ 的原理和方法。
(3) 掌握无机制备过程中的灼烧、水浴加热、减压过滤、结晶等基本操作。

【实验原理】
$CuSO_4 \cdot 5H_2O$ 俗名胆矾、蓝矾。是蓝色三斜晶系晶体,在干燥空气中缓慢风化,溶于水和氨液,难溶于无水乙醇。在不同温度下,可以发生下列脱水反应

$$CuSO_4 \cdot 5H_2O \xrightarrow{375\ K} CuSO_4 \cdot 3H_2O \xrightarrow{386\ K} CuSO_4 \cdot H_2O \xrightarrow{531\ K} CuSO_4 \xrightarrow{923\ K} CuO + SO_3$$

失去五个结晶水的 $CuSO_4$ 为白色粉末,其吸水性很强,吸水后即显出特征的蓝色,可利用这一性质检验某些有机溶剂中的微量水分,也可以用无水 $CuSO_4$ 除去有机物中少量水分(作干燥剂)。

$CuSO_4 \cdot 5H_2O$ 的制备方法有多种,常用的有氧化铜法、废铜法、电解液法、白冰铜法、二氧化硫法。本实验选择以废铜和工业硫酸为主要原料制备 $CuSO_4 \cdot 5H_2O$。先将铜屑灼烧成氧化铜,然后再与稀 H_2SO_4 反应

$$2Cu + O_2 \xrightarrow{\text{灼烧}} 2CuO\ (\text{黑色})$$
$$CuO + H_2SO_4 \longrightarrow CuSO_4 + H_2O$$

由于本实验选用的是废铜和工业硫酸为原料,所以得到的 $CuSO_4$ 溶液中还含有其他杂质,不溶性杂质可过滤除去,可溶性杂质为 Fe^{2+} 和 Fe^{3+},通常先用氧化剂(如 H_2O_2)将 Fe^{2+} 氧化为 Fe^{3+},然后调节溶液的 pH 至 3 (注意:不能使 pH≥4,否则会析出浅蓝色碱式硫酸铜沉淀,影响产品的质量和产率),再加热煮沸,使 Fe^{3+} 水解为 $Fe(OH)_3$,过滤除去。反应如下

$$2Fe^{2+} + 2H^+ + H_2O_2 \longrightarrow 2Fe^{3+} + 2H_2O$$
$$Fe^{3+} + 3H_2O \xrightarrow[\Delta]{pH=3} Fe(OH)_3(s) + 3H^+$$

除去杂质后的 $CuSO_4$ 溶液,再加热蒸发,冷却结晶,减压抽滤,即可得到蓝色 $CuSO_4 \cdot 5H_2O$。

$CuSO_4 \cdot 5H_2O$ 用途广泛,它是制备其他含铜化合物的重要原料,在工业上用于镀铜和制颜料,还是农业上的杀虫剂,木材的防腐剂。

【仪器与试剂】
仪器:托盘天平;瓷坩埚;煤气灯;泥三角;坩埚钳;烧杯 (100 mL);量筒(10 mL);酒精灯;蒸发皿;滤纸;剪刀。

试剂:Cu 粉(LR 或工业纯);H_2SO_4(3mol/dm^3、工业纯);$K_3[Fe(CN)_6]$(0.1mol/dm^3);H_2O_2(3%);$CuCO_3$(s)(CP);广泛 pH 试纸。

【实验内容】

1. 氧化铜的制备

在托盘天平上称取 3.0 g 废铜粉,放入预先洗净、干燥的瓷坩埚(或蒸发皿)中,将坩埚置于泥三角上,用煤气灯的氧化焰小火微热,将 Cu 粉干燥后,加大火焰高温灼烧,并不断搅拌,搅拌时用坩埚钳夹住坩埚。灼烧至 Cu 粉完全转化为黑色 CuO(约 20 min。若用酒精灯加热,则需 30~40 min),停止加热并冷却至室温(注意:煤气灯用毕后先关闭空气孔,再关闭煤气调节阀,最后关紧总阀门)。

2. 粗 $CuSO_4$ 溶液的制备

冷却后的 CuO 倒入 100 mL 小烧杯中,加入 18 mL 3mol/dm³ H_2SO_4(工业纯),微热使 CuO 溶解,过滤,得粗 $CuSO_4$ 溶液。检验溶液中是否存在 Fe^{2+}(如何检验?)。

3. $CuSO_4$ 溶液的精制

在粗 $CuSO_4$ 溶液中,滴加 3% H_2O_2 2 mL,将溶液加热,检验溶液中是否存在 Fe^{2+}。当 Fe^{2+} 完全氧化后,慢慢加入 $CuCO_3$ 粉末,同时不断搅拌,直到溶液 pH = 3(为什么?)。在此过程中,要不断用 pH 试纸检验溶液的 pH。再加热至沸(为什么?),趁热减压抽滤,滤液转移至洁净的 100 mL 烧杯中。

4. $CuSO_4 \cdot 5H_2O$ 晶体的制备

在精制后的 $CuSO_4$ 溶液中,慢慢滴加 3 mol/dm³ H_2SO_4,调节溶液至 pH = 1,将滤液转移至洁净的蒸发皿中,水浴加热蒸发至液面出现晶膜时停止。自然冷却至晶体析出,减压抽滤,晶体用滤纸吸干,称重。计算产率。

【思考题】

(1) 为什么在精制后的 $CuSO_4$ 溶液中调节 pH = 1 使溶液呈强酸性?

(2) 列举从 Cu 制备 $CuSO_4$ 的其他方法,并加以评述。

实验 39 含铬废水的处理

【实验目的】

(1) 了解 Cr(Ⅵ) 对人体健康的影响。

(2) 掌握 Cr^{3+} 的还原性,Cr(Ⅵ) 的氧化性以及介质对其氧化还原性的影响。

(3) 熟悉铁氧体法处理含铬废水的基本原理和操作过程。

(4) 巩固分光光度计的使用。

(5) 掌握有关实验数据作图处理方法。

【实验原理】

各种工厂排放的废水严重污染水体,Cr(Ⅵ) 已被确认是工业废水中的主要污染物质。但是,铬又是人体必须的微量元素之一,人体如果缺少铬,会引起葡萄糖代谢不良,造成心血管疾病。铬的主要氧化值有 +2、+3 和 +6,铬常以 Cr^{3+}、CrO_4^{2-} 和 $Cr_2O_7^{2-}$ 形式存在于水中。Cr^{3+} 对人体基本无毒或低毒,其主要氧化值中以 Cr(Ⅵ) 的毒性最大,且 Cr(Ⅵ) 的化合物溶解度较大,易被人体吸收。它能干扰重要的酶体系,损伤肝、肾,目前已确定 Cr(Ⅵ) 是致癌物质之一。

铬的化合物广泛用于化工、冶金、电镀、制革、造纸等工业生产中,这些生产厂家排放的废水中都含有铬化合物。我国工业废水排放标准中规定 Cr(VI) 的最高允许排放浓度为 $0.5\ mg/dm^3$,总铬的最高允许排放浓度为 $1.5\ mg/dm^3$。工业废水必须预先经过净化处理,达到规定的排放标准后方可排放。

处理含铬废水的方法很多。常用的方法有:铁粉还原法、铁氧体法、铬酸钡法、电化学处理法、离子交换法等。本实验采用铁氧体法处理含铬废水。

铁氧体法处理含铬废水的基本原理如下。

在酸性条件下于含铬废水中,加入还原剂($FeSO_4$、$NaHSO_3$、SO_2 等),使 Cr(VI) 还原为 Cr^{3+}

$$Cr_2O_7^{2-} + 6Fe^{2+} + 14H^+ \longrightarrow 2Cr^{3+} + 6Fe^{3+} + 7H_2O \qquad (1)$$

$$HCrO_4^- + 3Fe^{2+} + 7H^+ \longrightarrow Cr^{3+} + 3Fe^{3+} + 4H_2O \qquad (2)$$

然后加入 NaOH 溶液调节溶液的 pH,使水中的 Cr^{3+}、Fe^{2+}、Fe^{3+} 转化为氢氧化物沉淀,反应为

$$Cr^{3+} + 3OH^- \rightleftharpoons Cr(OH)_3(s) \qquad (3)$$

$$Fe^{2+} + 2OH^- \rightleftharpoons Fe(OH)_2(s) \qquad (4)$$

$$Fe^{3+} + 3OH^- \rightleftharpoons Fe(OH)_3(s) \qquad (5)$$

过滤,将固、液分离,从而使废水得到净化。处理后的水中 Cr(VI) 和总铬量均可达到国家水质排放标准,可作为农田灌溉水使用。此方法通过控制 Cr(VI) 的含量与 $FeSO_4$ 的比例,当形成的 $Fe(OH)_2$ 和 $Fe(OH)_3$ 的量的比例为 1:2 左右时,可以得到一种难溶于水的组成类似于铁氧体(铁氧体是指铁离子与其离子半径相近的其他金属离子形成的一类组成类似 Fe_3O_4 的复合氧化物)的氧化物,其组成可写为:$Fe^{2+}Fe_2^{3+}O_4 \cdot xH_2O$,$Fe_3O_4$ 中部分 Fe^{3+} 可被 Cr^{3+} 取代。使 Cr^{3+} 成为铁氧体的组成部分而沉淀下来。例如:$FeCr_xFe_{2-x}O_4$。这类复合氧化物具有良好的磁性,可回收应用于电子工业等领域,同时也避免了废水处理中的二次污染。

为检查废水处理结果,常采用比色法分析水中的铬含量。其原理为:在酸性条件下,水中 Cr(VI) 可与二苯碳酰二肼作用产生紫红色配合物,该配合物溶于水,其溶液颜色对光的吸收程度与 Cr(VI) 的含量成正比。根据溶液颜色深浅进行目视比色法或分光光度法测定,即可测出水中残留的 Cr(VI) 的含量。

【仪器与试剂】

仪器:721(或 722)型分光光度计;容量瓶(1 000 mL 1 个,100 mL 1 个,50 mL 8 个);滤纸;烧杯(100 mL 1 只,250 mL 2 只);移液管(10 mL,25 mL);吸量管(5 mL,有刻度);量筒(100 mL);洗耳球;普通漏斗;漏斗架;台秤;坐标纸一张。

试剂:酸:H_2SO_4(3 mol/dm^3)。

碱:NaOH(6 mol/dm^3)。

盐:$K_2Cr_2O_7$(AR);$FeSO_4 \cdot 7H_2O$(工业);pH 试纸(广泛);磁铁;二苯碳酰二肼。

Cr(Ⅵ)标准储备液的配制：准确称取 0.282 8 g 已在 110~120 ℃的烘箱中干燥 2 h，并在干燥器中冷却后的 $K_2Cr_2O_7$（AR），溶于去离子水中，再移至 1 000 mL 容量瓶中，稀释至刻度，此溶液每毫升含 Cr(Ⅵ)0.100 0 mg。

二苯碳酰二肼溶液的配制：二苯碳酰二肼又名二苯胺基脲、二苯卡巴氮、二苯偕肼（化学式：$CO(NH_2NHC_6H_5)_2$）。取 0.25 g 二苯碳酰二肼溶于 50 mL 95% 的乙醇使之溶解，再加入 200 mL 混酸（硫酸 20 mL，磷酸 10 mL，水 170 mL），混合均匀。此溶液为无色溶液，应贮于棕色瓶中。整个配制过程在冰水中进行。此试剂易变质，应保存于冰箱中。如试剂有色，则不宜再使用。

【实验内容】

1. Cr(Ⅵ) 标准系列溶液的配制

准确移取 1.00 mL Cr(Ⅵ) 标准储备液（实验室准备）于 100 mL 容量瓶中，用去离子水稀释至刻度。此标准溶液每毫升含 Cr(Ⅵ) 0.001 00 mg。

取 8 个 50 mL 容量瓶，用吸量管分别加入配制好的 Cr(Ⅵ)标准溶液 0.00 mL、1.00 mL、1.50 mL、2.00 mL、2.50 mL、3.00 mL、4.00 mL、5.00 mL，再各加入 2.50 mL 二苯碳酰二肼溶液。用洗瓶慢慢冲洗每个容量瓶口内壁 2~3 次，使附着在瓶口的标准溶液流入瓶中，再用去离子水稀释至刻度，摇匀，此为标准 Cr(Ⅵ) 系列溶液。10 min 后于 540 nm 处测定吸光度（1 号瓶为空白，不含 Cr(Ⅵ)标准溶液，其他条件与标准系列完全一样）。

2. 含铬废水的处理

（1）取 100 mL 含 Cr(Ⅵ) (565.5 mg/dm³) 的废水于 250 mL 烧杯中，按过量 10% 计算所需 $FeSO_4 \cdot 7H_2O$ 的量，用托盘天平称出所需 $FeSO_4 \cdot 7H_2O$ 固体的量，加到含铬废水中，使 Cr(Ⅵ)全部还原为 Cr^{3+}。滴加 3 mol/dm³ H_2SO_4 溶液，并不断搅拌，直至溶液的 pH≈2，溶液呈绿色为止。

（2）用 6 mol/dm³ NaOH 溶液调节溶液 pH≈7~8，使溶液中 Cr^{3+}、Fe^{2+}、Fe^{3+} 转化为氢氧化物沉淀。充分搅拌、静置，观察棕黑色或黑色沉淀的形成。用普通漏斗过滤，滤液收集待测定。滤渣用水洗涤至中性。

3. 水中 Cr(Ⅵ)残留量的测定

用移液管移取 25.00 mL 滤液于 50 mL 容量瓶中，调 pH 至中性，加入 2.50 mL 二苯碳酰二肼溶液，用去离子水稀释至刻度，摇匀，10 min 后在吸收波长 540 nm 处测定其吸光度。

【滤渣磁性测定】

将滤渣转移至蒸发皿中，用酒精灯烘干，冷却。用磁铁检查复合铁氧体的磁性，检验完毕后，将滤渣倒入指定的回收瓶中。

【数据记录及处理】

1. 绘制标准工作曲线图

将 Cr(Ⅵ)标准系列溶液的 Cr(Ⅵ)含量为横坐标，测得的吸光度为纵坐标，绘制标准工作曲线。

2. 数据记录

100 mL 含铬废水中含 $K_2Cr_2O_7$ _____ g；

需加 $FeSO_4 \cdot 7H_2O$ 的理论量 _____ g；

实际加入 FeSO₄·7H₂O 的量 _____ g;

处理后废水的吸光度 _____。

根据测得的吸光度值在标准工作曲线上查出相对应的 Cr(VI)的毫克数。

3. 按下面的公式计算出处理后水中残留的 Cr(VI)含量

$$\text{Cr(VI)的含量} = \frac{m \times 1\,000}{25} \quad (\text{mg/dm}^3)$$

式中，m 为在标准工作曲线上查出的 Cr(VI)的质量，单位为 mg；25 为所取滤液的体积，单位为 mL。

【思考题】

(1) 什么叫做铁氧体？

(2) 铁氧体法处理含铬废水的基本原理是什么？有什么优点？

(3) 含铬废水中加入 FeSO₄ 后，为什么要调节 pH≈2？为什么又加入 NaOH 溶液调节 pH≈7~8？在这些过程中发生了什么反应？

(4) 标准工作曲线是否应该通过坐标原点？

(5) 本实验中各步骤发生了哪些化学反应？

实验 40　化学实验废液处理回收

【实验目的】

(1) 掌握从含银废液中回收银的一种方法。

(2) 掌握常压升华原理及操作，从含碘废液中提取碘。

(3) 熟悉运用萃取的原理从 CCl₄ 废液中回收 CCl₄。

(4) 练习分液漏斗的使用。

(5) 巩固多相离子平衡和配合平衡，以及有关化合物的性质。

(6) 巩固无机制备的基本操作技能。

(7) 树立保护环境、勤俭节约、化废为宝的思想。

【实验原理】

1. 从含银废液或废渣中回收金属银并制取 AgNO₃

银是一种贵金属，广泛用于制造装饰品、家用器皿，可长期保持银白色不易锈蚀。工业生产、实验室、生活当中，经常会排放各种含银废液。如果将这些银回收，既可产生可观的经济效益，而且还保护了环境。

含银废液主要来源于工业电镀银废液；工厂电器废银触头；实验室中 Cl⁻ 或 Ag⁺ 的分析测定实验废液；照相馆、制镜厂废液等，从含银废液中回收银的方法很多，如沉淀法、氧化还原法、电解法等。其中硫化钠沉淀法比较简单，适合于实验室操作。本实验含银废液来源于废定影液，采用沉淀法回收银。

在照相底片和相纸上都有一薄层含 AgBr 的明胶。摄影时，强弱不同的光线射到底片上时，可以引起底片上 AgBr 不同程度的分解，使 Ag 成为极细小的晶核。光愈强，析出的银愈多。底片经过显影后，再用 Na₂S₂O₃ 定影，除去未被还原的 AgBr。在废定影液中，能溶入感光材料上乳胶薄层中约 75% 的 AgBr，其反应为

$$AgBr + 2Na_2S_2O_3 \rightleftharpoons Na_3[Ag(S_2O_3)_2] + NaBr$$

溶液中 $[Ag(S_2O_3)_2]^{3-}$ 与 Na_2S 反应，析出 Ag_2S 沉淀

$$2Na_3[Ag(S_2O_3)_2] + Na_2S \longrightarrow 4Na_2S_2O_3 + Ag_2S(s)$$

从上述反应过程可知，本实验实际上是从含有 $[Ag(S_2O_3)_2]^{3-}$ 的溶液中回收银。比较 $[Ag(S_2O_3)_2]^{3-}$ 的 $K^{\ominus}(稳) = 2.9 \times 10^{13}$ 和 Ag_2S 的 $K^{\ominus}_{sp} = 6.3 \times 10^{-50}$，由下列平衡式可知

$$2[Ag(S_2O_3)_2]^{3-} + S^{2-} \rightleftharpoons Ag_2S(s) + 4S_2O_3^{2-}$$

$$K = \frac{c^4(S_2O_3^{2-})}{c^2([Ag(S_2O_3)_2]^{3-}) \cdot c(S^{2-})} = \frac{1}{(K^{\ominus}(稳))^2 \cdot K^{\ominus}_{sp}}$$

$$= \frac{1}{(2.9 \times 10^{13})^2 \times 6.3 \times 10^{-50}} = 1.9 \times 10^{22}$$

用 S^{2-} 离子与 $[Ag(S_2O_3)_2]^{3-}$ 作用生成难溶性物质 Ag_2S 的反应是可行的。Ag_2S 既不溶于水也不溶于碱金属的氢氧化物、硫化物或稀的非氧化性酸之中，可从废液中分离出 Ag_2S。Ag_2S 的进一步处理可用氧化还原法，在酸性介质中用 Fe 还原 Ag_2S 中的银。其反应为

$$Fe + Ag_2S + 2H^+ \longrightarrow 2Ag(s) + H_2S(g) + Fe^{2+}$$

Ag_2S 沉淀过滤分离后，也可直接灼烧 Ag_2S 得到单质银

$$Ag_2S + O_3 \xrightarrow{灼烧} 2Ag(s) + SO_2(g)$$

本实验用灼烧 Ag_2S 的方法制取 Ag。

灼烧 Ag_2S 需在 1 273～1 323 K 的高温下才可制得单质银，为了降低灼烧温度可加入 Na_2CO_3 和硼砂助熔。滤液中 $Na_2S_2O_3$ 经除去 Na_2S 后，重结晶提纯，仍可作定影液用。

将制得的金属银溶解在 1∶1 HNO_3 溶液中，蒸发、干燥，即可制得 $AgNO_3$。

$AgNO_3$ 的纯度可用佛尔哈德沉淀滴定法测定。

2. 从含碘废液或废渣中回收碘并制取碘化钾

利用实验室中的含碘废液或废渣提取碘并制备 KI，通常采用下列方法。

提取单质碘：将含碘废液用 Na_2SO_3 还原为 I^- 后，再用 $CuSO_4$ 和 Na_2SO_3 与之反应，使生成 CuI 沉淀

$$I_2 + SO_3^{2-} + H_2O \longrightarrow 2I^- + SO_4^{2-} + 2H^+$$

$$2I^- + 2Cu^{2+} + SO_3^{2-} + H_2O \longrightarrow 2CuI(s) + SO_4^{2-} + 2H^+$$

然后用浓 HNO_3 氧化 CuI，使 I_2 析出：

$$2CuI + 8HNO_3 \longrightarrow 2Cu(NO_3)_2 + 4NO_2(g) + 4H_2O + I_2$$

再用升华的方法将 I_2 提纯。

升华是纯化固体的物质的方法之一，某些物质在固态时有较高的蒸气压，当加热时，不经过液态而直接汽化，蒸气遇冷又直接冷凝成固体，这个过程称为升华。利用升华可除去不挥发性杂质或分离不同挥发度的固体混合物。升华可得到纯度较高的产品。由于升华操作时

间长，损失也较大，故在实验室里只用于较少量物质的纯化。

制取 KI 时，是将 I_2 与铁粉反应生成 Fe_3I_8，再与 K_2CO_3 反应，经过滤、蒸发、浓缩、结晶后制得 KI 晶体。反应如下

$$3Fe + 4I_2 \longrightarrow Fe_3I_8$$

$$Fe_3I_8 + 4K_2CO_3 \longrightarrow 8KI + 4CO_2(g) + Fe_3O_4(s)$$

3. 从萃取碘、溴、氯后的四氯化碳废液中回收四氯化碳

根据极性相似者相溶的规则，I_2、Br_2、Cl_2 等非极性物质易溶于非极性溶剂 CCl_4 中，因此，可用 CCl_4 将 I_2、Br_2、Cl_2 从水相中萃取出来而溶于 CCl_4 中。反之，用 Na_2SO_3 将 I_2、Br_2、Cl_2 还原为 I^-、Br^-、Cl^- 离子，由疏水性物质转为亲水性物质，则 I^-、Br^-、Cl^- 从 CCl_4 中被反萃取而进入到水相中，反应如下

$$SO_3^{2-} + I_2(Br_2) + H_2O \longrightarrow SO_4^{2-} + 2H^+ + 2I^-(Br^-)$$

卤素负离子及其他离子溶于水与 CCl_4 分层，用分液漏斗即可将水溶液与 CCl_4 有机溶剂分离。分离后可回收 CCl_4。

【仪器、试剂与材料】

仪器：马弗炉；坩埚；坩埚钳；抽滤装置；烧杯（1 000 mL、200 mL）；托盘天平；容量瓶（250 mL）；锥形瓶；移液管（25 mL）；量筒（10 mL、100 mL）；滴定管架；碱式滴定管；蒸发皿或圆底烧瓶；分液漏斗；铁架台。

试剂：NaOH（6 mol/dm³）；Na_2CO_3（s，AR）；$Na_2B_4O_7 \cdot 10H_2O$（s，AR）；HNO_3（6 mol/dm³）；HCl（6 mol/dm³、2 mol/dm³）；浓 HNO_3；铁铵矾指示剂；$(NH_4)SCN$（0.100 0 mol/dm³）；KIO_3（0.200 0 mol/dm³）；KI（0.1 mol/dm³）；$Na_2S_2O_3$（0.100 0 mol/dm³）；淀粉溶液；Na_2SO_3（s，AR）；$CuSO_4 \cdot 5H_2O$（s，AR）；浓 HNO_3；铁粉；K_2CO_3；H_2SO_4（2 mol/dm³）；Na_2SO_3（10%）；无水 $CaCl_2$；Na_2S（0.2 mol/dm³）。

材料：广泛 pH 试纸；滤纸；剪刀。

【实验内容】

1. 从含银废液或废渣中回收银并制取硝酸银

（1）沉淀。取 500 mL 废定影液于 1 000 mL 烧杯中，用 pH 试纸测其 pH。若 pH < 7，则用 6 mol/dm³ NaOH 溶液调节溶液 pH ≈ 8（为什么？）逐滴加入 0.2 mol/dm³ 的 Na_2S 溶液于烧杯中，边加边搅拌，直至沉淀完全（如何判断？）。

（2）过滤。用倾泻法分离上层清液，将沉淀转移至布氏漏斗中，减压抽滤，并用热水洗涤沉淀数次，至无 S^{2-} 为止。将沉淀转移至蒸发皿中，小火烘干，冷却后粗称。

（3）高温分解。将干燥的 Ag_2S 转移至坩埚中，按质量比 $Ag_2S : Na_2CO_3 : Na_2B_4O_7 \cdot 10H_2O = 3:2:1$，加入碳酸钠和硼砂固体，混合均匀并研细，在马弗炉内（1 273～1 323 K）灼烧 1～1.5 h。冷却后取出粒状银，将其与去离子水煮沸，除去 Na_2CO_3 和硼砂，干燥，得产品单质银，称量。

（4）产品检验。产品外观为具有金属光泽的银白色颗粒状。取其少许溶于 6 mol/dm³ 的

HNO_3 中，溶液呈无色透明，加水后也无混浊状物质，用 HCl 处理，将有大量白色 AgCl 沉淀产生，待沉淀完全后，抽滤、灼烧滤液不应有可称量的杂质。

(5) $AgNO_3$ 的制备。将纯净的银溶解在 1:1 HNO_4 中，在通风橱中，将溶有纯净银的硝酸溶液在蒸发皿中缓缓蒸发、浓缩，直至液面四周围有少量晶体析出时停止加热。冷却后过滤、干燥、称量。

(6) $AgNO_3$ 含量的测定（佛尔哈德法）。准确称取 $AgNO_3$ 成品 0.500 0 g 置于 150 mL 烧杯中，加水溶解，转移至 250 mL 容量瓶中，稀释至刻度。吸取 25 mL 试液置于 250 mL 锥形瓶中，加入 1:1 HNO_3 5 mL 和铁铵矾指示剂 1 mL，用 0.100 0 mol/dm^3 NH_4SCN 标准溶液滴定，滴定时应不断振荡溶液，直至出现稳定的淡红色，即为终点。根据 NH_4SCN 标准溶液的用量，可计算出 $AgNO_3$ 的质量分数。

2. 从含碘废液或废渣中回收碘并制取碘化钾

(1) 含碘废液中碘含量的测定。

取含碘废液 25.00 mL 置于 250 mL 锥形瓶中，用 2 mol/dm^3 HCl 酸化，再过量 5 mL，加水 20 mL，加热煮沸，稍冷，准确加入 10.00 mL 0.200 0 mol/dm^3 KIO_3，小火加热煮沸，除去 I_2，冷却后加入过量的 0.1 mol/dm^3 KI 5 mL，产生的 I_2 用 0.100 0 mol/dm^3 $Na_2S_2O_3$ 标准溶液滴定至浅黄色，加入淀粉溶液后转为深蓝色，继续用 $Na_2S_2O_3$ 溶液滴定至蓝色恰好褪去，即为终点。

(2) 单质 I_2 的提取。根据含碘废液中 I^- 的含量，计算出处理 500 mL 含碘废液使 I^- 沉淀为 CuI 所需 Na_2SO_3 和 $CuSO_4 \cdot 5H_2O$ 的理论量。先将 Na_2SO_3(s) 溶解于含碘废液中，再将 $CuSO_4$ 配成饱和溶液，在不断搅拌下滴入含碘废液中，加热至 60～70 ℃，静置沉降，在澄清液中检验 I^- 是否已完全转化为 CuI 沉淀（如何检验？），然后弃去上层清液，使沉淀体积保持在 20 mL 左右，转移到 100 mL 烧杯中，盖上表面皿，在不断搅拌下加入计算量的浓 HNO_3，待析出碘沉降后，用倾泻法弃去上层清液，并用少量水洗涤碘。

(3) 碘的升华。升华技术分为常压升华和减压升华。本实验采用常压升华图 6-8 中的 (b) 装置。

图 6-8 (a) 是常压下常用的简易升华装置，它由蒸发皿和漏斗（颈部用棉花轻塞）组成。欲升华的物质（本实验为单质 I_2）研碎后放入蒸发皿中，上面盖一张穿有许多小孔的滤纸（能让蒸气通过），取大小合适的玻璃漏斗倒置在滤纸上面作为冷凝面。在石棉网下缓慢加热，I_2 的蒸气通过滤纸孔上升，冷却后凝结在滤纸上或漏斗的冷凝面上。较大量物质的升华可用图 6-8 (b) 所示的装置。把欲升华的物质放入烧杯内，用通水冷却的圆底烧瓶作为冷凝面，使欲升华物质的蒸气在烧瓶底部凝结成晶体并附着在瓶底上。

图 6-8 常压升华装置
(a) 简易升华装置；
(b) 常压升华装置
1—水；2—玻璃漏斗；
3—石棉网；4—蒸发皿；
5—有孔滤纸；6—棉花塞

(4) KI 的制备。将精制的 I_2 置于 150 mL 烧杯中，加入 20 mL 水和铁粉（比理论值多 30%），不断搅拌，缓缓加热，使 I_2 完全溶解。将黄绿色溶液倾入另一个 150 mL 烧杯中，再用少量水洗涤铁粉，合并洗涤液。然后加入 K_2CO_3（是理论量的 110%）溶液，加热煮沸，使 Fe_3O_4 析出，抽滤，用少量水洗涤

Fe_3O_4，将滤液置于蒸发皿中，加热蒸发至出现晶膜，冷却，抽滤、称量。

（5）产品纯度检验：

① KI 含量的测定。参照废液中碘含量的测定，自行设计测定方案。

② 氧化剂杂质与还原剂杂质的鉴定。溶解 1 g KI 产品于 20 mL 水中，用 H_2SO_4 酸化后加入淀粉溶液，5 min 内不产生蓝色表示无氧化性离子存在。然后加入 1 滴 I_2 溶液，产生的蓝色不褪去，示无还原性离子存在。

3. 从萃取碘、溴、氯后的四氯化碳废液中回收四氯化碳

（1）分液漏斗的准备。首先检查分液漏斗上的玻璃塞和旋塞与本体是否配套。然后装入少量水，先直立观察玻璃旋塞是否漏水，后倒立观察玻璃塞是否漏水，必须确认上述两处不漏水。若旋塞处漏水，可将旋塞取出擦干（旋塞槽亦要擦干），均匀地涂上一薄层凡士林，再塞进旋塞槽，旋转至呈透明。分液漏斗的装置及操作方法如图 6-9 所示。

图 6-9　分液漏斗的操作示意图
(a) 分液漏斗装置；(b) 摇荡；(c) 放气

（2）CCl_4 回收的萃取操作方法。

① 取 30 mL CCl_4 废液置入分液漏斗中，加入 30 mL 10% Na_2SO_3，塞上玻璃塞（注意：玻璃塞上若有侧槽，必须将其与漏斗上端颈部的小孔错开），总体积不得超过其容量的 3/4。

进行反萃取。

② 用左手的拇指和中指夹住漏斗上端颈部,食指末节顶住玻璃塞;右手的食指和中指卷握在旋塞柄上,食指和拇指握住旋塞柄并能将其自由地旋转(见图6-9(b))。

③ 将漏斗由里向外或由外向里旋转振摇3~5次,每次数分钟,使两种互不混溶的液体尽可能充分混合(也可将漏斗反复倒转,缓和地振摇)。

④ 减压放气时,将漏斗倒置,慢慢打开旋塞,排放可能产生的气体。放气后立即关闭旋塞,再振摇数次,有气体产生时,再放气减压(见图6-9(c))。

⑤ 振摇完毕后,将分液漏斗置于支架上静置分层,下层(CCl_4层)为无色。将上端玻璃塞的侧槽对准颈部小孔,开启旋塞,将下层液体放入烧杯中。然后,拔出玻璃塞将上层液体倒入另一烧杯中。若下层液体仍有色,则需再次进行反萃取,直至CCl_4层无色为止。

⑥ 在分出的CCl_4中,加入少量无水$CaCl_2$,搅拌静置,过滤后即得无水澄清的CCl_4。将提纯的CCl_4倒入指定的回收瓶中。

【思考题】

(1) 废定影液若呈酸性,为什么应调节溶液pH≈8?

(2) 加入碳酸钠和硼砂有什么作用?

(3) 怎样判断Ag^+是否沉淀完全?

(4) 能否在含银废液$[Ag(S_2O_3)_2]^{3-}$中得到AgCl沉淀?为什么?

(5) 含银废液回收银的实验依据是什么?

(6) 制取$AgNO_3$是否可从Ag_2S沉淀直接制取?为什么?

(7) 含碘废液中I^-含量的测定,是否可用$Na_2S_2O_3$溶液直接滴定加入过量KIO_3后产生的I_2?测定I^-的浓度(以g/cm³表示)应怎样计算?

(8) 沉淀500 mL废液中的I^-,需加入无水Na_2SO_3(以95%质量分数计)及$CuSO_4·5H_2O$(以95%质量分数计)各多少g?为什么要先加Na_2SO_3,后加$CuSO_4$饱和溶液?

(9) 怎样计算含碘废液回收碘的实验中碘与KI的回收率?如何提高碘与KI的回收率?

(10) 为什么可用反萃取法回收CCl_4废液中的CCl_4?

(11) 萃取操作应怎样注意安全?怎样检查分液漏斗是否合格?

实验41 研究型实验

Ⅰ:固相反应合成纳米$Mg(OH)_2$

【实验目的】

(1) 掌握$Mg(OH)_2$的性质和用途。

(2) 学习一种纳米$Mg(OH)_2$的制备方法。

(3) 了解室温固相化学反应的一般原理。

【实验原理】

$Mg(OH)_2$为中强碱,在水中溶解度较小。由于采用不同的原料,$Mg(OH)_2$的制备方法较多。关于纳米$Mg(OH)_2$的制备方法主要有:苦卤水-石灰中和法、卤水的氨水合成法、水解合成法、反应沉淀法,共沸蒸馏法、均匀沉淀法、水蒸法等,其应用也非常广泛。目前,纳米$Mg(OH)_2$作为一种绿色无机阻燃剂,其具有无毒、无味、抑烟、脱水温度高等性能，已显示出了巨大的应用发展潜力。因此，无论从纳米材料形态学还是应用背景，$Mg(OH)_2$ 都已引起人们的极大兴趣。本实验采用室温固相法合成纳米 $Mg(OH)_2$。

纳米材料是指极细晶粒组成、尺寸在纳米量级（1~100 nm）的固体材料。这种材料的尺度处于原子簇和宏观物体的交接区域，因此具有表面效应，有奇异的力学、电学、磁学、光学、热学和化学等特性。总之，纳米材料有很多"反常现象"。

固相化学反应是无机合成化学中的一个重要领域。广义地讲，凡是有固体参加的反应都可以称为固相反应。而固相反应具体分类可按参加反应的物质状态来划分。可分为：固-固反应、固-液反应、固-气反应。在实际固相反应中，通常是以上三种形式的各种组合。

固相反应法根据其反应温度可分为三个区域。

100 ℃以下：低热固相反应。

100~600 ℃：中热固相反应。

600 ℃以上：高热固相反应。

【仪器与试剂】

仪器：X 射线粉末衍射分析仪；透射电镜；烘箱；抽滤装置；托盘天平；研钵；烧杯；表面皿；滤纸；剪刀。

试剂：$Mg(NO_3)_2 \cdot 6H_2O(s,AR)$；$NH_4HCO_3(s,AR)$；乙醇（AR）；乙二胺（AR）。

【实验内容】

1. 制备

称取 25.6 g $Mg(NO_3)_2 \cdot 6H_2O$ 和 7.9 g NH_4HCO_3 混合，置于研钵中研磨。随着不断研磨，反应物变成流变态，反应终止。加入去离子水 40 mL，充分搅拌、抽滤，再分别用少量去离子水和乙醇洗涤，抽滤，干燥，得到纳米 $Mg_2(OH)_2CO_3$。称量，计算产率。

将上述所得碱式碳酸镁与等物质量的乙二胺放入反应器中搅拌均匀后，放入烘箱，在 150 ℃反应。产物分别用水和乙醇洗涤，抽滤，干燥。称量，计算产率。

控制原料的物质量的比、反应研磨时间以及放入烘箱中的反应温度等反应条件，可得到不同形态的纳米 $Mg(OH)_2$。

2. 表征

（1）X 射线粉末衍射。利用粉末衍射（XRD）数据，判断反应进程和产物的尺寸。

（2）透射电镜。取少量产品，拍摄其透射电镜（TEM）照片，对产品进行形貌分析。

还可用其他方法表征。

3. 结果分析

对上述表征结果进行分析。

Ⅱ：无机合成选题实验

【实验目的】

通过完成给定无机物的文献查阅、合成路线选择、产品的合成以及对产品性能的检定，综合运用所学知识，培养和提高独立工作的能力。

【实验要求】

1. 文献查阅

选择一个题目，查阅有关的文献资料，拟定出合适的合成方法。鼓励实验者对查到的相关资料进行改进和设计新的合成和鉴定方法。

2. 样品合成

根据教师同意的方案，自己准备所需试剂与仪器设备，然后进行实验。

3. 组成和性质测定

根据所学过的内容和实验室可能提供的条件，进行定性或定量的检验。

【题目】

（1）以 $MnSO_4$ 为原料，制备酸式磷酸锰（$Mn(H_2PO_4)_2$）。

（2）以 Cr^{3+} 为原料制备醋酸铬（Ⅱ）水合物。

（3）$Na_2S_2O_3$ 的合成。

（4）氯化六氨合镍（Ⅱ）的制备。

（5）由 Cu 制 CuCl。

（6）由铁制草酸铁（Ⅱ）。

（7）离子交换法制取氧化镁。

（8）AlOCl 的合成。

（9）固相反应合成超细硼酸锌阻燃材料。

（10）溶胶凝胶法合成纳米 TiO_2。

附 录

附录一 中华人民共和国法定计量单位

表1 国际单位制（SI）的基本单位

量		单	位
名 称	符 号	名 称	符 号
长度	l	米	m
质量	m	千克	kg
时间	t	秒	s
电流	I	安［培］	A
热力学温度	T	开［尔文］	K
物质的量	n	摩［尔］	mol
发光强度	I_v	坎［德拉］	cd

表2 国际单位制中具有专门名称的导出单位

量		单		位
名 称	符 号	名 称	符号	用 SI 基本单位和 SI 导出单位表示
频率	ν	赫［兹］	Hz	s^{-1}
能［量］	E	焦［耳］	J	$kg \cdot m^2/s^2 = N \cdot m$
力	F	牛［顿］	N	$kg \cdot m/s^2 = J/m$
压力	p	帕［斯卡］	Pa	$kg/(m \cdot s^2) = N/m^2$
功率	P	瓦［特］	W	$kg \cdot m^2/s^2 = J/s$
电荷［量］	Q	库［仑］	C	$A \cdot s$
电位，电压，电动势	U	伏［特］	V	$kg \cdot m^2/(s^2 \cdot A) = J/(A \cdot s) = W/A$
电阻	R	欧［姆］	Ω	$kg \cdot m^2 \cdot s^3/A^2 = V/A$
电导	G	西［门子］	S	$s^3 \cdot A^2/(kg \cdot m^2) = \Omega^{-1}$
电容	C	法［拉］	F	$A^2 \cdot s^4/(kg \cdot m^2) = A \cdot s/V = C/V$
摄氏温度	t	摄氏度	℃	℃ = K

表3 用于构成十进倍数和分数单位的词头

因数	词头名称 英文	词头名称 中文	符号	因数	词头名称 英文	词头名称 中文	符号
10^{24}	yotta	尧[它]	Y	10^{-1}	deci	分	d
10^{21}	zetta	泽[它]	Z	10^{-2}	centi	厘	c
10^{18}	exa	艾[可萨]	E	10^{-3}	milli	毫	m
10^{15}	peta	拍[它]	P	10^{-6}	micro	微	μ
10^{12}	tera	太[拉]	T	10^{-9}	nano	纳[诺]	n
10^{9}	giga	吉[咖]	G	10^{-12}	pico	皮[可]	p
10^{6}	mega	兆	M	10^{-15}	femto	飞[母托]	f
10^{3}	kilo	千	k	10^{-18}	atto	阿[托]	a
10^{2}	hecto	百	h	10^{-21}	zepto	仄[普托]	z
10^{1}	deca	十	da	10^{-24}	yocto	幺[科托]	y

表4 某些可与国际单位制单位并用的我国法定计量单位

量的名称	单位名称	单位符号	与SI单位的关系
时间	分	min	1 min = 60 s
	[小]时	h	1 h = 60 min = 3 600 s
	日,(天)	d	1 d = 24 h = 86 400 s
体积	升	L,(l)	1 L = 1 dm^3 = 10^{-3} m^3
质量	吨	t	1 t = 10^3 kg
	原子质量单位	u	1 u ≈ 1.660 540 × 10^{-27} kg
长度	海里	n mile	1 n mile = 1 852 m（只用于航行）
能[量]	电子伏	eV	1 eV ≈ 1.602 177 × 10^{-19} J
面积	公顷	hm^2	1 hm^2 = 10^4 m^2

注：几种单位的换算。

(1) 1 J = 0.239 0 cal, 1 cal = 4.184 J

(2) 1 J = 9.869 cm^3 · atm, 1 cm^3 · atm = 0.1013 J

(3) 1 J = 6.242 × 10^{18} eV, 1 eV = 1.602 × 10^{-19} J

(4) 1 D（德拜） = 3.334 × 10^{-30} C · m（库仑·米），1 C · m = 2.999 × 10^{29} D

(5) 1 Å（埃）10^{-10} m = 0.1 nm = 100 pm

(6) 1 cm^{-1}（波数）= 1.986 × 10^{-23} J = 11.96 J/mol

附录二 元素的相对原子质量

原子序数	名称符号	英文名称	相对原子质量	原子序数	名称符号	英文名称	相对原子质量
1	氢 H	Hydrogen	1.007 94 (7)	42	钼 Mo	Molybdenum	95.94 (1)
2	氦 He	Helium	4.002 602 (2)	43	锝* Tc	Technetium	(97.99)
3	锂 Li	Lithium	6.941 (2)	44	钌 Ru	Ruthenium	101.07 (2)
4	铍 Be	Beryllium	9.012 182 3 (3)	45	铑 Rh	Rhodium	102.905 50 (2)
5	硼 B	Boron	10.811 (7)	46	钯 Pd	Palladium	106.42 (1)
6	碳 C	Carbon	12.010 7 (8)	47	银 Ag	Silver	107.868 2 (2)
7	氮 N	Nitrogen	14.006 7 (7)	48	镉 Cd	Cadmiun	112.411 (8)
8	氧 O	Oxygen	15.999 4 (3)	49	铟 In	Indium	114.818 (3)
9	氟 F	Fluorine	18.998 403 2 (5)	50	锡 Sn	Tin	118.710 (7)
10	氖 Ne	Neon	20.179 7 (6)	51	锑 Sb	Antimony	121.760 (1)
11	钠 Na	Sodium	22.989 770 (2)	52	碲 Te	Tellurium	127.60 (3)
12	镁 Mg	Magnesium	24.305 0 (6)	53	碘 I	Iodine	126.904 47 (3)
13	铝 Al	Aluminium	26.981 538 (2)	54	氙 Xe	Xenon	131.293 (6)
14	硅 Si	Silicon	28.085 5 (3)	55	铯 Cs	Caesium	132.905 45 (2)
15	磷 P	Phosphorus	30.973 761 (2)	56	钡 Ba	Barium	137.327 (7)
16	硫 S	Sulfur	32.065 (6)	57	镧 La	Lanthanum	138.905 5 (2)
17	氯 Cl	Chlorine	35.453 (2)	58	铈 Ce	Cerium	140.116 (1)
18	氩 Ar	Argon	39.948 (1)	59	镨 Pr	Praseodymium	140.907 65 (2)
19	钾 K	Potassium	39.098 3 (1)	60	钕 Nd	Neodymium	144.24 (3)
20	钙 Ca	Calcium	40.078 (4)	61	钷* Pm	Promethium	(147)
21	钪 Sc	Scandium	44.955 910 (8)	62	钐 Sm	Samarium	150.36 (3)
22	钛 Ti	Titanium	47.867 (1)	63	铕 Eu	Europium	151.964 (1)
23	钒 V	Vanadium	50.941 5 (1)	64	钆 Gd	Gadolinium	157.25 (3)
24	铬 Cr	Chromiun	51.996 1 (6)	65	铽 Tb	Terbium	158.925 34 (2)
25	锰 Mn	Manganese	54.938 049 (9)	66	镝 Dy	Dysprosium	162.50 (3)
26	铁 Fe	Iron	55.845 (2)	67	钬 Ho	Holmium	164.930 32 (2)
27	钴 Co	Cobalt	58.933 200 (9)	68	铒 Er	Erbium	167.259 (3)
28	镍 Ni	Nickel	58.693 4 (2)	69	铥 Tm	Thulium	168.934 21 (2)
29	铜 Cu	Copper	63.546 (3)	70	镱 Yb	Ytterbium	173.04 (3)
30	锌 Zn	Zinc	65.39 (2)	71	镥 Lu	Lutetium	174.967 (1)
31	镓 Ga	Gallium	69.723 (1)	72	铪 Hf	Hafnium	178.49 (2)
32	锗 Ge	Germanium	72.64 (1)	73	钽 Ta	Tantalum	180.947 9 (1)
33	砷 As	Arsenic	74.921 60 (2)	74	钨 W	Tungsten	183.84 (1)
34	硒 Se	Selenium	78.96 (3)	75	铼 Re	Rhenium	186.207 (1)
35	溴 Br	Bromine	79.904 (1)	76	锇 Os	Osmium	190.23 (3)
36	氪 Kr	Krypton	83.80 (1)	77	铱 Ir	Iridium	192.217 (3)
37	铷 Rb	Rubidium	85.467 8 (3)	78	铂 Pt	Platinum	195.078 (2)
38	锶 Sr	Strontium	87.62 (1)	79	金 Au	Gold	196.966 55 (2)
39	钇 Y	Yttrium	88.905 85 (2)	80	汞 Hg	Mercury	200.59 (2)
40	锆 Zr	Zirconium	91.224 (2)	81	铊 Tl	Thallium	204.383 3 (2)
41	铌 Nb	Niobium	92.906 38 (2)	82	铅 Pb	Lead	207.2 (1)

续表

原子序数	名称符号	英文名称	相对原子质量	原子序数	名称符号	英文名称	相对原子质量
83	铋 Bi	Bismuth	208.980 38(2)	98	锎*Cf	Californium	(251)
84	钋*Po	Polonium	(209,210)	99	锿*Es	Einsteinium	(252)
85	砹*At	Astatine	(210)	100	镄*Fm	Fermium	(257)
86	氡*Rn	Radon	(222)	101	钔*Md	Mendelevium	(258)
87	钫*Fr	Francium	(223)	102	锘*No	Nobelium	(259)
88	镭*Ra	Radium	(226)	103	铹*Lr	Lawrencium	(260)
89	锕*Ac	Actinium	(227)	104	𬬻*Rf	Rutherfordium	(261)
90	钍*Th	Thorium	232.038 1(1)	105	𬭊*Db	Dubnium	(262)
91	镤*Pa	Protactinium	231.035 88(2)	106	𬭳*Sg	Seaborgium	(263)
92	铀*U	Uranium	238.028 91(3)	107	𬭛*Bh	Bohrium	(264)
93	镎*Np	Neptunium	(237)	108	𬭶*Hs	Hassium	(265)
94	钚*Pu	Plutonium	(239,244)	109	鿏*Mt	Meitnerium	(268)
95	镅*Am	Americium	(243)	110	𫟼*Ds		(269)
96	锔*Cm	Curium	(247)	111	*Uuu		(272)
97	锫*Bk	Berkelium	(247)	112	*Uub		(277)

注：本表相对原子质量引自1997年国际相对原子质量表，以$^{12}C=12$为基准。末位数的准确度加注在其后括号内。加括号的相对原子质量为放射性元素最长寿命同位素的质量数。加*者为放射性元素。

附录三　不同温度下水的饱和蒸汽压

温　度 T/K	饱和蒸汽压 $p(H_2O)/kPa$	温　度 T/K	饱和蒸汽压 $p(H_2O)/kPa$
274	0.657 16	292	2.198 7
275	0.706 05	293	2.338 8
276	0.758 13	294	2.487 7
277	0.813 59	295	2.644 7
278	0.872 60	296	2.810 4
279	0.935 37	297	2.985 0
280	1.002 1	298	3.169 0
281	1.073 0	299	3.362 9
282	1.148 2	300	3.567 0
283	1.228 1	301	3.781 8
284	1.312 9	302	4.007 8
285	1.402 7	303	4.245 5
286	1.497 9	304	4.495 3
287	1.598 8	305	4.757 8
288	1.705 6	306	5.033 5
289	1.818 3	307	5.322 9
290	1.938 0	308	5.626 7
291	2.064 4	309	5.945 3

注：数据录自 David R. Lide, CRC Handbook of Chemistry and Physics, 71st ed, 1990~1991, 6~12。

附录四 实验室常用酸、碱溶液的浓度

溶液名称	密度/(g·cm^{-3})(20 ℃)	质量百分数/%	物质的量浓度/(mol·dm^{-3})
H_2SO_4(浓)	1.84	98	18
H_2SO_4(稀)	1.18	25	3
	1.16	9.1	1
HNO_3(浓)	1.42	68	16
HNO_3(稀)	1.20	32	6
	1.07	12	2
HCl(浓)	1.19	38	12
HCl(稀)	1.10	20	6
	1.033	7	2
H_3PO_4	1.7	86	15
浓高氯酸($HClO_4$)	1.7~1.75	70~72	12
$HClO_4$(稀)	1.12	19	2
冰醋酸(HAc)	1.05	99~100	17.5
HAc(稀)	1.02	12	2
氢氟酸(HF)	1.13	40	23
浓氨水($NH_3·H_2O$)	0.90	27	14
稀氨水	0.98	3.5	2
NaOH(浓)	1.43	40	14
	1.33	30	13
NaOH(稀)	1.09	8	2
$Ba(OH)_2$(饱和)	/	2	~0.1%
$Ca(OH)_2$(饱和)	/	0.15	

附录五 弱酸、弱碱的解离常数

表1 弱酸的解离常数 (298.15 K)

弱酸	解离常数 $K_a^{\ominus}$
H_3AsO_4	$K_{a1}^{\ominus}=5.7\times10^{-3}$；$K_{a2}^{\ominus}=1.7\times10^{-7}$；$K_{a3}^{\ominus}=2.5\times10^{-12}$
H_3AsO_3	$K_{a1}^{\ominus}=5.9\times10^{-10}$
H_3BO_3	5.8×10^{-9}

续表

弱　　酸	解　离　常　数　$K_a^\ominus$
HOBr	2.6×10^{-10}
H_2CO_3	$K_{a1}^\ominus = 4.2 \times 10^{-7}$；$K_{a2}^\ominus = 4.7 \times 10^{-11}$
HCN	5.8×10^{-10}
H_2CrO_4	($K_{a1}^\ominus = 9.55$；$K_{a2}^\ominus = 3.2 \times 10^{-7}$)
HOCl	2.8×10^{-8}
$HClO_2$	1.0×10^{-2}
HF	6.9×10^{-4}
HOI	2.4×10^{-11}
HIO_3	0.16
H_5IO_6	$K_{a1}^\ominus = 4.4 \times 10^{-4}$；$K_{a2}^\ominus = 2 \times 10^{-7}$；$K_{a3}^\ominus = 6.3 \times 10^{-13}$①
HNO_2	6.0×10^{-4}
HN_3	2.4×10^{-5}
H_2O_2	$K_{a1}^\ominus = 2.0 \times 10^{-12}$
H_3PO_4	$K_{a1}^\ominus = 6.7 \times 10^{-3}$；$K_{a2}^\ominus = 6.2 \times 10^{-8}$；$K_{a3}^\ominus = 4.5 \times 10^{-13}$
$H_4P_2O_7$	$K_{a1}^\ominus = 2.9 \times 10^{-2}$；$K_{a2}^\ominus = 5.3 \times 10^{-3}$；$K_{a3}^\ominus = 2.2 \times 10^{-7}$；$K_{a4}^\ominus = 4.8 \times 10^{-10}$
H_2SO_4	$K_{a2}^\ominus = 1.0 \times 10^{-2}$
H_2SO_3	$K_{a1}^\ominus = 1.7 \times 10^{-2}$；$K_{a2}^\ominus = 6.0 \times 10^{-8}$
H_2Se	$K_{a1}^\ominus = 1.5 \times 10^{-4}$；$K_{a2}^\ominus = 1.1 \times 10^{-15}$
H_2S	$K_{a1}^\ominus = 8.9 \times 10^{-8}$；$K_{a2}^\ominus = 7.1 \times 10^{-19}$②
H_2SeO_4	$K_{a2}^\ominus = 1.2 \times 10^{-2}$
H_2SeO_3	$K_{a1}^\ominus = 2.7 \times 10^{-2}$；$K_{a2}^\ominus = 5.0 \times 10^{-8}$
HSCN	0.14
$H_2C_2O_4$(草酸)	$K_{a1}^\ominus = 5.4 \times 10^{-2}$；$K_{a2}^\ominus = 5.4 \times 10^{-5}$
HCOOH(甲酸)	1.8×10^{-4}
HAc(乙酸)	1.8×10^{-5}
$ClCH_2COOH$(氯乙酸)	1.4×10^{-3}
EDTA	$K_{a1}^\ominus = 1.0 \times 10^{-2}$；$K_{a2}^\ominus = 2.1 \times 10^{-3}$；$K_{a3}^\ominus = 6.9 \times 10^{-7}$；$K_{a4}^\ominus = 5.9 \times 10^{-11}$

表2　弱碱的解离常数（298.15K）

弱　　碱	解　离　常　数　$K_b^\ominus$
$NH_3 \cdot H_2O$	1.8×10^{-5}
N_2H_4(联氨)	9.8×10^{-7}
NH_2OH(羟氨)	9.1×10^{-9}
CH_3NH_2(甲胺)	4.2×10^{-4}
$C_6H_5NH_2$(苯胺)	(4×10^{-10})
$(CH_2)_6N_4$(六次甲基四胺)	(1.4×10^{-9})

附录六　难溶电解质的溶度积常数

化学式	$K_{sp}^{\ominus}$	化学式	$K_{sp}^{\ominus}$
AgAc	1.9×10^{-3}	$BiONO_3$	4.1×10^{-5}
Ag_3AsO_4	1.0×10^{-22}	$CaCO_3$	4.9×10^{-9}
AgBr	5.3×10^{-13}	$CaC_2O_4 \cdot H_2O$	2.3×10^{-9}
AgCl	1.8×10^{-10}	$CaCrO_4$	(7.1×10^{-4})
Ag_2CO_3	8.3×10^{-12}	CaF_2	1.5×10^{-10}
Ag_2CrO_4	1.1×10^{-12}	$Ca(OH)_2$	4.6×10^{-6}
AgCN	5.9×10^{-17}	$CaHPO_4$	1.8×10^{-7}
$Ag_2Cr_2O_7$	(2.0×10^{-7})	$Ca_3(PO_4)_2$(低温)	2.1×10^{-33}
$Ag_2C_2O_4$	5.3×10^{-12}	$CaSO_4$	7.1×10^{-5}
$AgIO_3$	3.1×10^{-8}	$Cd(OH)_2$(沉淀)	5.3×10^{-15}
AgI	8.3×10^{-17}	$Ce(OH)_3$	(1.6×10^{-20})
Ag_2MoO_4	2.8×10^{-12}	$Ce(OH)_4$	(2×10^{-28})
$AgNO_2$	3.0×10^{-5}	$Co(OH)_2$(陈)	2.3×10^{-16}
Ag_3PO_4	8.7×10^{-17}	$Co(OH)_3$	(1.6×10^{-44})
Ag_2SO_4	1.2×10^{-5}	$Cr(OH)_3$	(6.3×10^{-31})
Ag_2SO_3	1.5×10^{-14}	CuBr	6.9×10^{-9}
AgSCN	1.0×10^{-12}	CuCl	1.7×10^{-7}
$Al(OH)_3$(无定型)	(1.3×10^{-33})	CuCN	3.5×10^{-20}
AuCl	(2.0×10^{-13})	CuI	1.2×10^{-12}
$AuCl_3$	(3.2×10^{-25})	CuSCN	1.8×10^{-13}
$BaCO_3$	2.6×10^{-9}	$CuCO_3$	(1.4×10^{-10})
$BaCrO_4$	1.2×10^{-10}	$Cu(OH)_2$	(2.2×10^{-20})
BaF_2	1.8×10^{-7}	$Cu_2P_2O_7$	7.6×10^{-16}
$Ba(NO_3)_2$	6.1×10^{-4}	$FeCO_3$	3.1×10^{-11}
$Ba_3(PO_4)_2$	(3.4×10^{-23})	$Fe(OH)_2$	4.86×10^{-17}
$BaSO_4$	1.1×10^{-10}	$Fe(OH)_3$	2.8×10^{-39}
$Be(OH)_2$	6.7×10^{-22}	HgI_2	2.8×10^{-29}
$Bi(OH)_3$	(4×10^{-31})	$HgCO_3$	3.7×10^{-17}
BiI_3	7.5×10^{-19}	$HgBr_2$	6.3×10^{-20}
BiOBr	6.7×10^{-9}	Hg_2Cl_2	1.4×10^{-18}
BiOCl	1.6×10^{-8}	Hg_2CrO_4	(2.0×10^{-9})

续表

化学式	$K_{sp}^{\ominus}$	化学式	$K_{sp}^{\ominus}$
Hg_2I_2	5.3×10^{-29}	$PbBr_2$	6.6×10^{-6}
Hg_2SO_4	7.9×10^{-7}	$PbCl_2$	1.7×10^{-5}
$K_2[PtCl_6]$	7.5×10^{-6}	$PbCrO_4$	(2.8×10^{-13})
Li_2CO_3	8.1×10^{-4}	PbI_2	8.4×10^{-9}
LiF	1.8×10^{-3}	$Pb(N_3)_2$(斜方)	2.0×10^{-9}
Li_3PO_4	(3.2×10^{-9})	$PbSO_4$	1.8×10^{-8}
$MgCO_3$	6.8×10^{-6}	$Sn(OH)_2$	5.0×10^{-27}
MgF_2	7.4×10^{-11}	$Sn(OH)_4$	(1×10^{-56})
$Mg(OH)_2$	5.1×10^{-12}	$SrCO_3$	5.6×10^{-10}
$Mg_3(PO_4)_2$	1.0×10^{-24}	$SrCrO_4$	(2.2×10^{-5})
$MnCO_3$	2.2×10^{-11}	$SrSO_4$	3.4×10^{-7}
$Mn(OH)_2$(am)	2.1×10^{-13}	$TlCl$	1.9×10^{-4}
$NiCO_3$	1.4×10^{-7}	TlI	5.5×10^{-8}
$Ni(OH)_2$(新)	5.0×10^{-16}	$Tl(OH)_3$	1.5×10^{-44}
$Pb(OH)_2$	1.43×10^{-20}	$ZnCO_3$	1.2×10^{-10}
$PbCO_3$	1.5×10^{-13}	$Zn(OH)_2$	6.8×10^{-17}

附录七 标准电极电势(298.15K)

电极反应 氧化型 + ze^- ⇌ 还原型	$E^{\ominus}/V$
$Li^+(aq) + e^- \rightleftharpoons Li(s)$	-3.040
$Cs^+(aq) + e^- \rightleftharpoons Cs(s)$	-3.027
$Rb^+(aq) + e^- \rightleftharpoons Rb(s)$	-2.943
$K^+(aq) + e^- \rightleftharpoons K(s)$	-2.936
$Ra^{2+}(aq) + 2e^- \rightleftharpoons Ra(s)$	-2.910
$Ba^{2+}(aq) + 2e^- \rightleftharpoons Ba(s)$	-2.906
$Sr^{2+}(aq) + 2e^- \rightleftharpoons Sr(s)$	-2.899
$Ca^{2+}(aq) + 2e^- \rightleftharpoons Ca(s)$	-2.869
$Na^+(aq) + e^- \rightleftharpoons Na(s)$	-2.714
$La^{3+}(aq) + 3e^- \rightleftharpoons La(s)$	-2.362
$Mg^{2+}(aq) + 2e^- \rightleftharpoons Mg(s)$	-2.357
$Sc^{3+}(aq) + 3e^- \rightleftharpoons Sc(s)$	-2.027

续表

电 极 反 应 氧 化 型 + ze^- ⇌ 还 原 型	$E^\ominus$/V
$Be^{2+}(aq) + 2e^- \rightleftharpoons Be(s)$	−1.968
$Al^{3+}(aq) + 3e^- \rightleftharpoons Al(s)$	−1.68
$[SiF_6]^{2-}(aq) + 4e^- \rightleftharpoons Si(s) + 6F^-(aq)$	−1.365
$Mn^{2+}(aq) + 2e^- \rightleftharpoons Mn(s)$	−1.182
$SiO_2(am) + 4H^+(aq) + 4e^- \rightleftharpoons Si(s) + 2H_2O$	−0.975 4
*$SO_4^{2-}(aq) + H_2O(l) + 2e^- \rightleftharpoons SO_3^{2-}(aq) + 2OH^-(aq)$	−0.936 2
*$Fe(OH)_2(s) + 2e^- \rightleftharpoons Fe(s) + 2OH^-(aq)$	−0.891 4
$H_3BO_3(s) + 3H^+ + 3e^- \rightleftharpoons B(s) + 3H_2O(l)$	−0.889 4
$Zn^{2+}(aq) + 2e^- \rightleftharpoons Zn(s)$	−0.762 1
$Cr^{3+}(aq) + 3e^- \rightleftharpoons Cr(s)$	(−0.74)
*$FeCO_3(s) + 2e^- \rightleftharpoons Fe(s) + CO_3^{2-}(aq)$	−0.719 6
$2CO_2(g) + 2H^+(aq) + 2e^- \rightleftharpoons H_2C_2O_4(aq)$	−0.595 0
*$2SO_3^{2-}(aq) + 3H_2O(l) + 4e^- \rightleftharpoons S_2O_3^{2-}(aq) + 6OH^-(aq)$	−0.565 9
$Ca^{3+}(aq) + 3e^- \rightleftharpoons Ga(s)$	−0.549 3
$Fe(OH)_3(s) + e^- \rightleftharpoons Fe(OH)_2(s) + OH^-(aq)$	−0.546 8
$Sb(s) + 3H^+(aq) + 3e^- \rightleftharpoons SbH_3(g)$	−0.510 4
$In^{3+}(aq) + 2e^- \rightleftharpoons In^+(aq)$	−0.445
*$S(s) + 2e^- \rightleftharpoons S^{2-}(aq)$	−0.445
$Cr^{3+}(aq) + e^- \rightleftharpoons Cr^{2+}(aq)$	(−0.41)
$Fe^{2+}(aq) + 2e^- \rightleftharpoons Fe(s)$	−0.408 9
*$Ag(CN)_2^-(aq) + e^- \rightleftharpoons Ag(s) + 2CN^-(aq)$	−0.407 3
$Cd^{2+}(aq) + 2e^- \rightleftharpoons Cd(s)$	−0.402 2
$PbI_2 + 2e^- \rightleftharpoons Pb(s) + 2I^-(aq)$	−0.365 3
*$Cu_2O(s) + H_2O(l) + 2e^- \rightleftharpoons 2Cu(s) + 2OH^-(aq)$	−0.355 7
$PbSO_4(s) + 2e^- \rightleftharpoons Pb(s) + SO_4^{2-}(aq)$	−0.355 5
$In^{3+}(aq) + 3e^- \rightleftharpoons In(s)$	−0.338
$Tl^+ + e^- \rightleftharpoons Tl(s)$	−0.335 8
$Co^{2+}(aq) + 2e^- \rightleftharpoons Co(s)$	−0.282
$PbBr_2(s) + 2e^- \rightleftharpoons Pb(s) + 2Br^-(aq)$	−0.279 8
$PbCl_2(s) + 2e^- \rightleftharpoons Pb(s) + 2Cl^-(aq)$	−0.267 6
$As(s) + 3H^+(aq) + 3e^- \rightleftharpoons AsH_3(g)$	−0.238 1

续表

电 极 反 应 氧 化 型 $+ze^-$ ⇌ 还 原 型	$E^{\ominus}/V$
$Ni^{2+}(aq) + 2e^- \rightleftharpoons Ni(s)$	−0.2363
$VO_2^+(aq) + 4H^+ + 5e^- \rightleftharpoons V(s) + 2H_2O(l)$	−0.2337
$N_2(g) + 5H^+(aq) + 4e^- \rightleftharpoons N_2H_5^+(aq)$	−0.2138
$CuI(s) + e^- \rightleftharpoons Cu(s) + I^-(aq)$	−0.1858
$AgCN(s) + e^- \rightleftharpoons Ag(s) + CN^-(aq)$	−0.1606
$AgI(s) + e^- \rightleftharpoons Ag(s) + I^-(aq)$	−0.1515
$Sn^{2+}(aq) + e^- \rightleftharpoons Sn(s)$	−0.1410
$Pb^{2+}(aq) + e^- \rightleftharpoons Pb(s)$	−0.1266
$In^+(aq) + e^- \rightleftharpoons In(s)$	−0.125
*$CrO_4^{2-}(aq) + 2H_2O(l) + 3e^- \rightleftharpoons CrO_2^-(aq) + 4OH^-(aq)$	(−0.12)
$Se(s) + 2H^+(aq) + 2e^- \rightleftharpoons H_2Se(aq)$	−0.1150
$WO_3(s) + 6H^+(aq) + 6e^- \rightleftharpoons W(s) + 3H_2O(l)$	−0.0909
*$2Cu(OH)_2(s) + 2e^- \rightleftharpoons Cu_2O(s) + 2OH^-(aq) + H_2O(l)$	(−0.08)
$MnO_2(s) + 2H_2O(l) + 2e^- \rightleftharpoons Mn(OH)_2(am) + 2OH^-(aq)$	−0.0514
$[HgI_4]^{2-}(aq) + 2e^- \rightleftharpoons Hg(l) + 4I^-(aq)$	−0.02809
$2H^+(aq) + 2e^- \rightleftharpoons H_2(g)$	0
*$NO_3^-(aq) + H_2O(l) + e^- \rightleftharpoons NO_2^-(aq) + 2OH^-(aq)$	0.00849
$S_4O_6^{2-}(aq) + 2e^- \rightleftharpoons 2S_2O_3^{2-}(aq)$	0.02384
$AgBr(s) + e^- \rightleftharpoons Ag(s) + Br^-(aq)$	0.07317
$S(s) + 2H^+(aq) + 2e^- \rightleftharpoons H_2S(aq)$	0.1442
$Sn^{4+}(aq) + 2e^- \rightleftharpoons Sn^{2+}(aq)$	0.1539
$SO_4^{2-}(aq) + 4H^+(aq) + 2e^- \rightleftharpoons H_2SO_3(aq) + H_2O(l)$	0.1576
$Cu^{2+}(aq) + e^- \rightleftharpoons Cu^+(aq)$	0.1607
$AgCl(a) + e^- \rightleftharpoons Ag(s) + Cl^-$	0.2222
$[HgBr_4]^{2-}(aq) + 2e^- \rightleftharpoons Hg(l) + 4Br^-(aq)$	0.2318
$HAsO_2(aq) + 3H^+(aq) + 3e^- \rightleftharpoons As(s) + 2H_2O(l)$	0.2473
$PbO_2(s) + H_2O(l) + 2e^- \rightleftharpoons PbO(s,黄色) + 2OH^-(aq)$	0.2483
$Hg_2Cl_2(s) + 2e^- \rightleftharpoons 2Hg(l) + 2Cl^-(aq)$	0.2680
$BiO^+(aq) + 2H^+(aq) + 3e^- \rightleftharpoons Bi(s) + H_2O(l)$	0.3134
$Cu^{2+}(aq) + 2e^- \rightleftharpoons Cu(s)$	0.3394
*$Ag_2O(s) + H_2O(l) + 2e^- \rightleftharpoons 2Ag(s) + 2OH^-(aq)$	0.3428

续表

电 极 反 应	
氧 化 型 $+ ze^- \rightleftharpoons$ 还 原 型	$E^{\ominus}/V$
$[Fe(CN)_6]^{3-}(aq) + e^- \rightleftharpoons [Fe(CN)_6]^{4-}(aq)$	0.355 7
$[Ag(NH_3)_2]^+(aq) + e^- \rightleftharpoons Ag(s) + 2NH_3(aq)$	0.371 9
*$ClO_4^-(aq) + H_2O(l) + 2e^- \rightleftharpoons ClO_3^-(aq) + 2OH^-(aq)$	0.397 9
*$O_2(g) + 2H_2O(l) + 4e^- \rightleftharpoons 4OH^-(aq)$	0.400 9
$2H_2SO_3(aq) + 2H^+(aq) + 4e^- \rightleftharpoons S_2O_3^{2-}(aq) + 3H_2O(l)$	0.410 1
$Ag_2CrO_4(s) + 2e^- \rightleftharpoons 2Ag(s) + CrO_4^{2-}(aq)$	0.445 6
$2BrO^-(aq) + 2H_2O(l) + 2e^- \rightleftharpoons Br_2(l) + 4OH^-(aq)$	0.455 6
$H_2SO_3(aq) + 4H^+(aq) + 4e^- \rightleftharpoons S(s) + 3H_2O(l)$	0.449 7
$Cu^+(aq) + e^- \rightleftharpoons Cu(s)$	0.518 0
$TeO_2(s) + 4H^+(aq) + 4e^- \rightleftharpoons Te(s) + 2H_2O(l)$	0.528 5
$I_2(s) + 2e^- \rightleftharpoons 2I^-(aq)$	0.534 5
$MnO_4^-(aq) + e^- \rightleftharpoons MnO_4^{2-}(aq)$	0.554 5
$H_3AsO_4(aq) + 2H^+(aq) + 2e^- \rightleftharpoons H_3AsO_3(aq) + H_2O(l)$	0.574 8
*$MnO_4^-(aq) + 2H_2O(l) + 3e^- \rightleftharpoons MnO_2(s) + 4OH^-(aq)$	0.596 5
*$BrO_3^-(aq) + 3H_2O(l) + 6e^- \rightleftharpoons Br^-(aq) + 6OH^-(aq)$	0.612 6
*$MnO_4^{2-}(aq) + 2H_2O(l) + 2e^- \rightleftharpoons MnO_2(s) + 4OH^-(aq)$	0.617 5
$2HgCl_2(aq) + 2e^- \rightleftharpoons Hg_2Cl_2(s) + 2Cl^-(aq)$	0.657 1
*$ClO_2^-(aq) + H_2O(l) + 2e^- \rightleftharpoons ClO^-(aq) + 2OH^-(aq)$	0.680 7
$O_2(g) + 2H^+(aq) + 2e^- \rightleftharpoons H_2O_2(aq)$	0.694 5
$Fe^{3+}(aq) + e^- \rightleftharpoons Fe^{2+}(aq)$	0.769
$Hg_2^{2+}(aq) + 2e^- \rightleftharpoons 2Hg(l)$	0.795 6
$NO_3^-(aq) + 2H^+(aq) + e^- \rightleftharpoons NO_2(g) + H_2O(l)$	0.798 9
$Ag^+(aq) + e^- \rightleftharpoons Ag(s)$	0.799 1
$[PtCl_4]^{2-}(aq) + 2e^- \rightleftharpoons Pt(s) + 4Cl^-(aq)$	0.847 3
$Hg^{2+}(aq) + 2e^- \rightleftharpoons Hg(l)$	0.851 9
*$HO_2^-(aq) + H_2O(l) + 2e^- \rightleftharpoons 3OH^-(aq)$	0.867 0
*$ClO^-(aq) + H_2O(l) + 2e^- \rightleftharpoons Cl^-(aq) + 2OH^-$	0.890 2
$2Hg^{2+}(aq) + 2e^- \rightleftharpoons Hg_2^{2+}(aq)$	0.908 3
$NO_3^-(aq) + 3H^+(aq) + 2e^- \rightleftharpoons HNO_2(aq) + H_2O(l)$	0.927 5
$NO_3^-(aq) + 4H^+(aq) + 3e^- \rightleftharpoons NO(g) + 2H_2O(l)$	0.963 7
$HNO_2(aq) + H^+(aq) + e^- \rightleftharpoons NO(g) + H_2O(l)$	1.04

续表

电极反应 氧化型 + ze^- ⇌ 还原型	$E^{\ominus}/V$
$NO_2(g) + H^+(aq) + e^- \rightleftharpoons HNO_2(aq)$	1.056
*$ClO_2(aq) + e^- \rightleftharpoons ClO_2^-(aq)$	1.066
$Br_2(l) + 2e^- \rightleftharpoons 2Br^-(aq)$	1.077 4
$ClO_3^-(aq) + 3H^+(aq) + 2e^- \rightleftharpoons HClO_2(aq) + H_2O(l)$	1.157
$ClO_2(aq) + H^+(aq) + e^- \rightleftharpoons HClO_2(aq)$	1.184
$2IO_3^-(aq) + 12H^+(aq) + 10e^- \rightleftharpoons I_2(s) + 6H_2O(l)$	1.209
$ClO_4^-(aq) + 2H^+(aq) + 2e^- \rightleftharpoons ClO_3^-(aq) + H_2O(l)$	1.226
$O_2(g) + 4H^+(aq) + 4e^- \rightleftharpoons 2H_2O(l)$	1.229
$MnO_2(s) + 4H^+(aq) + 2e^- \rightleftharpoons Mn^{2+}(aq) + 2H_2O(l)$	1.229 3
*$O_3(g) + H_2O(l) + 2e^- \rightleftharpoons O_2(g) + 2OH^-(aq)$	1.247
$Tl^{3+}(aq) + 2e^- \rightleftharpoons Tl^+(aq)$	1.280
$2HNO_2(aq) + 4H^+(aq) + 4e^- \rightleftharpoons N_2O(g) + 3H_2O(l)$	1.311
$Cr_2O_7^{2-}(aq) + 14H^+(aq) + 6e^- \rightleftharpoons 2Cr^{3+}(aq) + 7H_2O(l)$	(1.33)
$Cl_2(g) + 2e^- \rightleftharpoons 2Cl^-(aq)$	1.360
$2HIO(aq) + 2H^+(aq) + 2e^- \rightleftharpoons I_2(s) + 2H_2O(l)$	1.431
$PbO_2(s) + 4H^+(aq) + 2e^- \rightleftharpoons Pb^{2+}(aq) + 2H_2O(l)$	1.458
$Au^{3+}(aq) + 3e^- \rightleftharpoons Au(s)$	(1.50)
$Mn^{3+}(aq) + e^- \rightleftharpoons Mn^{2+}(aq)$	(1.51)
$MnO_4^-(aq) + 8H^+(aq) + 5e^- \rightleftharpoons Mn^{2+}(aq) + 4H_2O(l)$	1.512
$2BrO_3^-(aq) + 12H^+(aq) + 10e^- \rightleftharpoons Br_2(l) + 6H_2O(l)$	1.513
$Cu^{2+}(aq) + 2CN^-(aq) + e^- \rightleftharpoons Cu(CN)_2^-(aq)$	1.580
$H_5IO_6(aq) + H^+(aq) + 2e^- \rightleftharpoons IO_3^-(aq) + 3H_2O(l)$	(1.60)
$2HBrO(aq) + 2H^+(aq) + 2e^- \rightleftharpoons Br_2(l) + 2H_2O(l)$	1.604
$2HClO(aq) + 2H^+(aq) + 2e^- \rightleftharpoons Cl_2(g) + 2H_2O(l)$	1.630
$HClO_2(aq) + 2H^+(aq) + 2e^- \rightleftharpoons HClO(aq) + H_2O(l)$	1.673
$Au^+(aq) + e^- \rightleftharpoons Au(s)$	(1.68)
$MnO_4^-(aq) + 4H^+(aq) + 3e^- \rightleftharpoons MnO_2(s) + 2H_2O(l)$	1.700
$H_2O_2(aq) + 2H^+(aq) + 2e^- \rightleftharpoons 2H_2O(l)$	1.763
$S_2O_8^{2-}(aq) + 2e^- \rightleftharpoons 2SO_4^{2-}(aq)$	1.939
$Co^{3+}(aq) + e^- \rightleftharpoons Co^{2+}(aq)$	1.95
$Ag^{2+}(aq) + e^- \rightleftharpoons Ag^+(aq)$	1.989

电　极　反　应	$E^{\ominus}/V$
氧　化　型 $+ze^- \rightleftharpoons$ 还　原　型	
$O_3(g) + 2H^+(aq) + 2e^- \rightleftharpoons O_2(g) + H_2O(l)$	2.075
$F_2(g) + 2e^- \rightleftharpoons 2F^-(aq)$	2.889
$F_2(g) + 2H^+(aq) + 2e^- \rightleftharpoons 2HF(aq)$	3.076

说明：附表六和附录七中的数据是根据 Wagman D. D et al.，《NBS 化学热力学性质表》（刘天和、赵梦月译，中国标准出版社，1998 年 6 月）中的数据计算得来的。括号中的数据取自于 Dean J. A. *Lange's Handbook of Chemistry* 13th ed. 1985.

附录八　配离子的标准稳定常数(298.15K)

配　离　子	$K_f^{\ominus}$	配　离　子	$K_f^{\ominus}$
$AgCl_2^-$	1.84×10^5	$Cd(CN)_4^{2-}$	1.95×10^{18}
$AgBr_2^-$	1.93×10^7	$Cd(OH)_4^{2-}$	1.20×10^9
AgI_2^-	4.80×10^{10}	$CdBr_4^{2-}$	(5.0×10^3)
$Ag(NH_3)^+$	2.07×10^3	$CdCl_4^{2-}$	(6.3×10^2)
$Ag(NH_3)_2^+$	1.67×10^7	CdI_4^{2-}	4.05×10^5
$Ag(CN)_2^-$	2.48×10^{20}	$Cd(en)_3^{2+}$	(1.2×10^{12})
$Ag(SCN)_2^-$	2.04×10^8	$Cd(EDTA)^{2-}$	(2.5×10^{16})
$Ag(S_2O_3)_2^{3-}$	(2.9×10^{13})	$Co(NH_3)_4^{2+}$	1.16×10^5
$Ag(en)_2^+$	(5.0×10^7)	$Co(NH_3)_6^{2+}$	1.3×10^5
$Ag(EDTA)^{3-}$	(2.1×10^7)	$Co(NH_3)_6^{3+}$	(1.6×10^{35})
$Al(OH)_4^-$	3.31×10^{33}	$Co(NCS)_4^{2-}$	(1.0×10^3)
AlF_6^{3-}	(6.9×10^{19})	$Co(EDTA)^{2-}$	(2.0×10^{16})
$Al(EDTA)^-$	(1.3×10^{16})	$Co(EDTA)^-$	(1×10^{36})
$Ba(EDTA)^{2-}$	(6.0×10^7)	$Cr(OH)_4^-$	(7.8×10^{29})
$Be(EDTA)^{2-}$	(2×10^9)	$Cr(EDTA)^-$	(1.0×10^{23})
$BiCl_4^-$	7.96×10^6	$CuCl_2^-$	6.91×10^4
$BiCl_6^{3-}$	2.45×10^7	$CuCl_3^{2-}$	4.55×10^5
$BiBr_4^-$	5.92×10^7	CuI_2^-	(7.1×10^8)
BiI_4^-	8.88×10^{14}	$Cu(SO_3)_3^{3-}$	4.13×10^8
$Bi(EDTA)^-$	(6.3×10^{22})	$Cu(NH_3)_4^{2+}$	2.30×10^{12}
$Ca(EDTA)^{2-}$	(1×10^{11})	$Cu(P_2O_7)_2^{6-}$	8.24×10^8
$Cd(NH_3)_4^{2+}$	2.78×10^7	$Cu(C_2O_4)_2^{2-}$	2.35×10^9

续表

配 离 子	$K_f^\ominus$	配 离 子	$K_f^\ominus$
$Cu(CN)_2^-$	9.98×10^{23}	$Ni(N_2H_4)_6^{2+}$	1.04×10^{12}
$Cu(CN)_3^{2-}$	4.21×10^{28}	$Ni(en)_3^{2+}$	2.1×10^{18}
$Cu(CN)_4^{3-}$	2.03×10^{30}	$Ni(EDTA)^{2-}$	(3.6×10^{18})
$Cu(CNS)_4^{3-}$	8.66×10^9	$Pb(OH)_3^-$	8.27×10^{13}
$Cu(EDTA)^{2-}$	(5.0×10^{18})	$PbCl_3^-$	27.2
FeF^{2+}	7.1×10^6	$PbBr_3^-$	15.5
FeF_2^+	3.8×10^{11}	PbI_3^-	2.67×10^3
$Fe(CN)_6^{3-}$	4.1×10^{52}	PbI_4^{2-}	1.66×10^4
$Fe(CN)_6^{4-}$	4.2×10^{45}	$Pb(CH_3CO_2)^+$	152.4
$Fe(NCS)^{2+}$	9.1×10^2	$Pb(CH_3CO_2)_2$	826.3
$FeBr^{2+}$	4.17	$Pb(EDTA)^{2-}$	(2×10^{18})
$FeCl^{2+}$	24.9	$PbCl_3^-$	2.10×10^{10}
$Fe(C_2O_4)_3^{3-}$	(1.6×10^{20})	$PdBr_4^{2-}$	6.05×10^{13}
$Fe(C_2O_4)_3^{4-}$	1.7×10^5	PdI_4^{2-}	4.36×10^{22}
$Fe(EDTA)^{2-}$	(2.1×10^{14})	$Pd(NH_3)_4^{2+}$	3.10×10^{25}
$Fe(EDTA)^-$	(1.7×10^{24})	$Pd(CN)_4^{2-}$	5.20×10^{41}
$HgCl^+$	5.73×10^6	$Pd(CNS)_4^{2-}$	9.43×10^{23}
$HgCl_2$	1.46×10^{13}	$Pd(EDTA)^{2-}$	(3.2×10^{18})
$HgCl_3^-$	9.6×10^{13}	$PtCl_4^{2-}$	9.86×10^{15}
$HgCl_4^{2-}$	1.31×10^{15}	$PtBr_4^{2-}$	6.47×10^{17}
$HgBr_4^{2-}$	9.22×10^{20}	$Pt(NH_3)_4^{2+}$	2.18×10^{35}
HgI_4^{2-}	5.66×10^{29}	$Sc(EDTA)^-$	1.3×10^{23}
$Hg(NH_3)_4^{2+}$	1.95×10^{19}	$Zn(OH)_3^-$	1.64×10^{13}
$Hg(CN)_4^{2-}$	1.82×10^{41}	$Zn(OH)_4^{2-}$	2.83×10^{14}
HgS_2^{2-}	3.36×10^{51}	$Zn(NH_3)_4^{2+}$	3.60×10^8
$Hg(CNS)_4^{2-}$	4.98×10^{21}	$Zn(CN)_4^{2-}$	5.71×10^{16}
$Hg(EDTA)^{2-}$	(6.3×10^{21})	$Zn(CNS)_4^{2-}$	19.6
$Ni(NH_3)_6^{2+}$	8.97×10^8	$Zn(C_2O_4)_2^{2-}$	2.96×10^7
$Ni(CN)_4^{2-}$	1.31×10^{30}	$Zn(EDTA)^{2-}$	(2.5×10^{16})

附录九 常见沉淀物的 pH

表1 金属氢氧化物沉淀的 pH

氢氧化物	pH			沉淀开始溶解	沉淀完全溶解
	开始沉淀		沉淀完全(残留离子浓度 < 10^{-5} mol·dm^{-3})		
	离子初始浓度 /(1 mol·dm^{-3})	离子初始浓度 /(0.01 mol·dm^{-3})			
Sn(OH)$_4$	0	0.5	1	13	15
TiO(OH)$_2$	0	0.5	2.0	—	—
Sn(OH)$_2$	0.9	2.1	4.7	10	13.5
ZrO(OH)$_2$	1.3	2.25	3.75		
HgO	1.3	2.4	5.0	11.5	
Fe(OH)$_3$	1.5	2.3	4.1	14	
Al(OH)$_2$	3.3	4.0	5.2	7.8	10.8
Cr(OH)$_3$	4.0	4.9	6.8	12	15
Be(OH)$_3$	5.2	6.2	8.8		
Zn(OH)$_2$	5.4	6.4	8.0	10.5	12~13
Ag$_2$O	6.2	8.2	11.2	12.7	—
Fe(OH)$_2$	6.5	7.5	9.7	13.5	—
Co(OH)$_2$	6.6	7.6	9.2	14.1	—
Ni(OH)$_2$	6.7	7.7	9.5	—	—
Cd(OH)$_2$	7.2	8.2	9.7	—	—
Mn(OH)$_2$	7.8	8.8	10.4	14	—
Mg(OH)$_2$	9.4	10.4	12.4		
Pb(OH)$_2$		7.2	8.7	10	13
Ce(OH)$_4$		0.8	1.2	—	—
Th(OH)$_4$		0.5	—		
Tl(OH)$_3$		~0.6	~1.6	—	—
H$_2$WO$_4$		~0	~0		~8
H$_2$MoO$_4$		—	—	~8	~9
稀土		6.8~8.5	~9.5	—	—
H$_2$UO$_4$		3.6	5.1	—	—

表 2　沉淀金属硫化物的 pH

pH	被 H_2S 沉淀的金属
1	铜组：Cu、Ag、Hg、Pb、Bi、Cd
	砷组：As、Au、Pt、Sb、Se、M。
2～3	Zn、Ti
5～6	Co、Ni
>7	Mn、Fe

表 3　在溶液中硫化物沉淀时盐酸最高浓度

硫化物	Ag_2S	HgS	CuS	Sb_2S_3	Bi_2S_3	SnS_2	CdS
盐酸浓度/mol·dm^{-3}	12	7.5	7.0	3.7	2.5	2.3	0.7
硫化物	PbS	SnS	ZnS	CoS	NiS	FeS	MnS
盐酸浓度/mol·dm^{-3}	0.35	0.30	0.02	0.001	0.001	0.0001	0.00008

附录十　常见离子和化合物的颜色

1. 离子

(1) $[Ti(H_2O)_6]^{3+}$ 紫色　　$[TiO(H_2O)_2]^{2+}$ 桔黄色　　TiO_2^{2-} 橙红色

(2) $[V(H_2O)_6]^{2+}$ 蓝色　　$[V(H_2O)_6]^{3+}$ 暗绿色　　VO^{2+} 蓝色　　VO_2^+ 黄色　　VO_2^{3+} 棕红色　　$V(O_2)O_3^{3-}$ 黄色

(3) $[Cr(H_2O)_6]^{2+}$ 天蓝色　　$[Cr(H_2O)_6]^{3+}$ 蓝紫色　　$[Cr(H_2O)_5Cl]^{2+}$ 蓝绿色　　$[Cr(H_2O)_4Cl_2]^+$ 绿色

CrO_2^- 绿色　　CrO_4^{2-} 黄色　　$Cr_2O_7^{2-}$ 橙色

(4) $[Mn(H_2O)_6]^{2+}$ 浅红色　　MnO_4^{2-} 绿色　　MnO_4^- 紫红色

(5) $[Fe(H_2O)_6]^{2+}$ 浅绿色　　$[Fe(H_2O)_6]^{3+}$ 淡紫色　　$[Fe(CN)_6]^{4-}$ 黄色　　$[Fe(CN)_6]^{3-}$ 红棕色

$[Fe(NCS)_n]^{3-n}$ 血红色

(6) $[Co(H_2O)_6]^{2+}$ 粉红色　　$[Co(NH_3)_6]^{2+}$ 黄色　　$[Co(NH_3)_6]^{3+}$ 橙黄色　　$[Co(SCN)_4]^{2-}$ 蓝色

(7) $[Ni(H_2O)_6]^{2+}$ 亮绿色　　$[Ni(NH_3)_6]^{2+}$ 蓝色

(8) $[Cu(H_2O)_4]^{2+}$ 蓝色　　$[CuCl_4]^{2-}$ 棕黄色　　$[Cu(NH_3)_4]^{2+}$ 深蓝色

2. 化合物

(1) 氧化物　　V_2O_5 红棕色或橙黄色　　Cr_2O_3 绿色　　CrO_3 橙红色　　MnO_2 棕色　　FeO 黑色　　Fe_2O_3 砖红色　　CoO 灰绿色

Co_2O_3 黑色　　NiO 暗绿色　　Ni_2O_3 黑色　　Cu_2O 暗红色　　CuO 黑色　　Ag_2O 褐色　　ZnO 白色

CdO 棕灰色　　Hg_2O 黑色　　HgO 红色或黄色　　PbO_2 棕褐色　　Pb_3O_4 红色　　Sb_2O_3 白色　　Bi_2O_3 黄色

(2) 氢氧化物　　$Cr(OH)_3$ 灰绿色　　$Mn(OH)_2$ 白色　　$Fe(OH)_2$ 白色　　$Fe(OH)_3$ 红棕色　　$Co(OH)_2$ 粉红色

$Co(OH)_3$ 褐色　　$Ni(OH)_2$ 淡绿色　　$Ni(OH)_3$ 黑色　　$CuOH$ 黄色　　$Cu(OH)_2$ 浅蓝色

附 录

	$Zn(OH)_2$ 白色	$Cd(OH)_2$ 白色	$Sn(OH)_2$ 白色	PbOH 白色	$Sb(OH)_3$ 白色
	$Bi(OH)_3$ 白色	BiO(OH) 灰黄色			
(3) 铬酸盐	$CaCrO_4$ 黄色	$BaCrO_4$ 黄色	Ag_2CrO_4 砖红色	$PbCrO_4$ 黄色	
(4) 硫酸盐	$CaSO_4$ 白色	$BaSO_4$ 白色	Ag_2SO_4 白色	$PbSO_4$ 白色	
	$Cr_2(SO_4)_3 \cdot 6H_2O$ 绿色		$Cr_2(SO_4)_3 \cdot 18H_2O$ 紫色		$[Fe(NO)]SO_4$ 深棕色
	$CoSO_4 \cdot 7H_2O$ 红色		$CuSO_4 \cdot 5H_2O$ 蓝色		
	$Cu_2(OH)_2SO_4$ 浅蓝色	Hg_2SO_4 白色	$(NH_4)_2Fe(SO_4)_2 \cdot 6H_2O$ 蓝绿色		
	$NH_4Fe(SO_4)_2 \cdot 12H_2O$ 浅紫色				
(5) 磷酸盐	$Ca_3(PO_4)_2$ 白色	$CaHPO_4$ 白色	$Ba_2(PO_4)_2$ 白色	$FePO_4$ 浅黄色	Ag_3PO_4 黄色
(6) 碳酸盐	$CaCO_3$ 白色	$BaCO_3$ 白色	Ag_2CO_3 白色	$PbCO_3$ 白色	$MgCO_3$ 白色
	$FeCO_3$ 白色	$MnCO_3$ 白色	$CdCO_3$ 白色		$Bi(OH)CO_3$ 白色
	$Co_2(OH)_2CO_3$ 红色		$Ni_2(OH)_2CO_3$ 浅绿色		$Cu_2(OH)_2CO_3$ 蓝色
	$Zn_2(OH)_2CO_3$ 白色		$Hg_2(OH)_2CO_3$ 红褐色		
(7) 草酸盐	CaC_2O_4 白色	BaC_2O_4 白色	$Ag_2C_2O_4$ 白色	PbC_2O_4 白色	FeC_2O_4 淡黄色
(8) 硅酸盐	$BaSiO_3$ 白色	$MnSiO_3$ 肉色	$Fe_2(SiO_3)_3$ 棕红色	$CoSiO_3$ 紫色	$NiSiO_3$ 翠绿色
	$CuSiO_3$ 蓝色	$ZnSiO_3$ 白色	Ag_2SiO_3 黄色		
(9) 氯化物	$CoCl_2$ 蓝色	$CoCl_2 \cdot H_2O$ 蓝紫色	$CoCl_2 \cdot 2H_2O$ 紫红色		$CoCl_2 \cdot 6H_2O$ 粉红色
	$CrCl_3 \cdot 6H_2O$ 绿色	$FeCl_3 \cdot 6H_2O$ 黄棕色	$TiCl_3 \cdot 6H_2O$ 紫	BiOCl 白色	SbOCl 白色
	Sn(OH)Cl 白色	Co(OH)Cl 蓝色	AgCl 白色	CuCl 白色	Hg_2Cl_2 白色
	$PbCl_2$ 白色	$HgNH_2Cl$ 白色			
(10) 溴化物	AgBr 浅黄色	$PbBr_2$ 白色			
(11) 碘化物	AgI 黄色	Hg_2I_2 黄色	HgI_2 桔红色	PbI_2 黄色	CuI 白色
(12) 拟卤化合物	AgCN 白色	AgSCN 白色	CuCN 白色	$Cu(CN)_2$ 黄色	$Cu(SCN)_2$ 黑色
(13) 硫化物	MnS 肉色	FeS 黑色	Fe_2S_3 黑色	CoS 黑色	NiS 黑色	Cu_2S 黑色	CuS 黑色	Ag_2S 黑色
	ZnS 白色	CdS 黄色	HgS 红色或黑色	SnS 棕色	SnS_2 黄色	PbS 黑色	As_2S_3 黄色	Sb_2S_3 橙色
	Sb_2S_5 橙红色	Bi_2S_3 黑褐色			
(14) 其他含氧酸盐	$NaBiO_3$ 黄棕色	BaS_2O_3 白色	$BaSO_3$ 白色	$Ag_2S_2O_3$	
(15) 其他化合物	$Mn_2[Fe(CN)_6]$ 白色	$Zn_2[Fe(CN)_6]$ 白色	$Cu_2[Fe(CN)_6]$ 红棕色	$Ni_2[Fe(CN)_6]$ 浅绿色	

$Co_2[Fe(CN)_6]$ 绿色　　$Fe_3[Fe(CN)_6]_2$ 蓝色　　$Fe_4[Fe(CN)_6]_3$ 蓝色

$Na_2[Fe(CN)_6]\cdot 2H_2O$ 红色　　$(NH_4)_3PO_4\cdot 12MoO_3\cdot 6H_2O$ 黄色

$\left[\begin{array}{c}Hg\\O\quad NH_2\\Hg\end{array}\right]I$ 红棕色　　$\left[\begin{array}{c}I-Hg\\\quad\quad NH_2\\I-Hg\end{array}\right]I$ 深褐色或红棕色　　（丁二肟合镍结构式）鲜红色

附录十一　磁化率、反磁磁化率和结构改正数

表1　部分原子（离子）的摩尔磁化率

原　子	$\chi_M\times 10^6$	原　子	$\chi_M\times 10^6$
H	-2.93	P	-26.3
C(链)	-6.00	As(V)	-43.0
C(环)	-5.76	Bi	-192
N(链)	-5.55	Li	-4.2
N(环)	-4.61	Na	-9.2
N(酰胺)	-1.54	K	-18.5
N(酰二胺、酰亚胺)	-2.11	Mg	-10.0
O(醇、醚)	-4.61	Cu	-15.9
O(醛、酮)	+1.73	Al	-13.0
O(羧基)	-3.36	Zn	-13.5
F	-6.3	Sb^{3+}	-74.0
Cl	-20.1	Hg^{2+}	-33.0
Br	-30.6	Sn^{4+}	-3.0
I	-44.6	K^+	-14.9
S	-15.6	Cu^+	-15.0
Se	-23.0	Na^+	-7.0

附 录

表2 部分配体的反磁磁化率

配 体	$\chi_D \times 10^6$	配 体	$\chi_D \times 10^6$
Br^-	−35	ClO_4^-	−32
Cl^-	−23	IO_4^-	−52
I^-	−51	NO_2^-	−10
CN^-	−13	NO_3^-	−19
NCS^-	−31	SO_4^{2-}	−40
CO	−10	H_2O	−13
CO_3^{2-}	−28	O_2^{2-}	−7
$C_2H_3O_2^-$（醋酸根）	−30	OH^-	−12
$C_2H_8N_2$（乙二胺）	−46	NH_4^+	−13
$C_2O_4^{2-}$（草酸根）	−25	NH_3	−18

表3 部分结构改正数

配 体	$\lambda_B \times 10^6$	配 体	$\lambda_B \times 10^6$
C=C	+5.5	—C—Cl	+3.1
—C≡C—	+0.8	—C—Br，—C—I	+4.1
C=C—C=C	+10.6	苯 环	−1.4
C=C—C—	+4.5	萘 环	−31.0
—N=N—	+1.8	CH（α、γ、ε、δ）*	−1.29
C=N	+8.2	—C—（α、γ、ε、δ）	−1.55
—C≡N	+0.8	—CH—（β），—C—（β）	−0.48

* α、β、γ、ε、δ 相对于氧基（Oxygen group）的位置，如 α 表示最邻近氧基。

主要参考文献

[1] 郭炳南,吴琪之,任荷英,白淑云. 无机化学实验［M］. 北京:北京理工大学出版社,1988.
[2] 刘约权,李贵深. 实验化学(上)［M］. 北京:高等教育出版社,2002.
[3] 浙江大学,南京大学,北京大学,兰州大学. 综合化学实验［M］. 北京:高等教育出版社,2003.
[4] 王伯康. 综合化学实验［M］. 南京:南京大学出版社,2000.
[5] 王伦,方宾. 化学实验［M］. 北京:高等教育出版社,2003.
[6] 沈君朴. 实验无机化学(第二版)［M］. 天津:天津大学出版社,1996.
[7] 张勇,胡忠鲠. 现代化学基础实验［M］. 北京:科学出版社,2000.
[8] 殷学锋. 新编大学化学实验［M］. 北京:高等教育出版社,2002.
[9] 南京大学. 大学化学实验［M］. 北京:高等教育出版社,1999.
[10] 崔学桂,张小丽. 基础化学实验［M］. 济南:山东大学出版社,2000.
[11] 聂麦茜,吴蔓莉. 水分析化学［M］. 北京:冶金工业出版社,2003.
[12] 张济新,等. 实验化学原理与方法［M］. 北京:化学工业出版社,1999.
[13] 李铭岫. 无机化学实验［M］. 北京:北京理工大学出版社,2002.
[14] 林宝凤. 基础化学实验技术绿色化教程［M］. 北京:科学出版社,2003.
[15] 吴肇亮,俞英,等. 基础化学实验(上)［M］. 北京:石油工业出版社,2003.
[16] 刘海涛,杨郦,张树安,等. 无机材料合成［M］. 北京:化学工业出版社,2003.
[17] 侯振雨. 无机及分析化学实验［M］. 北京:化学工业出版社,2004.
[18] 武汉大学化学系无机化学教研室. 无机化学实验［M］. 武汉:武汉大学出版社,1997.